中国蕙兰名品赏培

许东生　编著

辽宁科学技术出版社

沈　阳

内容简介

本书较系统地介绍了中国蕙兰的魅力、种类及国内外栽培史；资源的分布与保护；形态特征与种质识别；生物学特性与生态需求；采集与引种；栽培与管理；繁殖与品种创育；病虫害的辨识与防治；鉴赏与应用、传统名品与新优名品选介等内容。并附录80余首古今赞颂蕙兰诗词及部分传统名品和新优、特、奇名品彩照300幅，以供鉴赏和对照。

本书在对各种内容的阐述中，力求有一定的科学性与知识性的同时，突出新颖性与规范性，通俗性与实用性。对于较为抽象的各类名词术语和相关问题，大都加以图解；对于栽培管理、病虫防治等棘手的问题，基本上作了分类例解，并提出切实可行的调节措施以供参考。

图书在版编目（CIP）数据

中国蕙兰名品赏培/许东生编著 . — 沈阳：辽宁科学技术出版社，2009.1
ISBN 978 - 7 - 5381 - 5407 - 8

Ⅰ. 中… Ⅱ. 许… Ⅲ. 兰科 - 花卉 - 观赏园艺 - 中国 Ⅳ. S682.31

中国版本图书馆 CIP 数据核字（2008）第 047775 号

出版发行：辽宁科学技术出版社
（地址：沈阳市和平区十一纬路 29 号　邮编：110003）
印 刷 者：沈阳全成广告印务有限公司
经 销 者：各地新华书店
幅面尺寸：184mm×260mm
印　　张：8
插　　页：40
字　　数：330 千字
印　　数：1~3500 册
出版时间：2009 年 1 月第 1 版
印刷时间：2009 年 1 月第 1 次印刷
责任编辑：邱利伟　　　　版式设计：于　浪
封面设计：小　康　　　　责任校对：王春茹

书　　号：ISBN 978 - 7 - 5381 - 5407 - 8
定　　价：45.00 元
联系电话：024 - 23284360　　E - mail：lkzzb@ mail. lnpgc. com. cn
邮购热线：024 - 23284502　　http：//www. lnkj. com. cn

作者简介

许东生，1937 年出生于闽西南结合部的永福花乡。中学退休教师，中国科普作家协会会员，中国兰文化研究院顾问，福建省科学技术协会专家信息库成员，《兰蕙》、《魅力兰花》杂志编委。个人传略被《许氏名人录》、《世界名人录》、《中国知名专家学者辞典》、《世界优秀专家人才名典》等大型辞书收录刊登。

他出生于花卉世家，受其父酷爱兰花的熏陶而热爱探索兰花园艺。常利用假期深入省内外产兰山野考察，为依性莳养兰花寻求依据。在数十年的实验探索中，不断更新认识。为与兰友们共同探讨，自 20 世纪 80 年代末起，先后在海内外报刊发表养兰、赏兰文稿达 400 余篇。

自 1999 年春末起，先后应福建科学技术出版社、金盾出版社、中国农业出版社、中国林业出版社、辽宁科学技术出版社等多家出版社之约，陆续出版发行了《家养兰花 100 问》、《家养洋兰 100 问》、《中国兰花栽培与鉴赏》、《中国水仙栽培与鉴赏》、《中国墨兰名品赏培》、《中国建兰名品赏培》、《兰花赏培 600 问》、《中国寒兰名品赏培》、《中国莲瓣兰名品赏培》、《养兰千问》、《兰花赏培要诀》、《兰花新优名品》、《实用国兰赏培技艺》、《中国春兰名品赏培》等兰花书籍。

作者通讯地址： 福建省漳平市永福镇封侯艺培兰园

邮　　　编： 364401

电　　　话： 0597—7882314

手　　　机： 13338370151

图 文 传 送： QQ188298056

前　言

　　蕙兰株态挺拔，莛高朵多，豪壮亮丽、香气四溢，属于栽培历史悠久、底蕴深厚的一大类兰，深受古今爱兰人的赏识。

　　蕙兰的假鳞茎小，不易显见，光合作用产物储备少，春暖季节兰科植物都分蘖新芽，而它却在接踵开花时，致使叶芽迟发。当芽株发育半成熟时，又因冬寒而休眠，要待翌年春暖时继续发育，因此，有生长缓慢、复花较难的缺憾。古人也曾有养兰易、树蕙难的慨叹！不过，由于蕙兰的花期正是继春兰、莲瓣兰、春剑兰等春花兰之后，四季兰之前。这种实实在在的延续春芳而呼唤夏兰之香也不争春的继往开来的风格，令人钟爱有加。尽管养植种蕙兰颇费心思，但对它的爱心，谁也不减，而是不断地探索，终于迎来株壮、花多且香的回报。

　　鄙人虽处于建兰、寒兰和墨兰的主产区，但也爱好蕙兰等兰花。在不断的学习、实践探索中，终有所初悟，现冒昧把它编纂成册，不知能否成为引玉之砖！诚请诸君对本书的疏漏与谬误，直言不讳地批评赐教，以便有缘重印或再版时修正。

　　本拙作幸蒙各地兰友的热心敦促，并赐供了许多精美的彩照。值此付梓之机，谨向诸君致以诚挚的谢意！

编　者

目　　录

第一章　概说中国蕙兰

本书所编撰的蕙兰，为产自中国的兰科兰属的地生根蕙兰（*Cymbidium faberi*），只包括蕙兰的原变种与变种，不包括世界各地杂交育成的隶属于洋兰的大花蕙兰。

一、中国蕙兰的魅力

年宵花卉中的大花蕙兰，它的花虽无香气，但以其花大色艳而颇受青睐，那么，被誉为国兰中的地生根蕙兰，有哪些非同凡响的魅力呢？

（一）分布广泛，资源丰富

蕙兰为国兰中分布最靠北线的兰花。青海、甘肃南端、陕西秦岭、山西、山东南端以及南方诸省的广漠山野都有分布，凡是有产春兰的地方，它的毗邻就有蕙兰的芳踪。其中，江浙产区的蕙兰，自宋代以来，就有开发利用的记载，其资源相对较有限之外，其他产区在20世纪70年代才有较大规模的开发，目前在山区仍有很多资源，只要在加强保护的前提下，有计划地开发利用，才能最大限度地发挥其价值。

（二）历史悠久，底蕴深厚

蕙兰的文化，可以追溯到公元前三四百年，越王勾践与屈原时代，即屈原的《离骚》中："余既滋兰之九畹，又树蕙之百亩……"。不过这个"树蕙之百亩"的蕙，是否为今天的蕙兰呢？尚有争议，比较可信的，应为唐代末年就有栽培，因而到了北宋黄庭坚的《幽芳亭》"……至其发花，一干一花而香有余者兰，一干五七花而香不足者蕙。"方有确切而科学的描述。到了南宋，随着迁都于浙江临安（今杭州），其政治、文化、经济的中心，也就自然转移到优质蕙兰分布中心的江浙一带。蕙兰资源的开发、山兰的驯化，品种的选育，兰艺的探索，鉴赏的研究，名种交流也随之盛行。历经宋、元、明、清、民国，近千年的选育、栽培，选育了千余个佳品，其中有籍可查的梅瓣、水仙瓣、荷瓣、蝶花、素心名品就有七百六十余个。

解放后，各产区均有不同程度的开发、引种，除了依传统的选育标准，还增加了奇花、色花、线艺、水晶、图斑、叶蝶、矮种、奇叶的选育。选出的数量已是历史总和的好几倍。

由此可见，蕙兰的栽培历史十分悠久，文化底蕴也十分深厚。

（三）株态雄伟，气度非凡

蕙兰根粗且长，株高且挺拔，大有伟岸豪迈之概，给人伟岸感；而且其叶齿粗锐，叶脉向背隆起且晶亮，光彩照人，启人奋发，寓意事业有成，前程似锦。

（四）花期春夏，延续春芳

每当墨兰、莲瓣兰、春兰、春剑兰的花期将过，伟岸的蕙兰毅然献艳送芳，它既延续了春芳又呼唤建兰的夏秋芳。这种前仆后继的风格，正是中华民族继往开来、勇于拼搏、无私奉献精神的写照。

蕙兰虽也属于春天开花类的地生根兰花，且在春花类兰中，花莛最高，莛花最多，形色俱佳，花香四溢，但也不争春。这种谦和礼让的风格，多么令人赞赏！

（五）花易出架，豪壮亮丽

蕙兰的花莛大大高出叶丛面，它与寒兰并列，仅次于墨兰，为第二大出架花。它通常莛花9朵以上，少则5～6朵，多则18朵，个别的可多达40余朵。花色以青绿、青黄为主，也不乏浓绿、金黄、粉红、鲜红、雪白、紫褐、浓黑和间复色，甚为十分豪壮亮丽。

（六）芬芳馥郁，沁人心脾

蕙兰的花香味，虽稍逊于春兰的幽香，但确有馥郁的浓香。这可从蕙兰的花莛与花柄（子房）基部能分泌出晶亮的兰膏蜜露得以印证。

蕙兰的花香味，虽隶属于浓香型，但它绝不是如瑞香花、含笑花那样浓烈刺鼻，而是清香而不浊，芬芳而幽远，沁人心脾，醒脑提神，增益健康。

（七）耐寒耐热，生性顽强

蕙兰多原生于靠北线之高山阳坡，饱受严寒和酷热的煎熬，使之炼就了其他地生根兰花所不可能有的顽强抗逆性。如原生于秦岭北坡、山西境内的高纬度、冬季酷寒地区，较长时间的冰雪封冻，不仅安然无恙，而且能如期献艳送芳。与此同时，这些冬季寒冷地区的盛夏，也和南方一样骄阳似火，热似蒸笼，而常年长于荫蔽欠佳的阳坡的蕙兰，也炼就了能耐受骄阳灼烤的习性。

（八）生无奢求，易于莳养

蕙兰根粗且长，叶质厚实而硬挺，又长期生于高寒酷热的逆境中，炼就了顽强的株体素质，只需有基质依附，有适量水分滋润，有光照的温馨，便可如愿以偿。即使是久经驯化、抗逆性大减的熟苗和传统种苗，其原有的顽强基因也依然存在，并不娇贵，也无奢求。

二、蕙兰的由来与种类

（一）蕙兰的由来

蕙兰的花，为总状花序的莛多花兰。北宋黄庭坚在《幽芳亭》中"……至其发花，一干一花而香有余者兰，一干五七花而香不足者蕙"的确切而科学描述。大概是自此而有了蕙兰之名。之后植物学界依此名，编定了拉丁学名（*Cymbidium faberi*）。民间依其莛花常为9朵，而俗称其为"九华兰"、"九子兰"、"九节兰"。尚由于蕙兰的花期，常延续至孟夏，个别的还可延续至仲夏，而被称为"夏兰"或"夏蕙"。又有人以其花萼与花瓣比洋兰中的大花蕙兰相对较小些，而贬称为"小花兰"。

另外，原产于四川大巴山等地的蕙兰，叶长1.5米以上，叶齿粗锐，略似耕牛的主食草——茅草（芦苇）状，而俗称其为芭茅兰；原产于云南、四川各地的蕙兰，多为赤蕙，叶基呈紫红色，叶片披挂紫红筋，花也多为赤红色，于是被喻为"火烧兰"。

（二）蕙兰的古今分类

蕙兰的栽培历史悠久，已选育出许多品种。在传统上，与春兰一样，依花瓣型分为梅瓣、水仙瓣、荷瓣、奇瓣。以后又增加了蝶花和素花。近些年，又把奇瓣细分为多舌奇花多瓣奇花、牡丹型奇花、菊型奇花、树型奇花和奇态花等，把蝶花细分为内蝶（捧蝶、蕊蝶）、外蝶（副瓣蝶）、全蝶、奇蝶、素蝶等，同时还增加了色花、线艺花、水晶花、图斑花以及线艺、水晶艺、图斑艺、叶蝶艺、矮种、奇叶等，真是琳琅满目，一应俱全。

此外，在传统上，还结合叶鞘、花轴与苞片及其筋纹的色泽而划分为绿壳类、白绿壳类、赤壳类、赤转绿壳类等。近些年来，又有人把上述依壳色分类的四类，进行归并简化。即把"白绿壳"与绿壳合并为绿壳类；把"赤转绿壳"与赤壳合并为"赤壳"。

（三）蕙兰的学术分类

学术界依蕙兰的形态特征划分为：

1. 蕙兰（原变种）（var. *faberi*）

2. 送春（变种）（var. *szechuanicum*）

送春，在云南又称春绿。叶8～13枚丛生，近二列，薄革质，弯曲下垂，叶缘有整齐的细叶齿。花葶稍弯曲，花直径6厘米，黄绿色，有清香味。苞片几乎与子房连梗等长；萼片扭曲，花瓣比萼片短而宽，向前伸展；唇瓣三裂不明显，边缘有极细的圆齿，中裂片上有许多发亮的小乳突，先端钝、反卷。花期3～4月份。多分布于四川、云南。

送春，虽与蕙兰相似，但它的叶质较薄、色浅而质不粗糙，叶脉既不明显后突，也不透明，且较多的叶片在基部排成一字形；花较少，花葶稍弯曲而有别于蕙兰原变种。

3. 峨眉春蕙（变种）（var. *omeiense*）

峨眉春蕙，也简称为春蕙。它株矮，叶丛生，株叶4～5枚，长15～20厘米，宽0.6～1.0厘米，叶缘有微细叶齿。花葶直立，葶高15～17厘米，总状花序，疏生3～4朵，为淡青黄色花，花径约为5厘米，有香气。萼片有紫红色中脉，花瓣彼此靠合，有紫红色斑点；唇瓣不明显三裂，中裂片先端急尖，反卷。花期3～5月份。

峨眉春蕙，原发现于四川省峨眉山市境内，后在四川的其他山野和云南相继有发现。它植株矮小，花葶直立且与叶丛面等高，花较小，萼片有紫红色中脉，唇瓣先端急尖且后卷，与蕙兰原变种有明显的区别。

另外，四川兰界曾于20世纪80年代，从边远贫瘠山岩悬崖边上采下的红草蕙兰，亦称春蕙，取名为"红香妃"（Cymbidium. var. Rolfe），它根粗且长，假鳞茎不明显，株叶6～7枚，株叶直立，端部斜展，叶长40～60厘米，宽1.0～1.4厘米，基部V形，端部较平展。叶基至中部深紫红色，叶端浅灰绿色。花期2～4月份，花葶直立，为总状出架花。花色鲜红，或青黄色披红筋，有浓香。由于它的葶花9～13朵，而有俗名九子兰、十三太保。个别葶花，可多达十七八朵之多。红香妃的红叶色，随着株叶龄的增长而变化。嫩芽特别红，老草变为绛红或绀紫，也将随着引种地的气候与基质、水肥的不同而褪红。它在原产地或当地引种，也随着季节的更替而转色。通常是夏秋两季呈深桃红色；冬春两季又变为黑绿色。

红香妃除了叶片多为深桃红色外，也有黄色、白色缟斑艺、水晶艺。花色也有黄素、红素、多瓣奇花、蝶花和矮化种。

（四）蕙兰在国产兰属植物分类学上的隶属

蕙兰在国产兰属植物分类学上被列入蕙组（Sect，Floribundum）中的第一亚组，即短柱亚组或称小花亚组（Subsect. Microcymbidium）与其同组的有莲瓣兰、春剑、建兰、寒兰、墨兰、套叶兰、台兰、多花兰、果香兰、丘北冬蕙兰、冬凤兰、纹瓣兰、硬叶兰、大雪兰、落叶兰和珍珠矮共17种。

三、蕙兰国内栽培史

从唐代末年，曾在盛产蕙兰的陕西汉中和四川为官的唐彦谦，于860—880年间所写《咏兰》诗所描述的兰属植物看来，当时，可能已有零星栽培蕙兰。约过10余年后，唐末的杨夔，率先撰写了《植兰说》。这说明唐代末年的上层人士中，植兰人已逐渐增多了。尽管书中没有明确指明种植何类兰，不过分布于最北线的蕙兰，却是这些上层人士最易得到的兰种之一。因此说，蕙兰在唐代末年就很有可能有不少人种植。

上述仅仅是推测。真正有确凿记载的还是北宋黄庭坚所著的《幽芳亭》对春兰和蕙兰的科学描述。这说明作者在写《植兰说》之前，已有不少人栽培蕙兰。很可能，作者是在不少人养兰赏兰的影响下，而热爱兰花园艺，逐渐积累提高而写成《植兰说》的。

到了南宋（1127—1279 年）迁都于优质春兰蕙兰产区的临安（今杭州）之后，养春兰蕙兰之风日益盛行。

元代以后，养兰一代比一代昌盛。元代人已将兰花拟人化。到了清代初年，安徽鲍薇省在其《艺兰杂记》中，较全面地总结了前人的赏兰心得的基础上，首先提出兰花瓣型和辨识方法。到清光绪年间，浙江的许霁楼在其《兰蕙同心录》中，完善了兰花"瓣型理论"，成了鉴赏兰花品级的主要依据。紧接着蕙兰的名品也陆续选出。到了民国初年（1923），余杭人吴恩元，在其《兰蕙小史》中，对蕙兰的传统名种和当时的新名种作了全面的汇总。并把蕙兰划分为绿壳蕙、白绿壳蕙、赤绿蕙和赤壳蕙四类。

1959 年，杭州的姚毓璆，在其《兰花》一书中，增补了蝶花类和素心类。1980 年后，各地大量开发蕙兰资源，遴选出大量的奇花、奇蝶和色花。近些年来，又遴选出大量的梅瓣、水仙瓣、荷瓣、飘门水仙、各类蝶花、色花和线艺、水晶、矮种奇叶、叶蝶等。至今，蕙兰已成为中国地生根国兰中的一个庞大而富有特色的一大种类国兰。当前，一个利用资源，驯化野生蕙兰，遴选、创育、交流良种，精养佳品、珍品的热潮，一浪高过一浪。

蕙兰的栽培与发展，也和任何事物一样，总不可能一帆风顺的。其中，最大的挫折是日本帝国主义侵华战争的摧残与浩劫，致使不少蕙兰传统名种失传。建国后，又有一些政治运动的大干扰，致使尚存的名种又失传了不少。到了 20 世纪末，蕙兰爱好者只好从日本买回一些失传名种。

四、蕙兰国外栽培史

与中国毗邻的日本和韩国，受中国古代文化的影响而喜爱中国地生根兰花和富有特色的附生兰，其中，蕙兰也是他们所青睐的兰种之一。据相关兰籍记载，清朝末年，日本人就曾引种蕙兰，尤其是抗日战争前后，仅日本东京的小原荣次郎一人，就在江浙一带搜集了 70 多个蕙兰名种，带回日本培养。

至于欧美地区，尤其是东南亚地区，在爱好蕙兰等国兰的华侨影响与传播下，也必然会有一些国外的蕙兰爱好者，在不同时期引种蕙兰的。从与几国的华侨接触中，他们都说在与外国人交往中，往往有被自己种植的蕙兰所吸引而求购。

第二章　蕙兰的资源

第一节　蕙兰的资源分布概况

蕙兰多生于北纬25°～34°以南的海拔500～3300米的林下、林缘、灌木丛、草坡湿润的透光阳坡地。

北纬34°以南至北纬25°包括青海南部、甘肃南端、陕西秦岭南北坡、山西西南端、河南中部和南部、山东南端、安徽、江苏、西藏、四川、重庆、贵州、湖南、湖北、江西、福建、浙江、云南和广西、广东北部、台湾北部等。

上面所说的，蕙兰多生于北纬25°～34°内的海拔500～3300米的阳坡，是大致分布范围，并非绝对如是。因为蕙兰的种子，既可由风力远播，也可由人或动物等外力携带远播，即使远播处的生态条件不怎么合适，但蕙兰固有格外顽强的抗逆性，在生态条件不很恶劣之处或许还可扎根、繁衍生息。因此说，在北纬25°～34°内的海拔500～3300米之毗邻地的阳坡，极有可能找到蕙兰的芳踪。像陕西秦岭北坡也长有蕙兰，据说海南的五指山，也有人见到蕙兰。

北纬34°以南的蕙兰分布区，为北接温带、南临热带的亚热带区。它的气候特点是，冬季比较寒冷。1月份平均温度在南半部为5～10℃，北半部只有2～4℃。其绝对最低温度依不同纬度和海拔为 -3.4～-16.9℃。通常，纬度北移1度，温度亦降低1℃；海拔每升高100米，温度也就降低1℃。由此看来，亚热带的大多数地区都会有不同程度的霜冻，尤其是中部和北部地区。生息繁衍于这种冬寒气候下的种苗，养成了生长发育需要低温刺激（即春化作用），方能正常开花的习性。对于冬季无明显冬寒的热带地区和与热带紧邻地区，在冬季宜创造10℃以下的低温条件，让其度春化一段时间。

对于原生于北纬28°以南地区的种苗，对春化的需求，相对不明显。换句话说，原生于北纬28°以南的种苗，引种于冬季无明显冬寒的地区，没有为其创造春化条件，也可正常开化。但冬季气温不宜高丁10℃。

第二节　蕙兰资源的保护与利用

蕙兰的自然资源，应该说是十分丰富的，但是如果不加以适当的保护，无节制地大肆采挖，再丰富也会被挖尽的。事实上，在北纬34°以南诸省的兰花资源是十分丰富的。原先，在城镇附近的山上，就有不少的野生兰花。自20世纪70年代起，除了滥伐森林和毁林改种而导致兰花资源局部遭到了毁灭性的破坏外，就是无止境的人工大采挖，和葱和蒜一样在街头论斤贱卖，卖不完的就当垃圾烧掉。就是整车外运的，即使有种活的，又因没选到好品种，普通品种又找不到销路，不仅不能出效益，还要倒贴本钱而遗弃。明知普通种苗无出路，但想碰运气者仍大有人在，滥采乱挖，始终不停，致使近几年来，不仅近山见不到野生蕙兰的芳踪,就是离城镇几十公里的远山,也很难见到!鉴此,野生兰花被国家列入濒危保护物种之中。

(一) 尽快出台兰花资源保护法规

各地兰协、学会、研究会应督促并协助当地政府尽快依据国家濒危物种保护法,制定兰花资源保护法规,并责成林业部门实施管理。

(二) 大力宣传兰花资源保护法规

各地群众性兰花组织,除了组织成员认真学习贯彻法规,提高遵守法规的自觉性,使之成为模范遵守法规的带头人的同时,应主动地配合相关部门,宣传和实施兰花资源保护法规。

(三) 建立蕙兰种质基地

各产区,应由兰协、兰花研究会牵头,发动企业家和兰友,以资金或种苗议价入股,建立当地富有特色的蕙兰品种基地。驯化繁育野生苗,并采取杂交育种,进行无菌播种,繁育新品。待到一定数量时,可优惠供应会员股东和合理价格应市。

(四) 合理利用资源

蕙兰资源保护的目的,在于确保资源不仅永不枯竭,而且能有所发展,以让它为我们的子子孙孙享用。既然我们的子孙可以享用,而作为当今的人,同样有享用的权利。不过只能在保护的前提下,合理地、适量地开发利用,而绝不能无止境地滥采乱挖。

为了实现在保护的前提下,合理地开发利用资源,可由当地兰协把所有采兰农户组织起来,每于花期有计划、有组织地集体上山采集有特色的种苗,由当地的兰花基地收购或议价入股,驯化繁殖,待有一定数量后,投入市场。

在合理地开发利用资源的同时,还值得注意的是,应该做些有利于资源发展的工作。其最好的办法是发展兰花种质基地,鼓励养蜜蜂,在蕙兰花期,把蜂箱搬进产兰林野。以让蜜蜂帮助野生兰花自然杂交,繁育新佳种,与此同时,又可获得比任何花蜜还要好的兰花蜜。

第三章 蕙兰的形态特征与种质识别

中国蕙兰的植株是由根、茎、叶、花、果几部分组成的（图3-1）。蕙兰植株的形态，除了可因原变种与变种的不同而不同外，也可因花品的异化而有所不同，更可因生态条件和管理方式的不同而有所不同。总而言之，蕙兰的各自形态也和世界万物一样，总是在不断地运动着、变化着。既有形态上的外在变化，也有种质上的内在变化。而形态上的外在变化多

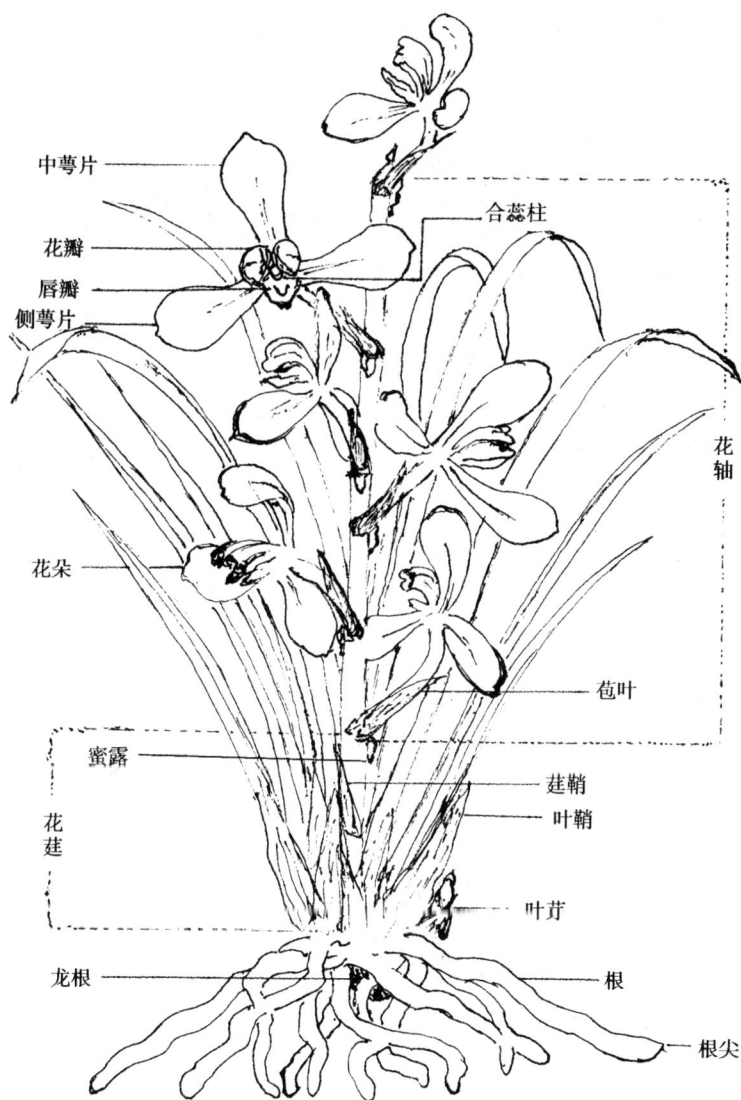

图3-1 蕙兰形态示意图

由生态条件的变化而促成的，但也有因种质的异化而从形态上得以表现的。而种质的异化，既有生态条件的变化促成的，但更多的是由自然杂交而形成的。当生态条件变化而促成的外在形态的变化尚未触及种质中的内在异化时，外在的形态特征与种质应有的形态特征不一定会一致。如果是自然杂交而引起的种质异化，它的早期异化，仅在最敏感的花形有早期异化的特征可鉴，要经过几代的异化后，才能在株叶表现出某种花品相应的株叶特征可辨。尚且因蕙兰多原生于冬春有高寒，花期在春夏，分蘖叶芽迟，当叶芽展叶不久，就届临冬寒，一个新芽梢，往往要 2 年，甚至是 3 年才能完全发育成熟。因此，品种异化的相应株叶特征要历经几代繁衍，才能在株叶上有所展现。这样我们在蕙兰植株上，所见到的某些特征是外因所致的特征，还是内因所致的特征呢？在目前尚未摸索到识别的要领，所以兰界便有一个共识："不见真佛不烧香"（即没见其真花不买苗），以防判断失误而吃亏。这就是说，蕙兰看叶识花的准确性比其他种类地生根兰低得多，应以其真花而决定买否，切勿自作聪明，贸然一赌。

下面所述的形态特征，仅可作为互证花的真实性的参考，而不能作为预测花品的决定性根据。

第一节　根

蕙兰的根为肉质，无根毛，根体乳白色或淡黄色，根尖晶白色。其表面为根被组织，俗称根皮，起着吸收水分、养分和保护皮层组织的作用；紧挨根被（根皮）的皮层组织，俗称根肉，它约由 20 余层细胞组成，起着储藏水分、养分的作用，其中常有兰菌共生；在根肉的中心处，有一条淡赤色或淡乳黄色的线状体为中心柱，俗称"根筋"、"根芯"，起着加强根的强度，支撑、固定植株和运输水分、养分的作用。

实生苗（由种子萌发成的种苗），在根丛的中心处有一条粗如笔芯，长如拇指，形似公鸭生殖器状，弯曲如龙，而被称为"龙根"，也就是实生根。它起着分化养料、保障实生苗的供给的作用。它是实生苗的唯一标志，应悉心保护。

此外，尚有一种与众不同的根，状略似"龙根"，其实它与龙根有明显的区别，根形不扭转弯曲，根体有分节，节上有苞叶，状像茅根，为假龙根。它不是由兰花种子萌生的实生根，而是假鳞茎在营养生长早期，本能地延伸的地下茎（株基与株基连接物）分蘖叶芽时，由于遇到障碍物或基质酸度不够而不能顺利分蘖叶芽而本能地延伸地下茎，直至合适的环境发芽，而这特殊的叶芽的主根与老株基的连接体，便有了 3~8cm 长的假龙根，也称"竹根"。

蕙兰的根粗如笔杆，长数十厘米至上百厘米不等。成簇横生或直生、横生并俱，多直生少折扭。除了绝大多数的正常形态根以外，也可偶见如其他类地生根一样的多种异态根。如图 3-2 所示根的形态示意图所列举的人参根、连体根、三角根、鹿角根、鸡爪根、竹鞭根、鞭炮根（也称蕉叶根）等。这些异态根常可能为奇花、奇蝶花的根。

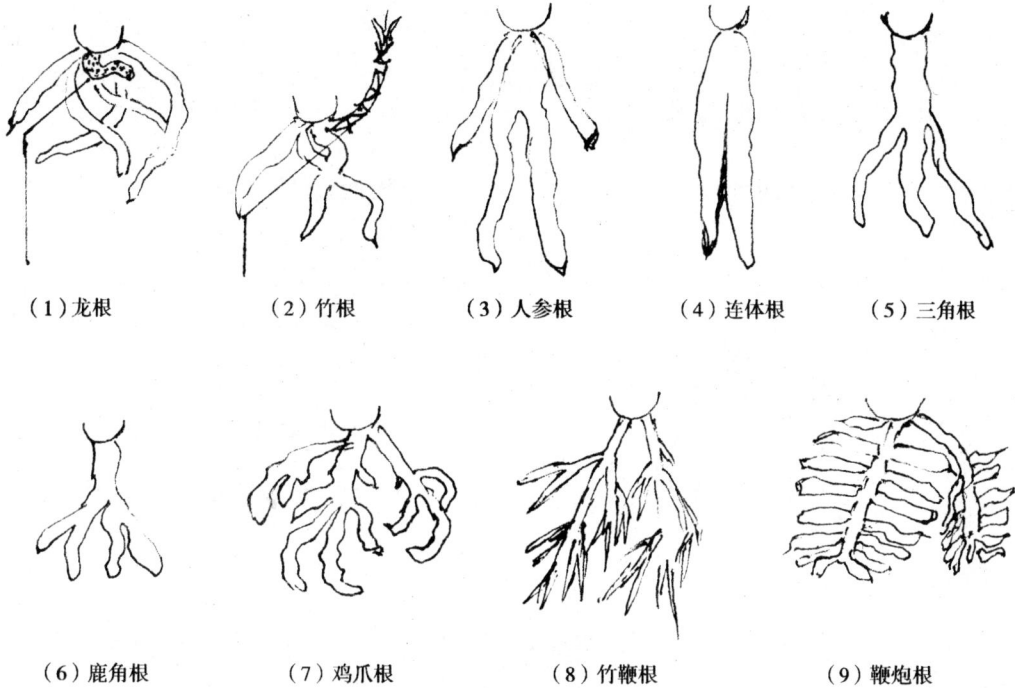

（1）龙根　　　（2）竹根　　　（3）人参根　　　（4）连体根　　　（5）三角根

（6）鹿角根　　　（7）鸡爪根　　　（8）竹鞭根　　　（9）鞭炮根

图 3-2　根的形态示意图

第二节　茎

中国蕙兰的茎，也和其他地生兰的茎一样为假鳞茎。茎的基部随着株叶的发育而逐渐膨大成肉质的圆柱体，它的外表的中上部有分节状，节痕连着绿叶柄，它的顶尖不能长出叶芽，但它的基部却能分蘖出叶芽和花芽。其形态颇似球茎，只是不能不断长出叶芽，尚且它不是由肉质鳞片所组成的，故被称为假鳞茎。

假鳞茎是贮藏水分和养分的重要器官，简直是兰株的"仓库"。叶芽和花芽都着生于它的基部。它的表皮具有厚而光亮的角质层。表皮内有很多薄膜细胞，其内散布着许多维管束。维管束外边有许多细小的纤维组织。维管束内有筛管和导管。筛管是运输养分的，导管是运输水分的。

我们平时见到的中国蕙兰植株，在株基几乎没见到有比较膨大的假鳞茎，几乎都是如人手的无名指状，如图 3-3 假鳞茎形态示意图（1）图所示那样。尽管它很小，但总是存在着。如果我们如剥竹笋壳样，逐一掰拆叶基，便可见到它的真面目。

虽然蕙兰的多数假鳞茎不明显，但也绝非品品如　，如奇叶矮种和有自然杂交而成的兰株假鳞茎就比较显见，如图 3-3 假鳞茎形态示意图中的（2）图，就是从实物中描绘下来的形状。这就是例证。其实，蕙兰的假鳞茎大小除了与其母株的遗传基因有着直接的关联外，还与其根系的壮弱、生长期的水肥、光照、温度、湿度等生态条件息息相关。其中与磷肥的关系更为密切。如有施用高磷的美国魔肥，其假鳞茎会明显增大。

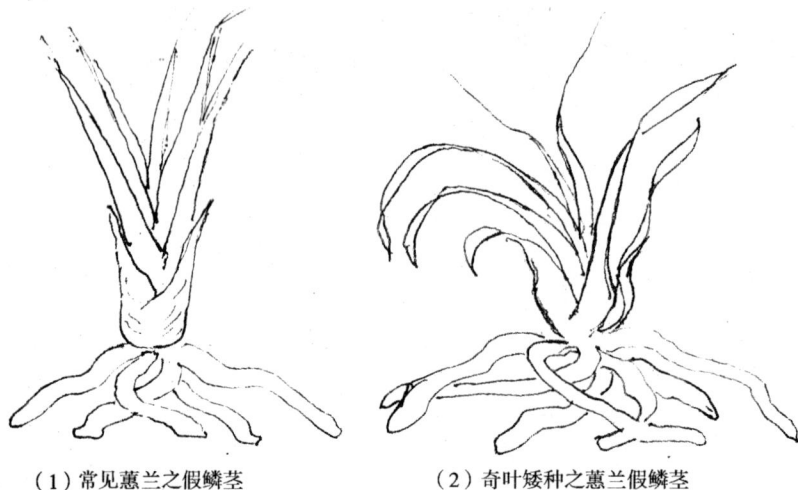

（1）常见蕙兰之假鳞茎　　　　　（2）奇叶矮种之蕙兰假鳞茎

图3-3　假鳞茎形态示意图

第三节　叶

叶是兰株的营养器官。它只能从假鳞茎基部的茎节处相继长出一次，当叶芽初展叶时，便可清楚地见到该株的叶片数量，以后便不可能再从叶鞘中，再长出叶片来，因此，悉心呵护叶片，对于兰花植株的生存与发展及观赏，都有十分重要的意义。也正因如此，古人才会有"惜叶犹如惜玉环"之说（注："玉环"指杨贵妃）。

一、叶　芽

叶芽可分为实生芽与分蘖芽两种。种子萌发出的叶芽，为实生芽；从假鳞茎基部或由竹根分蘖出的芽，为分蘖芽。此外尚有用兰株的活体组织克隆成的芽，为组培芽。

不论哪种叶芽，都被3~5片叶鞘紧紧地包裹着，呈扁圆形筒状芽。当其未露出基质面之前，不论是何品种的芽，均为白色芽。一旦露出基质面，在光照的作用下，叶芽的色素就显露出来。通常，白花素心种、黄花素心种、绿花素心种的芽，均呈素净的翠绿泛白色芽；彩心种的叶芽，常在翠绿色之上，披挂紫红色条彩或浮泛紫红色沙晕；赤壳蕙的芽呈暗紫红色，但芽基部也常略泛白色。

叶芽伸出基质面之后，长出2~4厘米高时，便有月许的缓长期。这正是叶芽的长根期和新芽的母株的花原基形成期。待新芽的根长至2厘米长之后，新芽已有了半自给的能力时，叶芽又继续伸长，随之，叶片便从芽心相继长出。此时，被称为展叶期。

叶芽的形态，也常为识别种质的指征之一。通常，芽尖具有细小的晶白点，可能开梅瓣、水仙瓣花；叶芽肥硕，鞘端钝圆且呈里扣状，可能开荷瓣或荷形花；叶芽之鞘缘，薄如蝉翅，且较宽阔者，可能开蝶花；芽鞘端尖歪扭，分裂等形态怪异者，可能开奇花；芽基或芽端泛白，或泛黄者，可能开粉红花或雪白花；芽色绿白相间，或红绿白相间者，可能开复色花。

二、叶　鞘

叶鞘，俗称叶甲、叶裤。它保护着假鳞茎，支持幼叶的生长、发育。当幼叶伸展，能在光合作用下产生养分。除了叶自身消耗外的节余养分运回假鳞茎浓缩储藏，因而假鳞茎随叶片的发育而日益膨大、充实。当叶片发育完全成熟，假鳞茎表皮的角质层也已十分坚韧，已有足够的抗逆性，它也已完成了保护的使命而逐渐干枯、腐朽。

蕙兰的植株，通常有叶鞘3~7片。标准的矮种兰的叶鞘，通常不超过3片；一般多为5片，高大种可有7片之多。

叶鞘的总高度，通常为本株最长叶片的长度的1/9~1/7。因此，看叶鞘的总高度，便可知本株的最高叶片的长度。叶片可因某种因素而致残，而叶鞘质硬，抗逆性甚强，不易致残，叶鞘的高度是很确定的。根据叶鞘的高度，便可得出本株兰叶的长度，以判定其是否符合矮种兰的要求。

叶鞘的形态，也常可作为预测种质的参考。这已在叶芽方面谈及。

三、叶　柄

兰花的叶片是从假鳞茎的上部节痕处长出的。自此节痕往上，约2~7厘米许，就镶嵌有橙黄色、粗线大的环状晶亮体。该晶亮体被称为"叶柄环"，俗称为"指环"。蕙兰的"指环"不甚明显，通常从基质面往上6~8厘米有"离层"、老化叶枯落，便从此处断落，这就说明蕙兰有叶柄环。叶柄环以下为叶柄，往上为叶基。

蕙兰的叶柄环，一般不明显，如叶柄环很明显，甚至有双环套叠，那么该株的花品可能不低。

四、叶　幅

叶片的阔度与长度，既可受品种的特性所制约，又免不了会受生态条件和莳养水平所影响。通常蕙兰叶片的宽度约为0.7~1.4厘米，长度约为30~100厘米。有的野生蕙兰，叶宽可在1.4厘米以上，叶长可在150厘米以上。经驯化成熟后（即分蘖发育成熟的新株），叶宽多可保持如母株叶的宽度，长度可减少近半。

五、叶　数

叶数系指一个植株的叶片数量。它的多与少，既取决于品种的特性和母株的壮与弱，根系的众寡，也受生态条件和莳养水平等影响。新株叶数比母株少，则说明生态条件欠佳和莳养不当，当年多不易开花；叶数比母株增多或与母株同样多，说明生长正常，当年多能见花芽。

蕙兰的株叶数量，通常5~9片，多数为7片，也有多至10余片的。株叶5片及5片以下的植株，多为长势趋弱。宜分析原因，及早采取补救措施，争取早日复壮。

六、叶　形

蕙兰的叶形与其他种类的地生根兰一样，为带形叶，两端渐细尖，叶基呈V形，叶中段始渐平展。为平行叶脉。主侧脉后凸且晶亮，叶面的主脉沟明显。缘齿粗锐。

蕙兰的叶形虽基本相似，但也会有异化的。如图3-4所示的：阴阳叶，即叶主脉不居中，偏向一侧，叶尖也如是；双主脉叶，即一片叶的中央有两条主脉；葫芦状叶，即叶两侧有规则紧缩；龙睛叶，即叶端部有漩涡状凹陷，有些还镶嵌有水晶体；唇化叶，即于叶下部或任何一处，有如花的唇瓣状、变白、变薄，且呈银耳状扩大，其上洒有红艳斑；龙卷叶，即叶扭卷似油条。

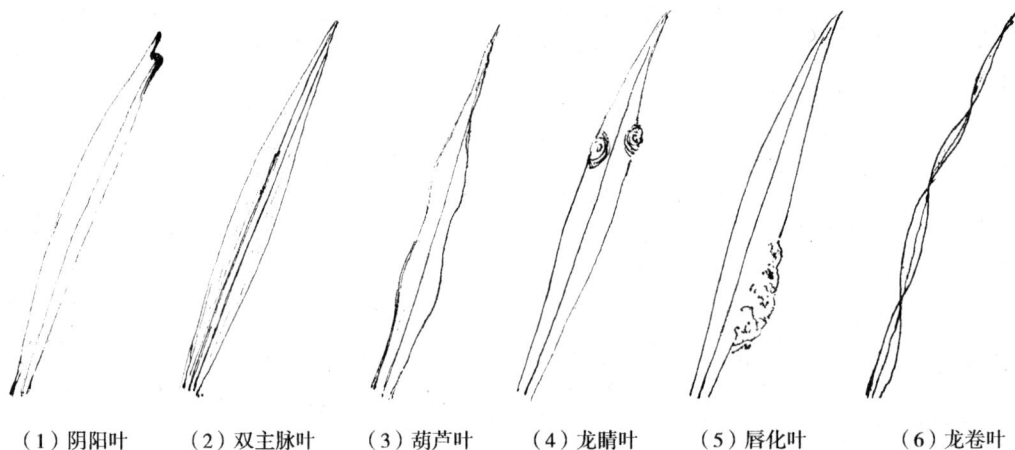

(1) 阴阳叶　　(2) 双主脉叶　　(3) 葫芦叶　　(4) 龙睛叶　　(5) 唇化叶　　(6) 龙卷叶

图 3 - 4　叶形示意图

上列六种异化叶中，以唇化叶与花最有关联。即多数唇化叶可开出花瓣蝶（捧蝶、蕊蝶），次为龙睛叶，也可能开出龙睛花。其他四种异化叶，甚少与花有关联，如果是实生苗片片是异化叶和三株以上连体的异化叶，不仅能增进叶片的艺术性，也有些可开出别样花来。

七、叶　尖

叶尖是叶片的组成部分。它的形态既可因品种而不尽相同，也可因生态条件的变化而异化，因而有多种多样的形态。蕙兰的叶尖形态，常见的有长尖、钝尖、急速尖、钝扣尖、燕尾尖等（图 3 - 5）。

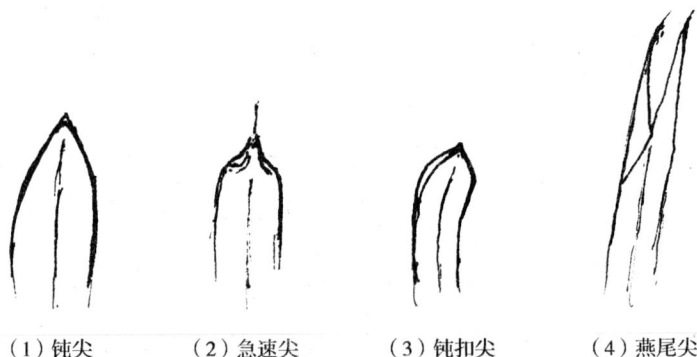

(1) 钝尖　　　　(2) 急速尖　　　　(3) 钝扣尖　　　　(4) 燕尾尖

图 3 - 5　叶尖形状示意图

钝尖叶尾的萼片与花瓣常比较短阔、钝尖；急速尖的叶尾，尽管叶尾细长，但仔细观察，它的尖端是有急速收尖的形态，且其尖端上又常有一条约 0.3 厘米长的小白刺。具有此叶尖的植株，较有可能开出梅瓣或水仙瓣形花；钝扣尖，也称翘尖、汤匙尾等，具有此叶尖的植株较有可能开出荷瓣或荷形花朵；燕尾尖，似剪刀状，为自然分叉尾。兰丛中，仅偶有一片叶有燕尾尖,多为偶然性,如是丛兰中,株株片片均有此叶尖的,可能开多瓣奇花。

上列的叶尖尽管开佳品花的概率不一定很高,但它却增加了一个欣赏视点,给人以美的享受。

八、叶 艺

叶艺是富含艺术性的叶片的总称。它包括线艺、水晶艺、图画斑艺、叶蝶艺、矮种奇叶等。蕙兰的叶艺也和其他种类地生根兰花一样,只不过由于它的角质层较厚,异化的进程较长,异化形式相对不及其他地生根兰丰富。现分类简介如下。

(一) 线艺类

线艺是兰叶上缀有异色线、点、斑的叶片。由于这类叶片有了异色点缀,增进了叶片的艺术性。有的线艺品种的花,也有相应的线艺性状。大大地升华了花的观赏价值。叶花皆艺的兰花,为当今国兰鉴赏的最高境界。

兰叶上的线艺,通常以银白色和金黄色为主,偶尔也有绿色叶艺、红色叶艺和黑色叶艺等。

线艺在叶片上出现的方式,位置各有所异,且常有兼艺。其内容相当复杂,现归类简介如下。

1. 爪艺

爪艺,兰界俗称为"鸟嘴",简称为"嘴"。它是指叶艺集中在叶端缘两侧。爪艺常依艺的粗细、长短与兼艺加以区分,如图3-6。

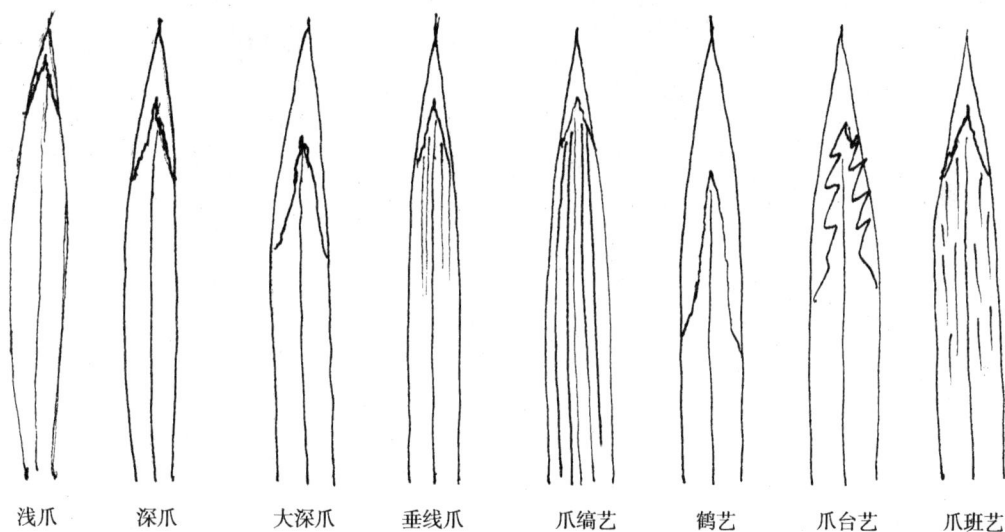

浅爪　　深爪　　大深爪　　垂线爪　　爪缟艺　　鹤艺　　爪台艺　　爪斑艺

图 3-6　爪类线艺示意图

①浅爪:爪艺体细而短,端尖缘有1.5~2.0厘米长的线艺体。

②深爪:爪艺体比浅爪艺相对较粗且较长近1倍。

③大深爪:线艺体比深爪艺相对较粗较长近1倍。

④垂线爪:指浅爪或深爪内尚有数条3~5厘米长的垂丝艺。

⑤爪缟艺:指爪艺体内的垂线常长达半片叶以上,有的已到叶基。

⑥鹤艺:即特大深爪艺,其爪艺体粗而长。其爪艺体常长达近半叶以上,有的可长达

2/3 叶长，其叶端几乎全是艺体。

⑦爪台艺：指爪艺体在叶端缘，艺体呈阶梯状，似雷电符号“↯”。

⑧爪斑艺：指爪艺体内有长度不等的线段状艺体并存。

叶片有爪艺的植株，有时其花也有相应的爪艺，但并不是所有爪艺叶的植株、花都会有爪艺的。通常是叶鞘与叶端均有爪的植株，其花多会有爪艺。

2. 覆轮艺

覆轮艺是指艺线在兰叶的周缘。自叶基至叶尖端均有明显的艺线镶嵌，如图 3－7。

通常，叶周缘的艺线长达过半叶以上，约为全叶长的 2/3，便可称为覆轮艺。但艺线末叶基的覆轮艺，其品位较次。

覆轮艺并不全单一存在着，往往会有与其他叶艺同时出现，如在覆轮艺中，又兼有斑缟艺并存（图 3－8）。

这里所说的覆轮艺，是指叶周缘镶嵌白色或黄色艺体的。此外还有一种绿色的覆轮艺，其艺体内几乎都是白色或黄色的叶艺，名为中透艺。

3. 斑艺

斑艺是指兰花叶片上，镶嵌或浮泛有白、黄、翠绿、赤、红、黑等异色点、块或线段状的异色艺体。此种线艺性状被称为斑艺（图 3－9）。

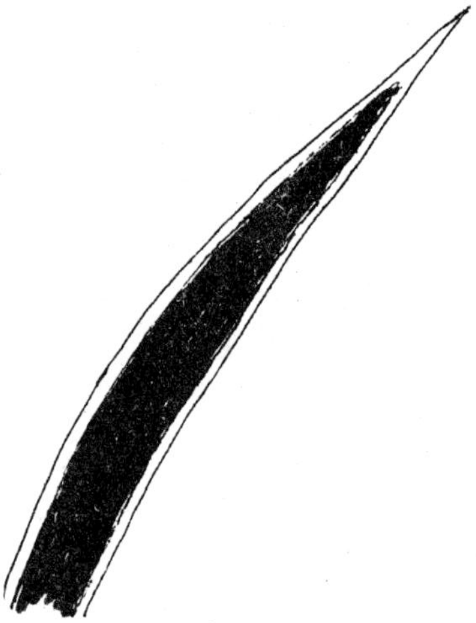

图 3－7　覆轮艺示意图

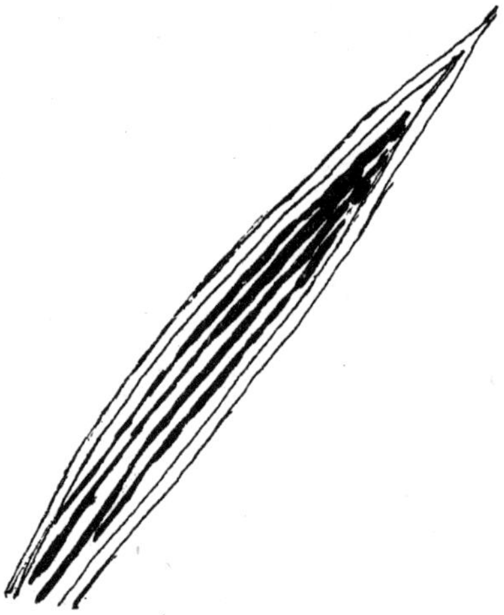

图 3－8　覆轮垂线缟艺示意图

(1)大虎斑　(2)小虎斑　(3)流虎斑　(4)切虎斑　(5)曙虎斑

图 3－9　虎斑艺示意图

通常依斑艺的色泽和性状的不同而分类：

（1）虎斑艺：兰叶上的片块状艺斑与叶绿色交相辉映的线艺性状，其斑形犹如老虎皮毛的斑纹，借喻而为名。依其斑形而有不同的称谓。

①大虎斑：顾名思义，就是艺斑形大，斑体几乎占全叶的近半，同时也可伴有较小的斑体，其较小斑体其实也不小，也占全叶的近 1/6～1/4。

②小虎斑：即斑体相对较小，常呈连片分布，但也有少量零星分布。

此外，小虎斑艺中，也曾出现过兼艺。如小虎斑艺的叶缘，又有白色或黄色的覆轮艺互见。此种斑艺被命名为"宝轮艺"。

③流虎斑：它是由密聚的长条形、水滴状的斑块组成的斑艺。有的小艺斑形似蝌蚪，也似少量流水在河卵石间流淌的情态，借喻而为名。

此种流虎斑，亦曾出现过兼艺，即在其叶端镶有白色或黄色的爪艺。此种兼有爪艺的流虎斑，被命名为"塘三虎"。

④切虎斑：叶片上的艺斑为整段性，几乎如刀切样整齐，故而得名。

⑤曙虎斑：叶片上似曙光初照而呈现的亮斑状而为名。

（2）锦沙斑（图 3-10）：由于兰叶上呈现密如沙粒状的小艺斑。其斑色或白色或黄色，十分晶亮，绝非病斑。

锦沙斑常有曙虎斑相伴。台湾兰界称其为"胡麻斑"。

（3）蛇皮斑（图 3-11）：兰叶上所呈现的艺斑，形似菱形或方形，密排成似蛇皮的花纹而得名。

（4）苔斑（图 3-12）：是指在叶片上泛有似淡云朵状的青绿色不规则的绿晕。此种绿晕被称为苔斑。有的叶片具有此苔斑，其间隐约可见有如蚕丝状的银丝艺。一旦苔斑退去，银兰艺就更加显现。

（5）全斑艺（图 3-13）：是指几乎整个叶片全为银白色或金黄色，仅是叶基和叶主脉间尚有些许绿晕。

图 3-10　锦沙斑　　　图 3-11　蛇皮斑　　　图 3-12　苔斑　　　图 3-13　全斑艺

此外，尚有叶片的基部或端部，或中段，呈片段式的全黄色或全白色的，也称为全斑艺。准确地说，这种片段式的斑艺，应称其为"粉斑艺"。这类粉斑艺多开红色花，但也有个别的是开白色花。

全斑艺多为鲜明性。即幼叶期具有全斑艺，叶片发育成熟后，叶色便没有叶艺存在。不过，全斑艺（指全片叶均为白色或黄色的）如没有一点绿晕存在的，没有叶绿色可自制养料，十分难以养活。实生苗的全斑艺，名为"幽灵芽"匆匆而来，不知不觉而去，多难养活。分蘖苗的全斑艺，有母株供养，相对能维持较长时间，但极易焦尖。

4. 缟艺

缟，线条之意也，即在兰叶片上除叶脉之外，有自叶基至叶尖出现纵向线条状的艺性，见图 3 – 14。

缟艺也和其他类线艺一样，除了有单纯性的缟艺之外，也有多种兼艺并现。

①爪缟艺（图 3 – 15）：即在缟艺之上，其叶端又兼有爪艺。

②斑缟艺（图 3 – 16）：即在叶片上不仅有自叶基至叶尖的粗缟线，且于其间尚有极细的艺线段兼现之。

③爪斑缟艺：即斑缟艺的叶端又有爪艺者，如图 3 – 17。

5. 中斑艺：即叶端有绀绿帽，绿帽内有线段状的垂线下伸。其垂线的长短、粗细不一，但一般没有垂线直达叶基（图 3 – 18）。

在中斑艺中，又有自叶基至叶端的较粗缟线并现的，被称为"中斑缟艺"（图 3 – 19）。

中斑艺，为线艺兰中线艺性状最为稳定的艺性者，历来深受兰界的青睐。

6. 中透艺

叶端有绀绿帽，叶周缘有嵌绿覆轮，叶心部皆为全金黄色或银白色的叶艺，如图 3 – 20。

7. 中透缟艺

即在中透艺之上，又有两条以上的自叶基至绀帽的绿色缟线，如图 3 – 21。

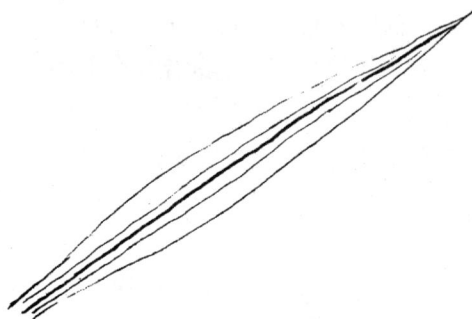

图 3 – 14　缟艺示意图

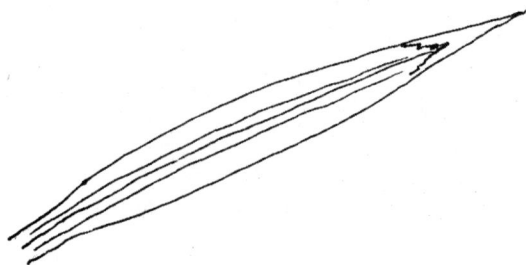

图 3 – 15　爪缟艺示意图

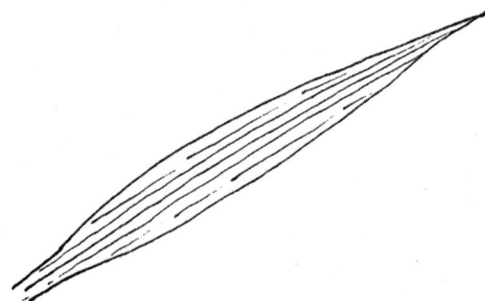

图 3 – 16　斑缟艺示意图

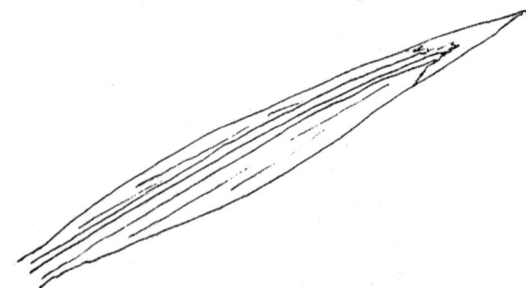

图 3 – 17　爪斑缟艺示意图

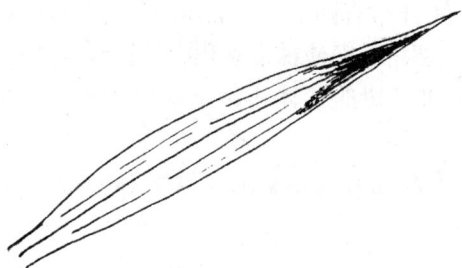

图 3 – 18　中斑艺示意图

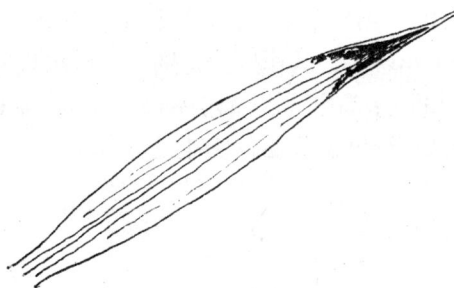

图 3 – 19　中斑缟艺示意图

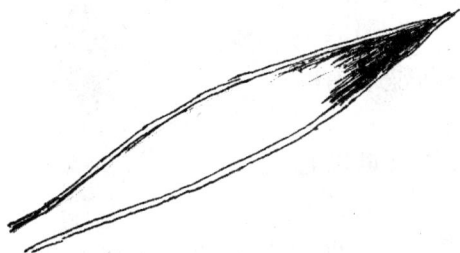

图 3 – 20　中透艺示意图

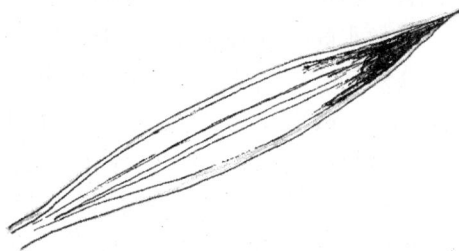

图 3 – 21　中透缟艺示意图

中透缟艺和中透艺一样，因为叶端有绀绿帽，叶周缘有镶嵌绿覆轮，因而它的线艺性状格外稳定，深受兰界的喜爱。

8．云井艺

即在绿叶上镶嵌有比绿叶更为浓绿的，自叶端向下延伸的纵向垂线的绿线艺，如图 3 – 22。

有的云井艺，可以与其他线艺同时出现于一叶上，有的却不是浓绿色的绿丝艺，而是红丝艺、墨丝艺。它不仅仅可增进叶片的观赏价值，有时也可在其花萼或花瓣上，而有相应的云井艺，因而云井艺颇受珍爱。

（二）水晶艺

兰叶上镶嵌有不规则的点、条、块状的白色或乳黄色的透明或半透明的艺体。兰界依色白或乳黄的半透明体似水晶，而把它誉为水晶艺，简称为"晶艺"。

尽管水晶艺兰多姿多彩，但尚可依水晶艺体所在部位而划分成三大类：

1．龙形水晶

水晶艺体分布于叶主脉间，或叶片之一侧，或叶周缘。由于该艺为不规则长条形艺，且常呈弯曲如龙，而称其为龙形水晶艺（图 3 – 23）。

龙形水晶艺的特点是，晶艺从叶的下部先显现，然后逐渐向上扩展。可依艺形之异而细分为下列四小类：

（1）水晶缟：晶艺体处于主侧脉间，由基部逐渐向上扩展。

图 3 – 22　云井艺
示意图

图 3 – 23　龙形水晶
艺示意图

（2）中透晶缟：叶片有绀绿帽和绿覆轮。主脉间分布有晶缟或全部是水晶艺体。其艺体的大小不一，其作用力有别，因而出现叶片皱卷、翻扭，而使株形矮化，造型多样。

（3）水晶边：水晶艺体处于叶的周缘。常由于水晶边的艺体粗细不一，作用力不同，而导致部分叶缘收缩，使叶缘呈木耳状、波浪形。

（4）晶边缟：在水晶边艺的作用下，水晶边艺不断向叶心部扩展至叶侧脉间，又出现水晶缟线，与晶边合称为晶边缟艺。

2．凤形水晶

由于水晶艺体集中于叶端，而形成某种拟态，最早发现的此类水晶艺，形似鸡头状，故而美称为"凤形水晶"（图3－24）。

凤形水晶艺可细分为三小类：

①水晶嘴：水晶艺体集中于叶端，有的形似某种形态，有的有明显起兜，故而又有"水晶头"、"水晶兜"的别称。

②爪缟水晶：即在爪艺水晶内，又有水晶垂线长达半叶以上。

③拟态水晶：有的水晶嘴不大，但其水晶嘴（爪）艺却能向叶基断断续续地延伸，各部的水晶艺体的大小有异，其作用力也就有别，故而能导致叶形异化而成了葫芦形、钥匙形、鸟兽态等。

3．虎形水晶

水晶艺体呈斑纹状态，颇似线艺兰中的虎斑艺，如图3－25。但虎形水晶会导致叶形变态。而明显有别于线艺虎斑。

虎形水晶包括条斑水晶、网斑水晶、山形斑水晶、竹节斑水晶、林木斑水晶等。

图3－24　凤形水晶艺示意图

图3－25　虎形水晶艺示意图

（三）叶蝶艺

1．叶蝶艺的概念

凡兰花的叶片的全部或局部略有变形，质地变薄，色泽雪白，其上洒有点状或块状红斑而颇似或略似兰花唇瓣状的叶艺，被称为叶蝶艺。

由于兰花朵的萼片和花瓣（捧瓣）有异化成唇瓣状的，称为蝴蝶花，简称蝶花。于是兰花叶片的全部或局部，有异化成唇瓣状的，称为叶蝶艺。

2．叶蝶艺成因初探

首先是植物的花朵是由叶片变态或称异化而来的。花，既是从叶片异化而来的，它也就有可能还原返祖而去。这就说明，叶与花的因子不是静止不变的，而是运动着的。至于它的运动形式和速度，既因其固有的内因起主导作用，也免不了会因外因刺激与干扰而起催化或抑制的作用。总而言之，花和叶是一脉相承的，它的基因信息既可相互传递，也可相互反馈。兰科植物特有的花瓣——唇瓣是花瓣中最为发达和活跃的花瓣。当它的因子格外充盈时，便会传递给与其紧邻的同类——花瓣（捧）而有花瓣唇瓣化（蕊蝶）或者传递给肩萼片而有肩蝶花。当花瓣（捧）完全唇瓣化了，株体内的唇瓣因子比原来便更加充盈，如果遇有外界力的作用，或因拆散种植，或一年多次起苗、换盆，或分蘖叶芽过多时，或花芽期气温过高不开花，或有促长剂、肥料等的刺激，高度充盈的唇瓣因子便会反馈回株体，而使新株有了叶蝶艺的出现。

此外，株体中的水晶艺体的扩张与收缩力也可协同唇瓣因子的反馈而加快了叶蝶艺的出现。

3．叶蝶艺的表现形式

①唇化式（图3-26）：株心部的单片叶或相对的两片叶完全唇瓣化。

②覆轮式（图3-27）：株心部的单片叶或相对的两片叶的叶周缘变薄、变白，其上洒有鲜红或朱红色点斑块。其邻近叶缘，也可能有少量的散在性的朱红色点斑出现。

图3-26　唇化式叶蝶艺示意图

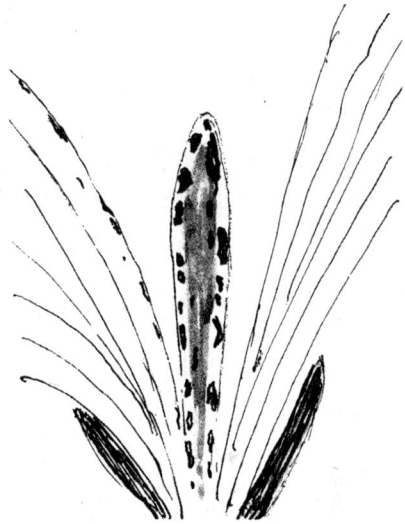

图3-27　覆轮式叶蝶艺示意图

③唇瓣式（图3-28）：在株心基部长出一个或数个如兰花朵的唇瓣来。

④爪式（图3-29）：也称嘴式。在新株的心叶端部的端尖及其近侧缘，有明显的变薄、变白，其上洒有鲜红或朱红色的点、块斑。

⑤缘段式（图3-30）：在植株株心部的叶片单侧缘或双侧缘出现线段状、不规则的叶缘变薄、变白，其上洒有鲜红或朱红色点条斑。

⑥散在式（图3-31）：在植株的株心部叶片上，有不规则的散在性朱红点条斑。

⑦兼艺式：叶蝶艺也和线艺、水晶艺一样，常有兼艺，即几种艺式同时呈现于一体上。甚至有线艺、水晶、叶蝶亦同时显现于一体。

图3-28　唇瓣式叶蝶艺示意图

4. 叶蝶艺的稳定性

①本代的稳定性：唇瓣化的叶蝶艺，由于它如兰花朵唇瓣一样糯嫩，又不具叶绿素，自然是如花的寿命样，月许将干焦而枯落；覆轮式、爪式、缘段式叶蝶艺，它们仅是部分唇瓣化，其叶体尚有大量绿色成分，可以自制养料，只是唇化部分，在光照较强的条件下，也易出现干焦外，其绿色部分的绿叶体，仍然可

图3-29 爪式叶蝶艺示意图　　图3-30 缘段式叶蝶艺示意图　　图3-31 散在式叶蝶艺示意图

与无叶蝶艺的兰叶一样存活；散在式叶蝶艺是初级艺，它一般不易出现干焦，但是如遇光照过强，其散在性的红斑也易变为赤褐色，其叶片更可同无叶蝶艺的普通兰叶一样存活数年。

②遗传稳定性：在长势中等茁壮的条件下，多数有一定唇瓣化的叶蝶艺都会有较强的遗传性。只有那些白色成分少，仅是一些红点斑的初级叶蝶艺，在长势超弱的前提下，其遗传性相对较差。

5. 哪些兰株易出叶蝶艺？

从已出现的多种多样的叶蝶艺来看，凡是完全唇瓣化（具有褶片和侧裂片，瓣质薄而白）的捧蝶和多唇瓣奇蝶花，最易出叶蝶艺；凡是牡丹型奇蝶、菊型奇蝶、树型奇蝶和梅蝶、荷蝶、仙蝶、肩萼蝶、中萼蝶、萼捧全蝶的兰株也可出叶蝶艺；凡是唇瓣格外发达的植株，或许也可出叶蝶艺；甚至是，正格的瓣型花和行花也可偶出叶蝶艺。由此可见，叶蝶艺并非捧蝶花植株专有的特征，只是有叶蝶艺的兰株多数是开捧蝶花，但也有可能开其他花，只不过是开其他花的概率较小而已。

6. 叶蝶艺的艺术价值

叶蝶艺是继线艺、矮种奇叶、水晶艺、图画斑艺之后而涌现于兰艺坛的一种新型叶艺。它不仅丰富了兰花叶艺的内容，也增进了兰叶的观赏价值，又能成为花前认定唇瓣花的重要依据。

由于叶蝶艺不像线艺、水晶艺、图斑艺、矮种奇叶有那样长的观赏期，所以不论叶蝶艺有多漂亮，还需与其花的品位相结合来评定其价值。

第四节　花

中国蕙兰的花与其他种类的地生根兰花朵一样，是由外轮的三萼片，内轮的两个花瓣、一个唇瓣和一个合蕊柱所构成的（图3-1）。

花为兰株的生殖器官。它与其他单子叶植物的花明显不同：一是处于花朵内轮下方的一个花瓣转化为唇瓣；二是雌蕊和雄蕊合生为一体而名为合蕊柱；三是花的各个组成部分的数

量、形态和色泽常有变化。

下面将蕙兰花朵的构成分别简介如下。

一、花原基

花原基就是花芽生长点之无形源。它好比哺乳动物的受精卵。有了受精卵，才有胚胎的形成与发育，否则便不可能有胚胎的形成。同理，若无花原基的形成，便不可能有花芽的生长点的形成，也就不可能有花可开。

花原基的形成需要下列条件：

（1）植株长势趋壮：株壮的标志是新株比母株的叶片数量增多，叶幅增宽，光泽度增强。而株壮的根基在于根胚。根胚的基础在于有合适的培养基质和生态环境，关键在于光、温、水、肥、湿的合理调控。否则便不可能有株壮的可能。

（2）有机物质积累充盈：这首先要对植株所必需的大量元素、微量元素和矿质元素合理地供给，尤其是有机磷、钾和硼、锰元素不缺乏，植株才可能在光照、温度等的协同作用下自制养料，并有所积累。

（3）曾经历过春化阶段：冬季应有月余的室温低于8℃，以确保其安度春化阶段。

寒冷地区冬春季，室内供暖，室温高达17~23℃。此外，有些养兰者为了追求高发芽率，冬春加温催长，使兰室温高达20℃以上。不仅不能让蕙兰度春化，连正常的休眠条件也被剥夺，违背了植物的生长规律，自然不可能形成花原基。

（4）上一年要有适当管理：光照、温度、水分、湿度、通风、肥料等应合理调控，并加强"植保"工作。特别是秋季湿度勿偏低，昼夜温差要适当。尽可能创造一个与其相适应的生态条件，让其长好育壮，为当年花原基的形成奠定基础。

（5）避免营养消耗过大：所谓的营养消耗过大是指光合作用利用率偏低，主要是由于光照量偏少，光合作用的主要原料水和二氧化碳偏少，植株制造的有机物不多，而日夜温差偏小增大了消耗量；生理病害、浸染性病害和虫害的侵扰，增加了消耗；过多地施用催芽剂，当年分蘖新芽过多。

由于株体消耗过大，营养积累甚少或无，而无能力形成花原基。

（6）避免疯长：往往为了提高栽培效益，多次施用催芽肥、促长剂、细胞激动素，高氮肥等，致使株体营养生长高度活跃，势必抑制生殖生长而难以形成花原基。

花原基的形成期在叶芽的滞育期。此期可选用磷酸二氢钾、硼、锰元素或催花肥喷浇2~3次，以诱导其形成。

二、花　芽

花芽的分化与伸出基质面的时间，既由各个品种所决定，也可因生态条件的变化而稍提前或延后。通常于9月底至10月份，陆续伸出基质面，当其生长至2~3厘米后，便停止生长约5个月许，直至开花前的半个月，才能很快地伸长。

花芽形圆，被鞘（俗称为"壳"、"包衣"、"包叶"）所包裹着。鞘的主要作用是保护幼嫩的花葶、花蕾。鞘的脉纹、泛晕与色泽，则是花前鉴别品种的参考依据之一。

看花芽鞘的脉纹、泛晕与色泽，以预测花的品位。虽然准

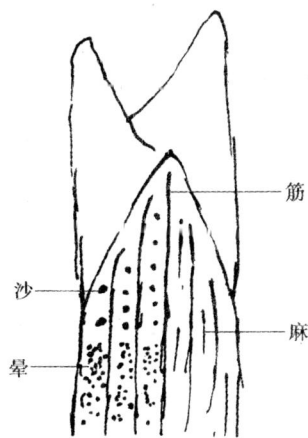

筋

沙

麻

晕

图3-32　花芽鞘纹名称图

确率不高，但也有较大的参考价值。现把花芽鞘上的几种名称和看壳预测花品的诀窍简介如下（图3-32）：

1. 筋

即花芽鞘上的细长筋纹。筋有长短、粗细、凸凹之别，色泽各异。

筋总以细透顶（鞘端缘），软润，疏而不密，且有光泽者为佳。

如筋粗透顶者，花瓣必阔，且有荷瓣出现。如筋纹较细糯，其间满布沙晕者，可有梅瓣或水仙瓣出现。如是绿壳绿筋，或白壳绿筋，筋纹条条通梢达顶，壳身晶莹透彻，多有素心花出现。

2. 麻

即鞘上不通达梢顶的短筋（线段状，相当于线艺中的线段斑），称为麻。麻的粗细、长短不一，排列比较密聚的，被称为麻络。

如是麻的空间较稀疏，其间又满布异彩沙晕者，常有异彩奇瓣花出现。如是绿白壳，绿筋间，有绿麻、又有绿沙晕者，常有奇瓣素心花出现。

麻的颜色不一，可分为青麻、白麻、红麻、赤褐麻等，其色尚有深与浅之别。

3. 沙晕

即在鞘片上，筋麻之间，缀有细如尘埃状的细微点，称为沙；更为细微密布，状如浓烟重雾状者，称为晕。

如筋纹细糯，通梢达顶，其间又有沙、有晕者，多有瓣形佳品出现。

如鞘上的沙十分密集，花蕾逐渐抽长时，蕾尖又呈现浓绿者，多有水仙瓣花出现。

如鞘上的沙晕柔和，色泽绿白者，多出素心花。

鞘（壳）的色泽多种多样，如绿壳、白壳、赤转绿壳、水银红壳、赤壳等。但在筋麻、沙晕颜色有深有浅的辉映下，壳色就更加丰富多彩，如深绿、淡青、竹叶青、竹根青、粉青、青麻、绿壳、白麻壳、红麻壳、荷壳、深紫壳、猪肝赤壳等。但总以水银红壳、绿壳、赤转绿壳最易出佳品。

鞘有松紧、厚薄、软硬之分。壳薄而硬，色糯方算上品；如壳薄而软，被贬称为"烂衣"，极少有上品花出现；壳厚而硬，颜色柔糯，也常有好花出现。

鞘也有长与短之别。如是鞘（壳）体短，中部色彩浓而厚，锋尖有肉钩的，其蕾尖又呈鹊嘴形（图3-33）的，多出梅瓣或水仙瓣花；如壳体长而蕾尖呈钝尖形，多出荷形水仙瓣花。

下面摘录沈渊如、沈荫椿编著的《兰花》一书中的《看壳各诀》。

• 绿壳周身挂绿筋，绿筋透顶细且明，真青霞晕如烟护，确是真传定素心。

绿筋忌亮，须有沙晕，必如烟霞，筋宜透顶小蕊，在仰朵时，日光照之如水晶者，素。昏暗者非也。

• 罗衣自绿亦称良，大壳尖长也不妨，淡绿筋纹条达顶，小衣起绿定非常。

白壳绿飞尖绿透顶，沙晕满衣，此种定素。出铃小，蕊若见平，水仙在其中存。

• 老色银红烟晕遮，峰头淡绿最堪夸，紫筋透顶铃如粉，定是胎全素不差。

出铃时色如茄皮紫者，梅根绿背，黄者素。

• 银红壳色最称多，莫把红麻瞥眼过，多拣多寻终有益，十梅九出银红窠。

银红壳必须先淡后深，筋纹透顶，飞尖点绿，小衣肉厚，而多光滑，细心选择为要。

• 绿壳三重起紫衣，此中必定见仙梅，小衣有肉峰如雪，铃顶平如刀剪裁。

官绿壳上若起紫晕一重，其花必异，筋纹忌亮。

• 深青麻壳无人晓，莫道青麻少出奇，尖绿顶红条达顶，晕沙满壳异无疑。

深青麻壳，极多光亮，满蕊白沙，必非素异，必须紫筋透顶，飞尖点绿，此花定异也。

• 筋粗厚壳出荷花，铁骨还须异彩夸，无论紫红兼绿壳，此中常是见奇葩。

筋粗壳硬，屡出荷花，不论赤绿，一样看法。如落盆几日，能起沙晕，就可望异。最难得者，荷花小蕊，尖长深搭，凤眼微露，收根必细，灶门开阔，定是飞肩。

总而言之，鞘（壳），总以壳体厚硬、色泽鲜净、形状圆整、筋麻细糯、沙重雾浓为好。

三、花 葶

花芽的鞘（壳）中，长出圆形的柱状体（花葶），逐渐长高，这个过程称为抽箭。

自花芽的基部至花葶上的第一花蕾柄基，称为花葶（花茎）；自第一个花蕾基直至葶端尖，称为花轴（图 3－1）。

蕙兰的花葶，以直径 0.3 厘米，高出叶丛面 10 厘米以上为优。

传统认为蕙兰以大花细葶（梗、茎）为贵。细梗，俗称灯草梗。小花粗梗，俗称为木梗，属下品。蕙兰的花梗总以挺直浑圆为标准。绿蕙以大一品的花梗白绿如玉、梗高花大，为蕙兰中最具风姿的品种之一；赤蕙却以梗粗挺直者为好，例如，程梅梗粗挺拔，颇为壮观。

至于传统认为，花葶总以细圆为上品，这应是相对而言。如葶细花多，支撑力小，需要长竹签、铁线、塑料棒扶持，更别扭；当花少且小，葶又粗的，反而给人大材小用之嫌。应是搭配相宜为好。

至于花葶的色泽，传统推崇绿白为上。这是从素雅的观念出发，实际上，花葶与花柄（子房）的色泽，应以能衬托花色的秀丽为好。如青葶白花、红葶白花、青葶红花、紫葶绿花等，葶色与花色能交相辉映，起到烘云托月的作用，也应列入上品。不过，对于素心花的花葶与花柄的色泽，还是与花同色，花色的稳定性较好。

四、花 序

花序即花朵在花葶上的排列次序。中国蕙兰也和建兰、墨兰、寒兰、莲瓣兰、春剑兰等多数葶多花的地生根兰一样，为总状花序，即花朵分别在花葶上的东南西北四侧，按 3～7 厘米的间距依次排列。

花序也不是一成不变的，近代已发现有下列几种方式的异化，颇具观赏价值。

①伞形圆锥花序：即花轴上的每个花柄（子房）拔高分裂成 3～5 个小子房并形成花蕾开花，这个个体似伞状，而称为伞状花序，但它们又都着生于同一个花轴上的东、南、西、北侧，而构成了圆锥状，故而称其为伞形圆锥花序。

②圆锥花序：它与伞形圆锥花序不同。它子房拔高后，分枝上的花蕾不是顶生而是互生。

③头状花序：即葶上的花朵全部聚生于花葶顶端而成了球形状，花朵东、南、西、北朝向均有。

④轮生花序：即总状花序的每一朵花的子房与花轴的连接处，四周同时着生 3～4 个子房，其上有可开花的花蕾。

此外，总状花序轴上，花朵的排列方式，也有多种的异化：

①母子花：即总状花序轴上的每个花蕾发育膨大时，其子房基部内侧，又有花蕾形成。当母花临近凋谢时，子花就开花。

②间距不等：即花轴上的花朵间距不一，有的一疏一密，有的几疏又一密。

③单双朵间生：花轴上的每一个着生子房处，虽多为单朵花，但也有双朵花并生。

五、花　蕾

多片花芽鞘（壳）紧裹着花芽心部的 5~9 个以上的花蕾。花蕾伸出长芽鞘的时间，既因品种的特性所决定，也因花芽鞘的长与短、厚与薄、阔与窄而不同，尚因气温的高低、株体的壮弱、水湿的适否、日照的有无、起苗移植的变动与否、激素的含量等的影响而不同，所以很难从时间上来描述花蕾的形态与种质的识别。现从花蕾发育的阶段，试行粗略分述：

（一）花芽鞘含蕾阶段（图 3-33 和图 3-34）

1. 短花芽鞘类

这是刚开始抽箭时，小花蕾的端尖部，有白头显露的，多为佳品花的小蕾。

白头 ———

2. 长花芽鞘类

①鞘上沙晕明显的，多为梅类瓣型花。

②鞘上沙晕不明显的，多为大鼻头（大合蕊柱）的普通花。

图 3-33　花芽鞘含蕾示意图

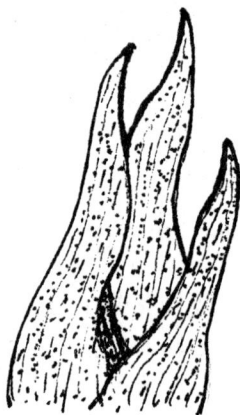

③花芽鞘体下部有显凹凸（俗称珠粒状）的，也多为梅类花的花蕾。

④花芽鞘体的着色，从鞘体端部向基部逐渐淡化，且有如蓝天白云样，着色略现白云斑，其上又有沙晕的，多为蝶花之蕾。

（二）抽花箭后至小排铃阶段

抽箭后至小排铃的阶段，花蕾不大，花蕾柄（子房）尚未发育伸长，小花蕾还紧挨花轴上，如稻麦穗状，但小花蕾已初具形态，对于已入门者来说，是细花，还是行花，多可明辨。艺兰先辈们经过长期的观察实践，总结出此阶段，花蕾形态的五个类型（沈渊如、沈荫椿的《兰花》），现录此：

图 3-34　鹊嘴状含蕾态示意图

1. 巧种门

蜈蚣钳：花蕾的两侧萼片合拢成钳形。舒瓣后有紧边，瓣肉厚、合背硬捧，这种开小舌梅瓣花居多；如分窠大舌，水仙瓣，水仙瓣者少；如分窠软捧，开大舌梅者居多，为上品中第一，如"程梅"、"潘绿"、"老极品"等。

大平切：花蕾端部似经刀切平一样，平边厚肉。大舌，分窠捧心者居多。如果分头合背，硬捧，小舌梅者为少。这种形式在梅瓣、水仙瓣中都有，为上品中第二，例如，"大一品"、"老上海梅"、"元字仙"等。

小平切：三萼片稍长，平边圆头。分窠捧心，大舌者居多；如合背硬捧，小舌者少。水仙瓣大多出于这种形式，为上品中第三，如"小荡"、"大陈字"等。

2. 皱角门

瓜子口：宽边文皱（略皱），花开水仙瓣者居多，开梅瓣者少。属上品中第四。

石榴头：宽边武皱（粗皱），飞捧、方缺舌，此类梅瓣、水仙瓣都有，为上品中第五，如"蜂巧"、"蛾蜂梅"、"朵云"等。

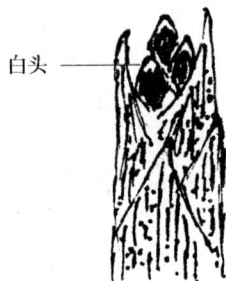

3. 官种门

官种型：捧兜浅而厚。

滑口型：微有浅薄捧兜。

杏仁型：宽边蒲扇捧、舌小。这类多为水仙瓣，属上品中第六。

4. 瘟放门

瘟放门，俗称油灰块。含苞待放时，先见捧心，且形似僵粘整体。外三瓣舒瓣时卷边皱角，不能舒展平整。凡属这种形式，捧瓣全合硬者居多，亦有分头合背。如捧瓣与唇瓣粘连一块，俗称为三瓣一鼻头，是梅瓣、水仙瓣中的最劣开品。

5. 行花门

凡花蕾锐尖、狭长、舒瓣后，花瓣都呈尖狭鸡爪状，这种形式俗称为粗花或行花，是不具瓣型的一般兰花。但如花蕾稍短，上搭深，有时亦能有一般性荷瓣花出现。

蕙兰中除上述"五门八式"蕊形外，尚有多种形式，但多数没有上品好花开出。

以上是艺兰先辈们对蕙兰花蕾抽箭后至小排铃阶段的花蕾形态特征的分门别类描述，为后人依小花蕾形态特点鉴别花品起到指点迷津的作用，堪为经典的论述。但对尚未入门道者，要把蕙兰的小花蕾与上述"五门八式"，对号入座，准确鉴别，尚有一定的难度。有心者，在时间条件允许的前提下，细辨其微，试行对号入座，认真记录、拍照，最后看花验证。只有这样，从理论到实践，又从实践到理论的反复比较、体味，方能悟出其门道。

此外，由于历史上只是江浙地区和与江浙地区紧邻地区的蕙兰，有较深入的开发利用，因此蕙兰先辈们，只能对该地区的蕙兰进行观察研究。这样，研究的覆盖面就相对有限，再加上地球变暖、电子辐射、生态条件变化等外因的作用下，蕙兰也和其他种类兰花一样有不少的异化，新、奇、特品种层出不穷。这些，历史上的艺兰先辈们，自然无缘一见，因此，我们在运用"五门八式"的理论去鉴别蕙兰小花蕾时，应留意新、奇、特小蕾型的观察、记录、拍照，不断总结提高到理性认识上来。

笔者因受条件的限制，对蕙兰的小花蕾，观察得尚少，仅有些许零星管见，拟在本拙作的"种苗的采集与引种篇"谈及。

（三）花蕾大排铃阶段

大排铃，即小花蕾的花柄（子房）相继发育伸长，离花轴而横伸，呈水平样排列如图 3 - 35。花蕾大排铃时，花蕾的下侧，即唇瓣呈朝天姿态。当花蕾快速发育膨大，相继绽放时，便来个 180°的转向，花蕾的唇瓣一侧，由向上（朝天），而逐渐向下。这个过程称为转茎，俗称为转挖、转身等。

此期的花蕾已发育膨大，已显露凤眼（图 3 - 36），基本上能看清待放花蕾的上搭与下搭（图 3 - 37）的状态。其可能开何种花相对较易辨别。

所谓的"凤眼"是花蕾含苞待放前，中萼片与两侧萼片尖互相搭连，在中萼片与侧萼片一侧瓣缘，相互隆起而中间露出空隙处，下露舌根，中间看得见捧心瓣的侧面，这个区域被称为"凤眼"。如是凤眼大，而上搭深，其花瓣必阔且有兜，并且也不落肩。

所谓的"上搭"和"下搭"是指当膨大的花蕾显露"凤眼"时，花瓣背两侧盖顶处，称为上搭，胸下（近基部）称为

图 3 - 35　大排铃示意图

下搭。如是下搭处格外膨大或已有带斑彩的组织凸出，多为蝶花种，但个别的是超大的唇瓣。

由于蕙兰的花蕾具有一定的善变性。佳品特征不典型或几乎未见花蕾特征的佳品，结果却开出有相当品位的佳花；相反，佳品特征较明显的花蕾，却未能开出高品位的花。因此说，蕙兰花蕾的形与色，仅可作为预测花品的参考，而不能凭此定论。

图 3-36 凤眼示意图　　图 3-37 上搭、下搭示意图

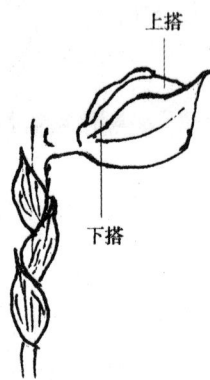

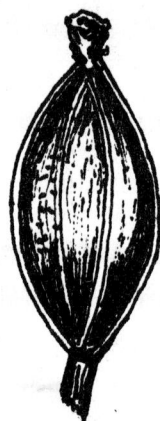

六、花　朵

中国蕙兰的花朵结构与所有的中国地生根兰花一样，其形与色也基本相似。其观赏分类将在本书的"鉴赏与应用"一章谈及。

七、果　实

蕙兰的果实与其他地生根兰一样为开裂形蒴果，俗称为"兰荪"。

当蕙兰花朵心部的合蕊柱头受粉后，其子房（花柄）逐渐膨大、发育而成为长珠形的蒴果（图 3-38）。它自受精至发育成熟，约需 1 年左右的时间，果皮由青绿色转青黄色，直至明显偏黄时，为蒴果的成熟期。如有计划采取种子繁殖的，应及时采收，否则成熟蒴果会自果脊处纵向开裂，种子自裂缝散落，并随风飘扬，而无法收集。

图 3-38 蕙兰果示意图

它的种子细如粉尘。每个蒴果里，结有种子数万至数10 万粒，甚至有百万粒之多。种子的重量极轻，与蕨类植物的孢子相似，粒重仅为 0.3~6.5 微克。种子呈狭窄长圆形，中间有个小圆形的胎。种子的果皮内含有大量的空气，不易吸收水分，极易随风远扬或随水流传至远方。由于种子内的胚多半发育不全或不成熟，只有几十个细胞，没有胚乳。因此发芽较难，仅是极少数处于生态条件优越处，可偶或生根发芽。普通的有菌播种育苗，发芽率也甚低，如能采取无菌播种的方法育苗、其发芽率可大有提高。

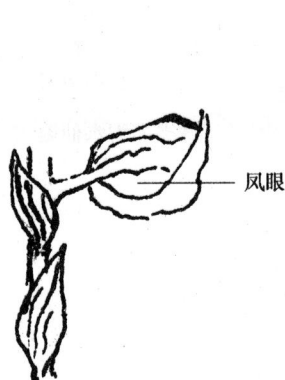

第四章 中国蕙兰的鉴赏与应用

第一节 中国蕙兰的鉴赏

陈毅元帅诗曰："幽兰在山谷，本自无人识。只为馨香重，求者遍山隅。"可见大家都是闻兰香，油生爱心而采挖而引种观赏的。如此看来，兰香就自然是兰株叶和花朵的载体，令人销魂的兰叶、秀丽而圣洁的色彩、神奇而美妙的花形只不过是客观存在着的有时限的客体，只有蕴藏于香、色、形之中，也饱含其生长习性与生态条件之中的品格与魅力才是永恒的，才是兰之魂，是人们欣赏的真正主体。如果是不具清香这个载体，其客体和主体的性质，必然产生变化，成了其他的观赏花卉。

中国蕙兰是七大类中国地生根兰之一，对它的欣赏，自然是闻其香、察其色、观其形、品其韵。

一、闻蕙香

北宋时期的黄庭坚在《幽芳亭》中写到："一干一花而香有余者兰，一干五七花而香不足者蕙。"这里所说的"兰"是指一莛一花的春兰；所说的"蕙"是泛指一莛多花的蕙兰、春剑、莲瓣兰、建兰、寒兰、墨兰等地生根国兰。这里所说的"香不足"，是指一莛多花地生根兰的香气，与一莛一花的春兰，相对不那么富足，但同样具有不可置疑的清香。应该说，中国蕙兰花不仅有香气，而且同为清香而不浊，醇正而幽远，令人久闻不厌，愈闻兴致愈高，愈闻愈心旷神怡，愈闻愈神清气爽。它的清香，可增强人的吐故纳新，安抚心灵的忧伤，滋润寂寞的心田，唤起真诚和愉悦。

蕙花的香气，也和其他地生根中国兰花一样，可因种质和生态条件的差异，而会有细微的差别。虽以清香为主，但自然会有部分甜香与微香，或是浊香与无香之别。这也和世上万物一样，尽管是同种群的，总是还有上、中、下之别。

1. 清香

大凡具有清香的蕙花，多产自低海拔，雨水充沛、气候湿润、光照和熙、夏无酷暑、冬寒明显的地区（如江苏、浙江、福建等省区）。它清香宜人，具有能清爽鼻喉、增强吐故纳新、提神醒脑、倍感格外舒爽的奇妙。当为上品的兰香。

2. 甜香

甜香，也称浓香、檀香、热香、水果香等。甜香，自然也还是具有兰的清香的，只不过它只是香气有些偏，或稍稍带有甜香气而已。此香虽也宜人，但稍逊于清香的美妙。曾闻清香者多不迷恋它。此香仅能屈居于中品。

3. 微香

微香，微弱也。它虽有淡淡的清香，但也同时具有微微的甜香。尚且是近嗅偶得之，着意闻似有也似无，近闻自然不觉有。此仅能为下品。

仅有微香之兰，多产自低海拔、夏酷热、冬不寒、日照少有、有机磷贫乏的地区，也产于高海拔、局部环境日照几无、潮湿阴冷、冬又严寒、有机磷等营养物质贫乏的地区。

4. 浊香

浊者，不清也。远闻它，似有些说不上名目的微香，稍近闻之，多有一股碱性气，或曰牛粪气袭来。该香少有人爱。当为劣品。

5. 无香

无香者，仅有些许清气，而难嗅到些微清淡香也。它的花虽为无香，但不惹人生厌，应该说它比浊香者稍强些，故列为下下品。

凡花轴大大高出叶丛面的地生根兰花，在花期均可于每个花柄（子房）基部与花轴连接处之下缘附挂着一滴比绿豆还长且大的晶亮浓缩液体。由于它的味香甜如蜜，而被称为"花蜜"、"兰蜜"，也被誉为"蜜滴"、"蜜露"、"兰膏"等。

这个兰花蜜，对兰株本身有何作用呢？

伟大的生物学家达尔文早在100多年前，就认为：兰花蜜分泌的主要目的，是为了排除株体组织进行化学变化时，尤其是在日照作用下所产生的多余物质或有害物质。尚且这个分泌居然有引诱昆虫为其传粉的作用，是自然界为其精心设计的。

笔者在对同品种、同长势、同花期的盆花进行有否剔除兰花蜜的对比观察中发现，经人工剔除花蜜的莛花，两天后渐渐地有所失神，"花守"也略有变化，其花期缩短2天以上的现象。可推断："花蜜"又具有"前线补给站"的作用。因此，对于需要留花观赏的，还以勿把"花蜜"取为它用为好。还有，在实际观察中发现，并非所有蕙兰都有明显分泌花蜜，而是花香欠足的品种多有分泌花蜜；花香富足的品种却极少分泌花蜜，或根本不分泌花蜜。看来花蜜的分泌，是对花香的一个补充，以增强引诱昆虫传粉的作用。

"兰花蜜"对人类又有何作用呢？

一是，由于有花蜜的分泌，可以给人增加一个晶莹剔透的高雅视点；二是，由于有花蜜的分泌，能有效地补充花香的不足而增进观赏兴致；三是，有一定的保健作用。据相关资料介绍：兰花蜜有生津养胃、润肺宁心、滋肾养颜的保健作用。

该如何正确地采食兰花蜜呢？

凡是有计划采集兰花蜜的兰株，应于花前3个月，不浇施农药，并于花莛抽出后，仅可喷施一次低毒、低残留、高效、广谱的杀虫、灭菌剂稀释混合液，直至采蜜前，均不宜再喷施农药，以确保花蜜中含农药残留成分不超标，而利于人体健康。采蜜时，可选用牙签挑取，也可用饮料吸管对着花蜜滴吮吸或选用实验室用的新的"球头吸管"来收集。

二、察蕙色

色，相对比较难稳定，它常因生态条件的变更而有不同程度的变化。

1. 看芽色

芽，可分为叶芽与花芽。叶芽形较扁；花芽形偏圆。它们在未露出基质面前，未得日照的光线，只能是最基本的白色。当其露出基质面后，喜得日光或灯光的温馨、而日益显现其品种固有的色泽。素心种的芽色为青绿，其间可有泛白晕；彩心种的芽披彩筋，泛沙晕，也有分节着色的。梅类花的芽端尖，常嵌有小晶白点；线艺兰的芽，也常有相应的艺彩镶嵌；水晶艺兰也常有镶嵌水晶艺斑。

叶芽花芽似牙雕，像珠粒，如玛瑙……给人以纯净玉润、茁壮秀雅之美，充满着希望。

2．看叶色

蕙兰嫩叶翠绿，成熟叶青绿，老叶淡灰绿，绿意盎然，生机勃发。线艺兰、水晶艺兰，在绿叶之上镶金披银、金闪闪、银晃晃，呈祥瑞兆，寄寓前程似锦、生活幸福。赤蕙红香妃的叶呈深桃红色，其上披挂深褐红色彩条，大有大富大贵的寓意。

3．看花色

蕙兰的花色丰富多彩，令人赏心悦目。

绿色可有翠绿、青绿、浓绿之分。绿意盎然、生机勃发、舒人眼神、充满希望。自古被列为上乘的花色。

黄色可有淡黄、蜡黄、金黄之分。传统推崇蜜蜡黄，现代多喜金黄色，以取其富贵的寓意。但也有不少人更喜淡黄色，它色泽柔和不刺眼，又教人以忠义。

红色可分为粉红（绯红、水红）、鲜红、朱红、洋红等。粉红自然而秀雅；鲜红，给人以热情又寄寓吉祥；朱红，让人联想起红得发紫，启人向上。

白色可有乳白和雪白。它洁白似玉，寄寓纯洁。

黑色，它与合蕊柱端的白药帽交相辉映，黑白分明，寄寓庄重无私。

全花为净一色的素心花，古人为之借物托志、言物抒怀之用，以表白心无杂念、心境高雅。今人多赏其素净文雅，秀气益然。

彩心兰，多种色彩相间浮泛、交相辉映、如虹似霞，五彩斑斓，寄寓繁荣昌盛，幸福美满，令人向往，给人力量，催人奋发。主要相间有致，对比鲜明，色泽亮丽，皆受欢迎。

人对色彩的感受各不相同，偏好各异，总以色泽清新鲜明为佳、枯老晦暗为差。对色泽的寓意，我国著名的文学家闻一多先生，在一首赞美色彩的诗中写到："红给我以热情，绿给我以发展，黄教我以忠义，蓝教我以高洁，粉红赐我以希望，灰色给我以悲哀，"可供赏色的参考。

三、观蕙形

蕙兰根群壮旺，株形高大，基部直立性强，叶质厚实、粗糙，叶齿粗锐，叶脉隆起透亮。古人把它誉为"士大夫概"（北宋大诗人、书法家黄庭坚在其《幽芳亭》中说："兰似君子"，"蕙有士大夫概"。又有清代同治年间许霁和，在其名著《兰蕙同心录》中，对位居蕙兰传统老八种之首的"大一品"诗中赞曰："士夫气概谪仙才，座上争夸领袖来；自入江南重声价，千金不易此花魁。"）。

1．观株形叶态

未见过蕙兰植株者，仅从书刊上看到，蕙兰在四川称其为芭茅兰，叶高 1.5 米以上。这虽是植株雄伟，但太占空间，不敢问津。其实不然，野生蕙兰仅是处于阴被较好、腐殖土层深厚的、株高米余似茅，不少是与众草为伍、光照强、雨水少、土壤贫瘠，株高常在 1 米左右。一经人工引种驯化，株高多在 50～70 厘米许。只养茎仅一花的春兰的，有缘遇到茎九花以上的蕙兰，未免也会萌生爱心。

蕙兰的株形并不只是基部直立、端部弯垂的，而是有多种多样的株形叶态。如斜立半弓垂、斜立弧垂、直立如竖剑、矮种奇叶、线艺、水晶，应有尽有，既有阳刚剽悍，也有窈窕婆娑，令人赏心悦目。

2．观花形

观花形，应以茎花全开后一周左右的顶朵花姿为准。

（1）荷瓣花的鉴赏：荷瓣洋溢着帅气，它的基本条件如下：

①三萼片的长与宽之比约为端放角的 1.5:1（图 4 - 1），中段放角 2.5:1（图 4 - 2），越阔越美。收根要细，形端质糯，不大落肩。

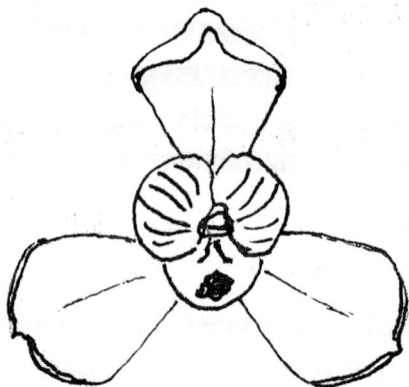

图 4 - 1 端放角荷瓣花示意图

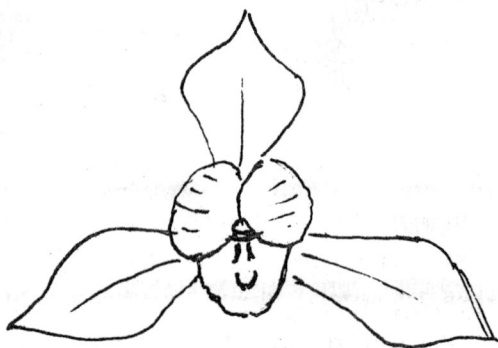

图 4 - 2 中段放角荷瓣花示意图

②花瓣呈近半圆球形（蚌壳捧）、短圆捧为佳，蒲肩捧、剪刀捧次之。

③唇瓣以大圆舌、刘海舌为佳，大铺舌次之。唇瓣着生端庄，以不明显后卷为好，唇面缀斑有规则为好。

④全花结构端庄匀称，轮廓清晰。花开后花姿保持基本不变为好。

荷瓣花不仅要求三萼片的长阔比例适中，而且还要求有明显的收根放角而呈内扣抱态；中宫（花瓣、合蕊柱、唇瓣的组合）要圆整，或呈品字形，或呈倒品字形。未达条件的，仅能称为荷形花。

（2）梅瓣花的鉴赏：梅瓣花端庄圆整（图 4 - 3）。它必须具备如下基本条件：

①三萼片的长与宽之比约为 2 ~ 2.5:1。萼端圆头、紧边、内扣态、萼基收根细。

②花瓣短圆，明显起兜（花瓣增厚、雄性化、白边宽，要求在 0.2 厘米以上），以蚕蛾捧、观音捧为佳，挖耳捧次之。

③唇瓣短小，形较圆，质柔嫩。以如意舌、小圆舌、刘海舌为佳。唇面缀斑以元宝斑、品字斑为佳，"U" 字斑，珠链斑为次。

④花容端庄，结构圆结，质地厚实而柔润。凡是符合梅瓣花标准的兰花蕾，它在刚露出苞片时，

图 4 - 3 梅瓣花示意图

其待放的萼片缘均有白镶边，犹如披雪含苞待放的梅花蕾。当其绽放后，白镶边随之逐渐消失，犹似春雪消融，寒梅乍开。这就是常说的形似梅花的一个方面；其萼捧短阔而圆整也是形似梅花的重要特征。

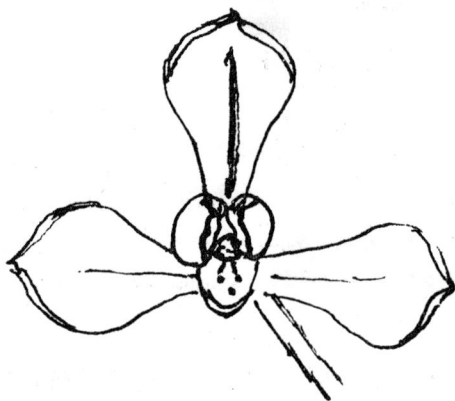

（3）水仙瓣花（图 4 - 4）的鉴赏：水仙瓣花与梅瓣花是同一类型的花，因为水仙瓣花也要求花瓣（捧）有些雄性化（浅兜），只不过它的条件相对较低些而已，其实水仙瓣花也是十分难得的。

①三萼片的长与宽之比，2 ~ 2.8:1，通常也要求略圆头或钝尖头，微紧边，基有收根。

萼姿里扣态。

②花瓣短圆、紧边，有浅兜，即花瓣缘略有白边，有雄性化的浅兜。

③唇瓣微上翘或略下垂，或小尖圆，或平圆，不能是长直舌或长卷舌。

④花容端庄，有略环抱态，瓣糯润，花守较好。

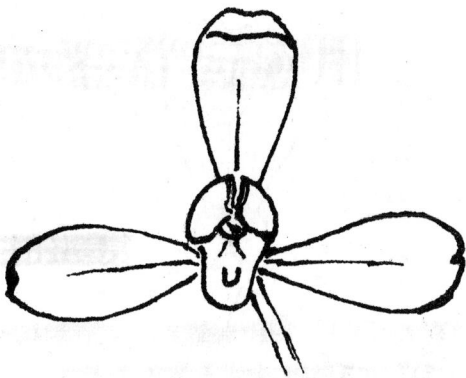

图4-4 水仙瓣花示意图

梅瓣花与水仙瓣花的鉴别要点：

①"浅兜水仙深兜梅"。花瓣端缘的雄性化体小，兜浅，仅比白紧边强些的隶属于水仙瓣，相反花瓣端缘的雄性化体较宽大，有0.2厘米以上为深兜或是硬捧的，隶属于梅瓣。

②"长舌水仙短舌梅"。梅瓣花不仅要求花瓣端有深兜，还要求中宫（花瓣、合蕊柱、唇瓣三结合的整体形象）圆整。舌如果长了，中宫就不圆结，就不具含蓄内敛，也无品相端庄的圆形艺术美。因此说，舌短才符合梅瓣花的要求。而水仙瓣花比梅瓣花低一个档次，舌可以略长些。

③"狭萼水仙宽萼梅"。在春兰，要求萼片的长宽之比为1.86:1，而莛多花的蕙兰，普遍萼片比较长，故把长宽之比略为放宽些，一般要求2:1~2.5:1。当然，萼片越短、越宽它的品相就越好。如果萼片长宽之比例超出就是狭萼，只能列入水仙瓣。

以上三点，是最基本的鉴别点，具体还要参照它们各自的基本条件来评定。

关于梅、荷、仙近似形花的鉴别如下：

①梅萼浅兜：所谓"梅萼"是指三萼片完全符合梅瓣花的条件，仅是捧兜较浅，或曰捧兜不够典型。此类花应隶属于梅形水仙瓣。

②荷萼浅兜：所谓"荷萼"是指三萼片端放角紧边收根，或中段放角紧边，两端收根。萼片符合荷瓣花的条件，但花瓣又有浅兜。此类花应隶属荷形水仙瓣。

③梅萼无兜短阔捧：在此无兜类花的"梅萼"，实际只是端圆收根，与短阔无兜捧结合，多为五瓣皆圆的"团瓣花"。

④荷萼深兜："荷萼"是具有收根放角、紧边；"深兜"是梅瓣花的重要特征之一。荷梅的特征均有，是否称其为"荷梅瓣花"呢？究其实际，此类花的萼片虽具荷瓣的特征，但花瓣却有深兜，已偏离荷瓣的重要特征之一的短阔圆捧。而花瓣深兜是梅瓣花的最重要特征之一，所以有深兜梅之说。至于梅瓣花的二萼片，只要求短阔（比例适中）、圆头紧边，而这个圆头，却无规定一定要何种圆形。扁圆、球圆、椭圆、钝圆、矩圆等，均是圆头，只要有略紧边，照样可称为梅瓣，若无紧边，只能称为梅形水仙瓣。如果萼片极具荷瓣花萼之要求的，应称其为荷型水仙瓣。

（4）桃瓣花（图4-5，图4-6）的鉴赏：兰花的萼片和有的花瓣（捧）形似桃形者早已有之。这种形态的萼片和花瓣，不仅能丰富兰花花被的观赏艺术性，又能勾起人们许多美好的联想，给人美的享受。迄今，各类兰花几乎均有出现桃形瓣花。虽然传统的兰花瓣形没有桃形瓣的称谓，但是为了便于选育和交流，还是有必要在约定俗成的基础上，推出这个"桃瓣"。

桃瓣的基本特征是：

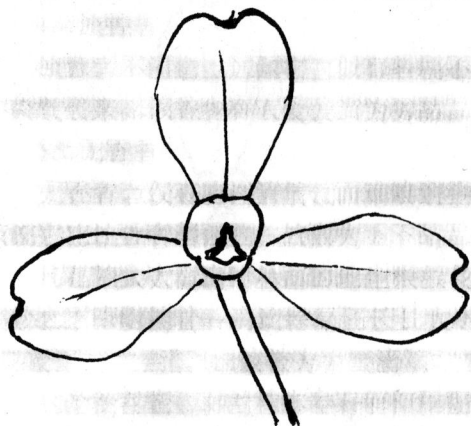

图4-5　桃瓣花示意图　　　　　　　图4-6　桃瓣花示意图

①捧瓣增厚起兜，常有与合蕊柱粘连一起硬化成拳状，或短圆捧而有深兜者。

②三萼片基收根，中段和端部格外阔圆、紧边；或两端渐收细、中段阔圆，端尖有凹陷、紧边，有的端尖较长而扭向一侧，似鹰嘴状。

③唇瓣，常为小如意舌、龙吞舌等。

由于本品的捧明显起兜或硬捧，具有梅瓣花的重要特征，历来划归入梅瓣范畴，而为变体梅瓣花。但它的三萼片形态特殊，也已偏离梅瓣花萼片所必备的特征，尚且此花形又有一定的普遍性，因此还是把它列为独立的一个瓣型。

（5）百合瓣花（图4-7）的鉴赏：百合瓣是兰花花瓣无兜而又有雄性化斑体的、其端略外飘。萼捧全外翻或浪曲的一种约定俗成的、新的兰花瓣型。这种兰花瓣型的特点在于具有曲线的艺术美，洋溢着动感。如能确立，不仅便于选育和交流，也丰富了兰花瓣型的内容。

雄性化斑体

图4-7　百合瓣花示意图

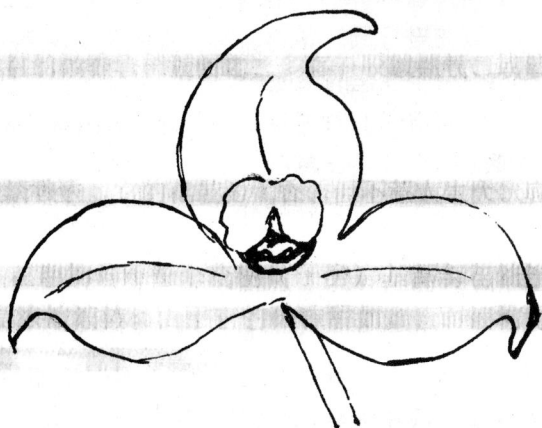

百合瓣是从前已有的"皱角梅"、"飘门水仙"、"波瓣"中演化而来的。由于它们均是花瓣无雄性化的兜，完全不具备传统梅瓣、水仙瓣型的重要条件。称其为"飘门"、"皱角"、"波瓣"，不仅它们不具备形态，也不是高雅的花或植物的名，只是当时一个暂用的过渡性名词。因此有为其选取一个相对贴切的名称的必要。

近些年来，兰界热心人士提出以"百合"为名。从传统兰花瓣型学说，对于瓣型上档次的好兰花，均借物美名雅的花名而为名，获得启示，借物美、形似、名雅之"百合花"以为名，应该是十分贴切的。于是把其列上，以供参考使用。

百合瓣花所必备的条件是：

①花瓣（捧）的中上部挺翻，捧端缘略有紧边，其内有较明显的雄性化斑块，其斑体增厚或略有浮凸，色晶白或淡黄，或红色。

②三萼片的中上部挺翻或浪曲。

③唇瓣多下垂或后卷。常为大刘海舌、大铺舌等。

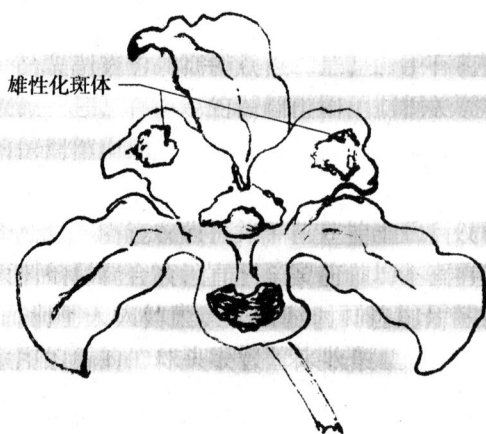

（6）竹叶瓣花（图4-8，图4-9）的鉴赏：竹叶瓣花之所以为名，是因为它的萼片与花瓣均为两端尖，中段略宽的披针形、形态恰似竹叶状。其花瓣虽较短阔些，却仍为竹叶状态，唇瓣长而后卷，是广泛存在着的不同脸谱的普通花。通过昆虫媒介，无意识的基因优化组合，而孕育出约十万分之一到百万分之一的上品花。

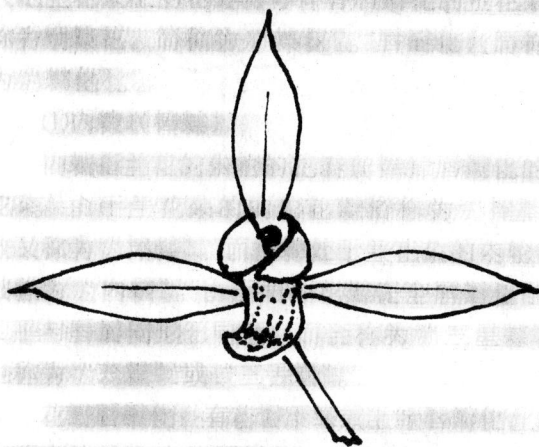

图4-8　竹叶瓣花示意图（1）

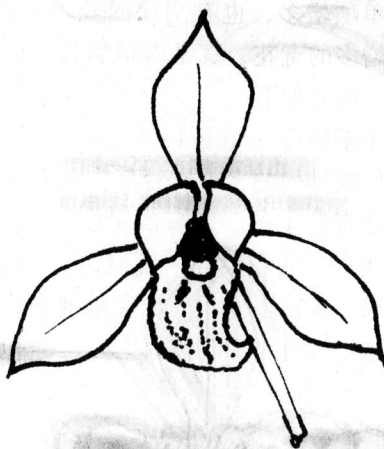

图4-9　竹叶瓣花示意图（2）

竹叶瓣类花虽是普通花，但它们也有各自的亮点：或萼片短阔端钝；或中萼格外阔大而弧盖，或肩萼平举、飞翘、下垂；或花瓣耸立、短圆、合抱、斜展；或唇瓣格外长阔、短圆、勾翘、平伸；或合蕊柱格外发达；或着色素雅、秀丽、鲜艳；或香气格外清醇。如果它有几个亮点聚于一莛花，便可升格为中品花或上品花，即使是有一个与众不同的亮点，也可令人青睐。同时又可作为人工创育良种的亲本。因此说，竹叶瓣花不仅不应受到鄙视，而且也应加以保护。

（7）奇花的鉴赏

少瓣奇花（图4-10，图4-11）的鉴赏：兰花朵是三萼片、二花瓣、一唇瓣和一合蕊柱构成的。正常的兰花朵都具有这四个部分。如果缺少了某个组成部分或几部分，或同时减少了几部分的兰花朵，称为少瓣奇花。

兰花的少瓣奇花，即花瓣的数目、雄蕊和雌蕊的数量变少了或简单化了。这种现象在植物学理论上算是简单化了，是比较高级的，也

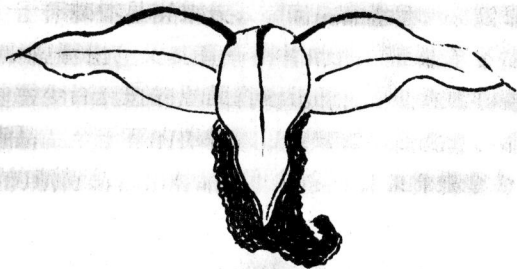

图4-10　少瓣奇花示意图（1）

是比较进化的。正如单子叶植物比双子叶植物高级，而单子叶植物中，兰科植物是最高级的。譬如兰花的雄蕊和雌蕊合二为一，成为合蕊柱，就是简单化，也就是进化了。同理，萼片、花瓣的数目适量减少，也应视为进化了，高级了。不过从观赏角度上看，花瓣数目的增多，有锦上添花、寄寓繁荣昌盛，而被视为是比较高级，这正好与植物进化理论相反。由此看来，花瓣数目减少的少瓣奇花，在观赏角度上看，是退化了，低级了。

在观赏方面，由于见惯了正格的兰花朵，对于花瓣数目减少了的则认为是某种退化，是衰败的象征而不受欢迎，起码是暂不习惯地接受。但是对于少得恰到好处，少得有格，即基本保持对称，或有某种象形的，说明相对稳定，仍然会受青睐。

至于什么样的少瓣奇花较能相对稳定呢？据初步观察，凡是减少后仍能保持对称，和莛上花朵是少瓣奇花，则相对比较稳定。

（8）多瓣奇花的鉴赏：多瓣奇花，多种多样，既有单项增多，也有两项或几项同时增多，更有全部增多的奇花，真是琳琅满目，令人目不暇接。现逐一简介如下：

①多捧奇花（图4－12）：多捧（花瓣）奇花既有依次排列的，也有叠生，更有增一而并列的，甚至还有轮生的。还有的是由于合蕊柱高度分裂异化成众多的花菜样木耳状群聚一簇的，真是五

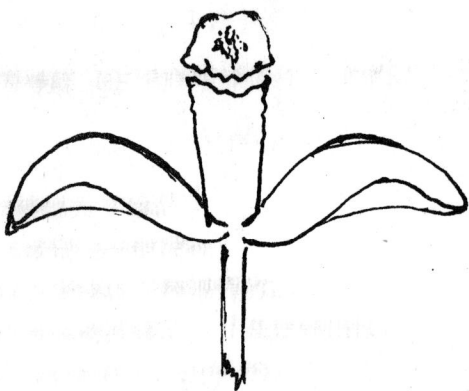

图4－11　少瓣奇花示意图（2）

花八门，丰富多彩。从观赏角度来看，还是以排列有序的增捧比较雅观。以群簇而生的为奇，稳定性也高。对称而生的，稳定性也尚好，总之，凡是合蕊柱有分裂异化的增捧，其稳定性为最高。

②多萼奇花：最早出现的多萼奇花，可能是唇瓣萼片化，也就是唇瓣变成了萼片样。这样，萼片就有四片，加上两个花瓣而名为"六瓣奇花"（图4－13）。

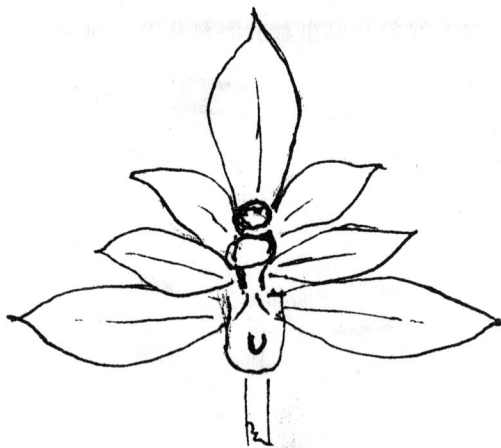

图4－12　多捧奇花示意图

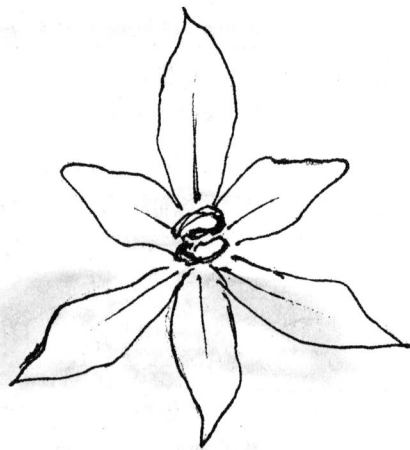

图4－13　多萼奇花示意图

更多的萼片增生是轮生的，如菊瓣奇花、牡丹型奇蝶花的萼片增生，常为轮生。

③多唇瓣奇花（图4－14）：多唇瓣奇花俗称为"多舌奇花"。唇瓣（舌）的增生，多在合蕊柱的下方，有序并生或叠生；但也有围绕合蕊柱周生；更有的在合蕊柱的一侧并列而生；尚有与增生的花瓣一同间生。

兰花的唇瓣是由侧裂片、褶片和中裂片三个构成的。对于仅是中裂片分裂开，而基部的褶片与侧裂片没有相应增多的是双歧舌，而不是双舌。不论是唇瓣增生，还是花瓣唇瓣化（俗称为蝶化）都要求有一对侧裂、一对褶片和一个中裂片。其质地要有变薄而白化、色泽与原有唇瓣相近似。

唇瓣增多了，其花容、花姿、花色均明显改观，大大地提升了观赏价值。

④多蕊柱奇花（图4－15）：有的合蕊柱的花药帽有些许初步异化，看起来有三个药帽密连如握紧的拳头，这不能被称为多鼻，在园艺上习惯称其为"狮鼻"。所谓"多蕊柱"也

称"多鼻"要如手指样彻底分开，均有各自合蕊柱结构，才能称为"多鼻"。

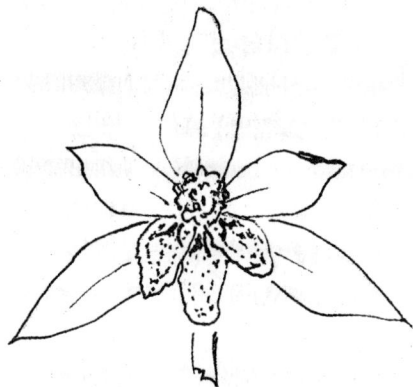

图4－14　多唇瓣奇花示意图

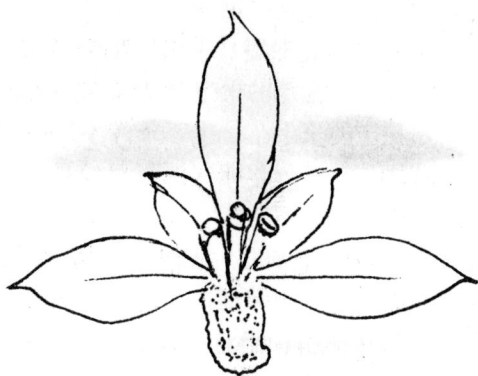

图4－15　多蕊柱奇花示意图

合蕊柱已分裂异化为几个独立的个体的，常可继续异化，或拔高增生萼片后，其顶上开奇花；或分裂异化成众多小花瓣。有的也会有移位间生。

⑤全多奇花：通常是萼片、花瓣、唇瓣、合蕊柱各增一，如图4－16。

⑥菊形奇花（图4－17）：萼片增生至八片以上，密排为外轮；内轮为花瓣增生，有的只增生一轮，有的增生若干轮；唇瓣多数已异化成萼片；合蕊柱有的退化，有的异化成花菜样或木耳状的小花瓣。

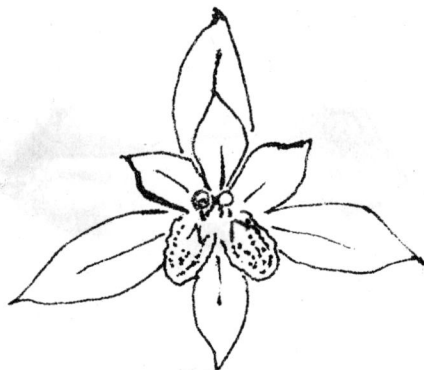

图4－16　全多奇花示意图

图4－17　菊形奇花示意图

⑦树形奇花：树形奇花是花轴上的各个子房（花柄）拔高，萼片增生，呈互生状排列，其上可分生子房开花，其顶端开奇花。如不是花有清香气，几乎不易看出它是地生根兰花啦（图4－18）！

⑧拟态奇花：拟态奇花是由于合蕊柱的异化而引起花轴上的朵朵花均相近似的某种造型的奇花（图4－19）。

图4－19（1），由于合蕊柱已有初步分裂异化，似芭蕾舞演员凌空而跃的舞姿，也能朵朵如是，几度开花基本不变。

图4－20（2），由于合蕊柱已异化成近似一尊人像，它的唇瓣格外发达且变异奇特，成了一叶扁舟（木龙船）。花容犹如渔翁满怀喜悦，满载而归。该花稳定性好，就连东北兰友引种后开花，花容也如此。

至于同莛上的各朵花，未能朵朵相似，合蕊柱又无异化迹象的拟态花，其稳定性欠佳。

（9）聚生花的鉴赏：聚生花即多朵花聚生于花莛顶端而呈球状花。会稳定的聚生花是花序异化的一种形式。

不稳定的聚生花是生态条件不适而造成的。如有的山谷格外背风，花芽分化期气温相对偏高，少有春化条件，再加上该花生长地为石灰岩、硫、铁矿产地，这些元素偏多，有碍于花莛的发育伸长，故而在地面上开出聚生花。据考察，在该山谷的山脊上和面向西北的高坡上，就不开聚生花。该聚生花植株被引种于它处，也逐年花莛升高而不开聚生花。还有，被冬暖地区引种的蕙兰，由于花芽分化期，气温高于16℃以上，甚至更高，也有出现聚生花的变化。

（10）母子花（图4-20）的鉴赏：母子花难得的是当母花含苞待放时，其子房（花柄）的基部或中段上，有1~3个小花蕾相继发育，当母花开足后，子蕾便迅速发育膨大而相继开放。这样可自然而有效延长了近1倍的花期，又洋溢着继往开来的风韵，尚寄寓尊老爱幼的美德。

母子花通常有三种类型：母花与子花仅为单一朵，也是普通花；母花是普通花，而子花常为两朵奇蝶花；母子花均有菊形奇蝶花，且子花常2~3朵轮生。

母子花主要是花序异化和花朵着生位置的异化。凡其合蕊柱已退化或异化的，多为奇蝶花。

（11）蝶花的鉴赏（图4-21、图4-22）：蝶花是兰花朵的萼片或花瓣（捧）的局部或全部唇瓣化的花朵，称为蝶花。

图4-18　树形奇花示意图

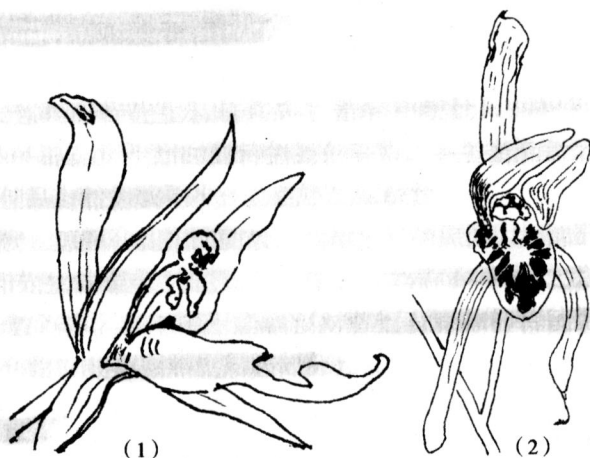

（1）　　　　　　　　（2）

图4-19　拟态奇花示意图

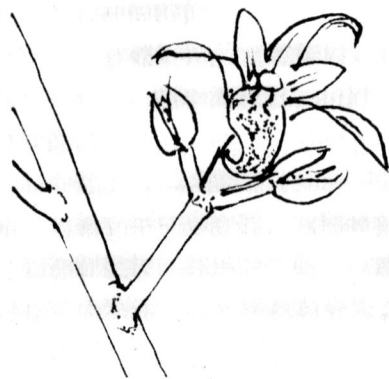

图4-20　母子奇花示意图

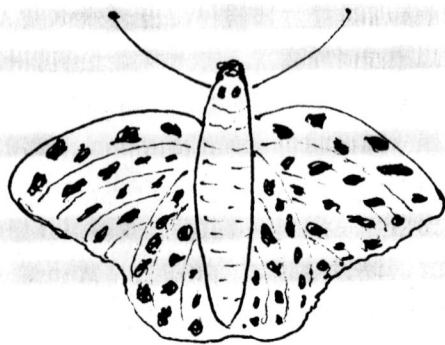

图4-21　蝶花取自蝴蝶形与斑

为什么把唇瓣化的兰花朵称为蝶花呢？

因为兰花唇瓣（舌）的侧裂片，略似蝴蝶的前一对翅膀；中裂片略似蝴蝶的后一对翅膀（较小的一对）；褶片好比蝴蝶的身躯；唇瓣面上的鲜艳缀斑，恰似蝶翅上的色斑。所以，古人把兰花朵上的花瓣与萼片有唇瓣化的兰花朵称为蝴蝶花，简称为"蝶花"。唇瓣化，简称为"蝶化"。

①内蝶（捧蝶）

内蝶指兰花的内轮的花瓣（捧）唇瓣化的花朵。由于兰花朵的内轮花瓣俗称为"捧"，故又称为"捧蝶"。而捧蝶处于兰花朵的内轮也被称为"内蝶"。由于两个花瓣完全唇瓣化了，几乎与唇瓣同形、同色，而合称为"三星蝶"，也称为"蕊蝶"或"三舌蝶"。

花瓣唇瓣化：有花瓣下缘或上缘唇瓣化，也有下半片或上半片唇瓣化，还有瓣心部分唇瓣化，但最多的是整个花瓣（捧）全部唇瓣化。所谓唇瓣化，就是唇瓣化了的花瓣（舌）应有如唇瓣一样具有侧裂片、褶片和中裂片三个部分组成，如图 4-22、图 4-23。特别要求具有褶片。除了唇化捧的形能与唇瓣的结构近似，又要求质地白而糯，缀斑能与唇瓣相同或相近似。如图 4-24；图 4-25，才堪称为特级捧蝶；捧蝶体较狭长些，端略挺翻的，可称为上品捧蝶；至于捧蝶体显得狭长，端向后翻卷的，仅能是中品捧蝶；至于仅是在花瓣的上缘或下缘近半幅唇瓣化，又具有一褶片的，只能是下品捧蝶；至于不具褶片，仅是某个部分有少量白化并缀少许红斑的局部唇瓣化的，是初现唇瓣化的征兆，尚不能称为捧蝶花，只能称为捧蝶期待品。至于有的捧蝶，仅捧蝶缘是白化，心部为青绿色，着斑杂乱的称为"花捧"，是唇化捧的期待品，相对品位低很多。如果捧蝶全为

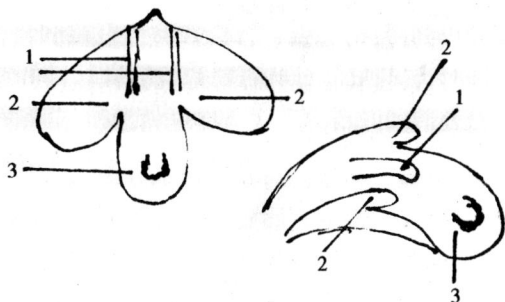

图 4-22 唇瓣示意图
1. 褶片 2. 侧裂片 3. 中裂片

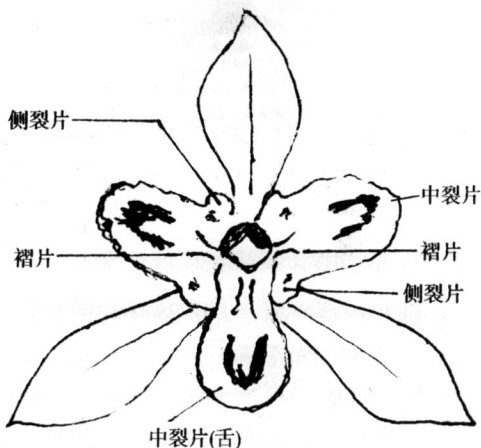

图 4-23 捧蝶花示意图

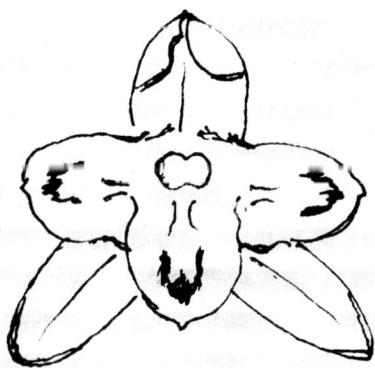

图 4-24 三同捧蝶

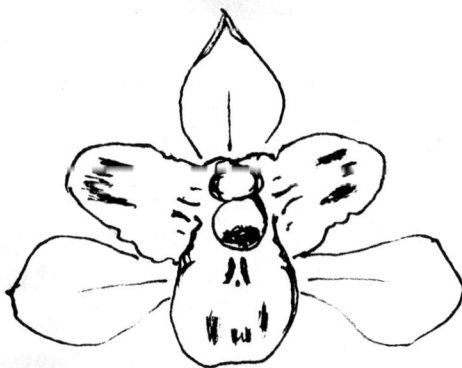

图 4-25 荷捧蝶

蓝色、黑色、红色，或捧蝶面镶有如山水画卷样有意境的斑彩，其捧蝶缘镶雪白，也具有褶片的奇彩捧蝶，是珍稀品。

②外蝶（肩蝶）

外蝶是指唇瓣化体在花朵外轮的萼片上，被称为萼蝶。由于肩萼片俗称为"副瓣"，故又被称为副瓣蝶。

外蝶，传统已对其进行了分级：

全蝶：肩萼片唇瓣化涉及副瓣纵向部位的2/5，被视为"珍品"。

半蝶：仅在副瓣下沿部位呈细狭或断续唇瓣化，被视为一般品种。

草蝶：三萼片与花瓣均细狭而长尖，唇瓣化部位大多浅微，被视为劣品。

由于历史上野生兰花的生态条件，仅限于自然。野生的好蝶花少，开发利用量也少，而无缘见到更好的蝶花。只能是对当时已见到的蝶花，进行了如上述的分级。如今已大量开发，并选育出了许多空前的佳品蝶花。显然传统的蝶花分级标准已远远不能适应，有必要重新拟定分级标准，笔者冒昧试拟如下，以供参考。

全蝶：萼片全部唇瓣化，具有不甚明显的两侧裂片，两褶片和中裂片，质、色、形与唇瓣相近似或有所相似（图4-26）。

大蝶：萼片唇瓣化程度达近全萼纵向的2/3，具有一侧裂片和一片以上褶片（图4-27）。

半蝶：萼片唇瓣化程度达全萼纵向的1/2，具有一侧裂片和一褶片（图4-28）。

小蝶：萼片唇瓣化程度仅达全萼纵向的1/3以下，并具有一侧裂片（图4-29）。

图4-26　全蝶示意图

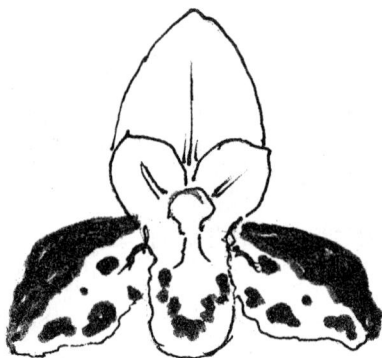

图4-27　大蝶示意图

图4-28　半蝶示意图

图4-29　小蝶示意图

草蝴：萼片的唇瓣化体仅处于萼缘，约占全萼片纵向的1/5及以下，或断断续续的些许唇化迹象（图4-30）。

外蝶，除了上述分级鉴赏之外，还有依外蝶所隶属的瓣型鉴赏，见图4-31至图4-34。

这些瓣型蝶花比常见的外蝶花多几分艺术性，显得更加端庄而秀丽，令人赏心悦目、流连忘返。

③奇蝶

奇蝶花是指各种类型的奇花上又多了部分萼捧唇瓣化，增进了奇花的绚丽多姿（图4-35、图4-36）

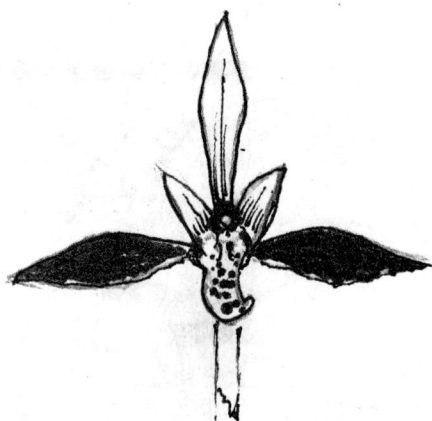

图4-30 草蝴示意图

奇蝶花以萼捧排列错综而有序，繁而不乱，多而活泼；着色素中有艳，对比鲜明，交相辉映；造型新颖别致，合蕊柱异化程度高为上品；萼捧排列呆板，色泽晦暗，合蕊柱未明显异化的为中品；萼捧排列杂乱如一团乱麻，合蕊柱未现异化迹象的为下品。

有些奇蝶的萼片、花瓣又兼有线艺、水晶珠眼、山水画纹及株叶有叶蝶艺的，当是品外之奇，稀世奇珍。

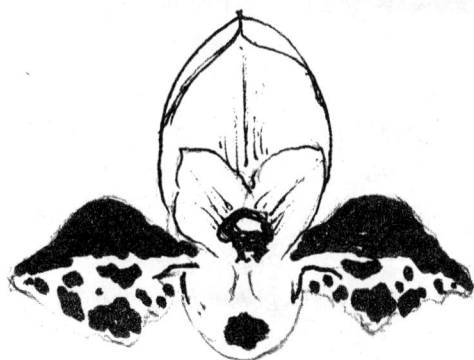

图4-31 荷蝶示意图

图4-32 梅蝶示意图

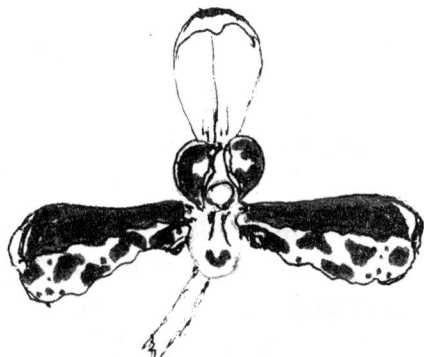

图4-33 仙蝶示意图（1）

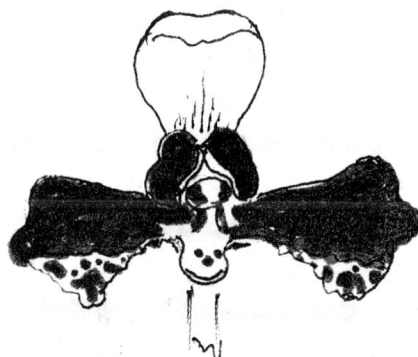

图4-34 仙蝶示意图（2）

图4-35 奇蝶花示意图（1）   图4-36 奇蝶花示意图（2）

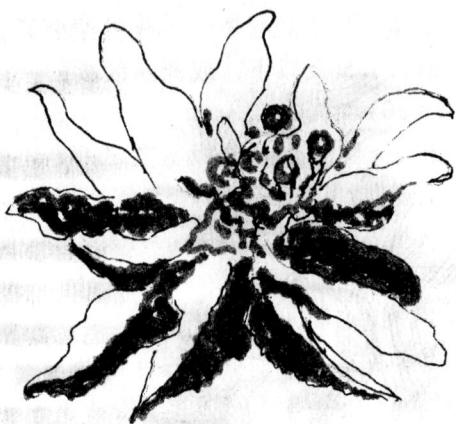

四、品蕙韵

兰花的韵是含蓄的，几乎是没有显露的。它既蕴藏于株形叶态之中，也饱含于生长习性与生态条件之中。需要赏者透过现象看其本质，理解其魅力，领悟其品格，其神韵就昭然若揭。

第二节　蕙兰传统名品选介

中国蕙兰的传统名品数量不少，据大连牟安祥先生从许多古兰著作中统计（1949年前），名见经传的蕙兰瓣型花总数大约有414品。至于当时的传播条件有限，各兰著作者无缘而知，而名不见经传的、散见于民间的佳品自然为数不少，这就更无从统计。

可惜这么多传统名蕙，由于战争的摧残、掠夺，花主的变故、栽培失当等原因，大部分已销声匿迹。至1984年，江南兰王沈渊如先生编著《兰花》一书时，仅幸存64种。之后又经"文革"的浩劫，能幸存下来的，为数不多。本书限于篇幅仅对曾冠有雅称的传统名品和部分仍在市场上流通的传统名种予以介绍（相应彩照见彩版部分）。

一、历史上曾被誉为"蕙兰四大家"

1. 大一品

本品为绿壳类大荷花形水仙瓣花。历史上被推崇为蕙兰中荷花形水仙瓣之冠，亦被列为传统蕙兰老八种的首位。

据《兰言述略》载，清乾隆时，由浙江嘉善人胡少海选出；另据《兰蕙同心录》载，为清嘉庆初年，由胡少海选出。相传，该花曾在苏州花会上名声大振，富商周怡庭愿以三千两银子购之。

本品叶宽1～1.2厘米，长45～55厘米。叶色翠绿，新叶富有光泽，叶断面较平展，叶齿清晰，为斜立半弓垂叶态，株形阔大雄伟。

花莛细圆挺拔，高出叶丛面，曾被誉为蕙花中最具风姿者。莛花8～12朵，花形大，平肩，花径7厘米许。萼片略似荷萼态，质糯润。五瓣分窠，色翠绿，大软蚕蛾捧，大如意舌。

2．程梅

本品为赤壳类梅瓣花，又名"程字梅"。**清乾隆时，由江苏常熟程姓医师选出。**

本品为半垂叶态。第一片边叶短而呈授露型，叶阔约1.0～1.5厘米，长约50厘米许，叶缘微里扣，呈广V形断面，叶齿粗锐，**叶脉明亮**，叶质厚糯，色深绿而富光泽。

花苞为赤麻壳，花蕾为蜈蚣钳头形。**花葶粗大，高出叶丛面**。葶色绿泛红晕，花柄紫红，葶花7～9朵。萼片紧边短圆，质厚、色绿，萼基泛有红晕；花瓣短圆阔大而有光洁，为分头合背或分窠，半硬蚕蛾捧，尖如意仰舌。堪为赤蕙类梅瓣花的上品，被列为老八种赤蕙之首。

3．楼梅

楼梅为蕙兰绿壳类荷形水仙瓣花。

相传本品于清代光绪年间，约1892年前后，由浙江省绍兴市楼姓选出，以选育者之姓为名。又传花主宴请贵客，散席送客至门口，一阵清香袭来，遂见本品舒瓣，便请贵客留步赏蕙花，故而又名为"留梅"。

本品为半弓垂叶态，叶幅1厘米许，长40～50厘米许。花葶细长，高出叶丛面，葶花5～11朵。花柄细长，花朵排列间距较大，绽放时展宕有姿，萼片阔，头大细收根，平肩。色翠绿，质厚糯。分窠浅兜捧，大圆铺舌（花开足后，舌端后卷）舌面缀满红斑点。

本品花形丰满，华丽而秀雅，历来堪与"大一品"相媲美。

本品流传极少，在日本又与"刘梅"相混淆。真品数量甚少。

4．金岙素

本品为绿壳类绿花荷形竹叶瓣素心花。

本品产自浙江省余姚市金岙山。以产地名为名。清道光年间，由余姚泰号酒店店主选育，故又名"泰素"。据说采集者是褚元神，后卖与泰号酒店老板，店主得后大喜，生一女也叫"金岙姑娘"，该女终身未嫁。1927年，日本小原次郎前往拜访，昔年美丽的金岙姑娘已是白发瘦躯的老妪了，令小原君感慨万分。金岙老妪曾出让一盆"金岙素"与小原君留念。留下中日蕙兰交流的一段佳话。

金岙素为斜立叶态，偶有底部叶半垂，叶端斜展而不弯垂，叶长45～55厘米，宽0.8～1厘米，叶端尖锐，叶色青绿（淡黄绿）。即使是光照少，也总是青绿叶色。

本品花苞为淡水绿色，水色沙晕极佳，有翡翠的质感，俗称翡翠壳，花苞形端，苞片紧裹。花葶细圆挺拔，高出叶丛面，葶花7～9朵。萼片为竹叶形，萼端略有放角状，侧萼姿微垂。蚌壳捧紧抱合蕊柱，大卷舌。花色翠绿，瓣肉晶莹。唇瓣苔色全绿，花守好。繁殖快，健花性，为近代蕙兰素花中流传较多的名种之一，曾被誉为蕙兰四大家之一。

二、传统蕙兰"老八种"

1．大一品

被列为蕙兰老八种之首，见蕙兰四大家的首品简介。

2．上海梅

本品为绿壳类梅瓣花。一称"老上海梅"，也称"前上海梅"。清嘉庆初年，由上海的李良宾选出。

本品为斜立半弓垂叶态。叶长约40～50厘米，底叶仅10余厘米、叶幅1厘米许，叶缘里扣态，断面呈U形，叶色浓绿而有光泽。花葶细圆且长，高出叶丛面，葶花5～10朵。

三萼片长脚圆头，平肩抱开，萼端呈匙形。萼色淡黄泛绿，萼质厚且有紧边。花瓣为半硬捧，圆整光洁；唇瓣为穿腮如意舌，舌面缀有密集而艳丽的红斑。

本品花形中大，绽放直径约为3～4厘米，花品匀称端庄，花守好。被列为传统蕙兰老八种之一。

3. 程梅

程梅被列入传统蕙兰老八种赤蕙之首，详见本节"蕙兰四大家"。

4. 关顶

关顶为赤壳类梅瓣花，为老八种赤蕙之一。

清乾隆年间，由江苏浒关万和酒店店主选出，故又名"万和梅"。

关顶为半垂叶态，叶较阔而长，与"程梅"一起为阔叶，叶脉比"程梅"粗，叶色却不及"程梅"浓绿；叶质虽较硬但叶姿却比"程梅"环垂些。其新芽色绿而披挂红丝纹。

花苞赤壳，披紫红筋麻。花莛色浅紫红，高达50余厘米。莛花8～9朵。因它为赤莛、赤柄、赤花，借红脸关公而喻为"关老爷"。

关顶三萼片短而阔，圆头大紧边收根，平肩；分窠豆荚捧，捧端尖交搭，大圆舌，绿苔上缀有紫红点斑。大多数人认为"关顶"花色较暗，花瓣是豆荚捧，位列"程梅"之后，而日本兰界却对其倍加推崇，称其为"别格全盛稀贵品。

5. 元字

元字为赤壳类绿色梅瓣花，为老八种蕙中难得之精品。清道光年间，由苏州浒关艺兰者选出。

元字心叶斜立，边叶斜垂，叶幅1.0～1.5厘米，叶长50厘米左右。株形雄伟，略似"程梅"，但叶色不如"程梅"浓绿。它发芽率较低，但却易开花。

元字花莛高达60厘米以上，色绿而泛紫晕。莛花5～7朵，花柄淡紫红色，花蕾为太平切头形。三萼片长脚圆头，紧边厚实，肩平，色绿泛粉红；分窠半硬蚕蛾捧，捧心圆整光洁，前端有一叉形凹印，为其特征；花瓣基泛有淡紫红晕、缘镶白边。唇瓣为执圭舌（古代诸侯、帝王举行典礼时，手持的一种玉器，称执圭）。舌面缀有大而鲜艳的红斑，花径达6～7厘米。

元字莛高挺拔，朵花排列疏朗，展宕有姿，花色翠绿俏艳，花容端庄，风韵不凡，确为赤蕙中难得的精品。

6. 老染字

老染字为赤壳类梅瓣花，被列为传统蕙兰老八种之一。

清朝道光年间，由浙江嘉善阮姓染房选出，以选育者的职业名而为名，也有以选育者的姓氏而名为"阮字"。

老染字株叶多而短阔，株叶多达10～13片，叶长仅35厘米左右，叶幅1.2厘米。花莛细长，高出叶丛面，莛花7～9朵。莛绿柄淡紫红色，三萼短狭，紧边，肩平；深兜分窠观音捧，大如意舌，舌尖常向左偏，俗称"秤钩老染字"。

老染字，花色黄绿泛赤晕色，不甚亮丽，但花守极好。

7. 潘绿梅

潘绿梅于清乾隆年间由浙江宜兴潘姓选出。也曾以选育者的籍地宜兴而为名。曾被列入传统蕙兰老八种绿蕙四大名种之一。当今兰界认为，该品为分头合背式硬捧，穿腮小如意舌，紧缩不舒，花外轮与中宫不般配，不算是好花，尚且不易开花。可能是在当时好花不多，才被列入"老八种"之中。不过，植株育壮了，开品也能转佳。

潘绿为斜垂叶态，叶长50厘米左右，叶幅1.2厘米，质厚而硬。花期较迟，苞壳绿，绿莛略扭而挺，高出叶丛面，莛花6~9朵，花柄长，花距疏。三萼长脚圆头，平肩，分头合背硬兜捧，唇瓣为尖如意舌，紧缩在捧内。花色淡绿。

8. 荡字

荡字为绿壳类小花形水仙名种，被列入传统蕙兰老八种之一。

清朝道光年间，在船上买得。据《兰蕙同心录》载：当时，采兰者刚上山采得该品一大丛，置竹篓底部，叶被压伤过半，初选出，便分簇到游船上卖。荡口镇买者买一小簇，名"荡字仙"，西塘镇买者，买的名为"小塘字仙"，其实为异名同种。

本品为斜立半弓垂叶态，叶断面呈U形，长50厘米左右，宽1.0厘米左右。叶绿而有光泽。莛高色绿，莛花8~9朵、花径3~3.5厘米许，萼片竹叶状荷形，肩平；蚕蛾捧，如意舌。花守好，为传统蕙兰中典型的小荷形水仙名种。

三、传统蕙兰"新八种"

1. 老极品

老极品为绿壳类绿花梅瓣花。它原名"极品"，由于随后"江南新极品"的出现，为便于区别，故冠以"老"字为"老极品"。

清光绪辛丑年（1901），由浙江杭州公诚花园冯长金选出。

本品为斜立叶态，基叶斜垂，叶脉较粗，叶缘略里扣，叶色深绿而有光泽，叶幅1.2厘米左右，长50厘米左右。本品花苞水绿色，苞片短阔，在含苞欲放态时，应注意避免水渍害。

绿花莛粗壮挺拔，高出叶丛面。莛花8~18朵不等。三萼片长脚大圆头紧边，质厚，端呈汤匙形，小落肩花。分窠半硬捧兜，大龙吞舌。花姿端庄秀雅，花色俏丽堪为传统绿蕙梅瓣花的上品，令人青睐。被列入传统蕙兰"新八种"之一。

2. 江南新极品

江南新极品为赤转绿壳类梅瓣花。于民国四年（1915）由浙江绍兴兰农钱阿禄选出，带到江苏无锡杨干卿家，杨请兰艺家荣文卿鉴赏花蕾，荣先生认定为好花，杨当即购种。

本品为细厚叶，半垂叶态，长40厘米左右，叶色翠绿而有光泽。花莛细长，花柄浅紫色，莛花6~11朵，三萼片长脚大圆头，紧边，端微呈里扣态，花净绿，质厚糯。分窠半硬捧，如意舌。为蕙兰赤转绿梅瓣精品，被列入传统蕙兰"新八种"之一。

3. 端梅

端梅为赤转绿壳类梅瓣花。本品于1913年由浙江杭州虞长寿选出，吴淳白栽培。1919年首次复花。由于本品花容十分端庄，故而得名。

本品株叶，基硬半弓垂叶态，长50厘米左右，宽1.0~1.4厘米左右。叶质厚，叶脉白亮。赤壳苞衣有绿锋。花莛细长挺拔，色绿泛紫红晕，莛花9~13朵，排列较密，花柄短，色浅紫。三萼圆头紧边，细收根，端微里扣，肩稍平，色青绿；分窠或分头合背蚕蛾兜捧；刘海舌圆大而下宕，舌面缀斑成块，色泽鲜明。花容端庄，花色秀丽，为赤转绿蕙梅瓣花珍品，被列入传统蕙兰"新八种"之一。

4. 崔梅

崔梅为赤转绿壳类梅瓣花。本品于抗日战争前，由浙江杭州的崔怡庭选出。

本品叶细，呈半弓垂叶态，叶断面较平展，叶色深绿，叶长50厘米左右。本品莛高近

50 厘米，色浅绿，细花柄粉紫色，莛花 8～14 朵。三萼片长脚圆头，端有小扭尖锋，质糯肉厚，肩平；分窠半硬兜捧，龙吞舌。舌面缀有鲜艳而密集的红点。花容端庄，花色俏丽，为赤转绿壳梅瓣佳品，被列入传统蕙兰"新八种"之一。

5. 翠萼

翠萼为蕙兰绿壳类梅瓣花。1909 年，江苏无锡荣文卿选出。

本品为斜立半弓垂叶态，叶长 40 厘米左右，宽仅 0.8 厘米，质厚色深绿，断面呈 V 形。花莛高出叶丛面，莛花 7～9 朵。个别花柄，花开不转茎。三萼长脚，端卵形紧边，微后挺，近平肩；分窠硬兜捧，小如意舌。由于瓣幅中有硬筋，有时开放不利，需人工助开。被列入传统蕙兰"新八种"之一。

6. 庆华梅

庆华梅为绿壳类梅瓣花。本品于民国初年（1911），由浙江绍兴人车庆选于华兴旅馆。杭州吴恩元以时值数十银元的老品种换得，精心栽培，6 年后复花为绿壳类梅瓣花精品，比"极品"有过之而无不及。因时值推翻满清皇朝，为庆贺起见，又念及发现者车庆在华兴旅馆发现此花，遂以其人、其地、其时、其花而命名为"庆华梅"。

本品半垂叶态，中等大小植材，叶长 40～52 厘米，叶阔仅 0.8～1.0 厘米，叶质厚硬，叶齿明显，叶绿而富有光泽。花莛细圆高挺、色绿白，柄长色翠绿，莛花 6～8 朵，花距疏朗，四面展放。三萼长脚圆头，紧边，里扣态，质糯，肩近平；分窠蚕蛾捧，大如意舌，舌面端缀心形鲜红斑。花容端庄，花守好，花色俏丽，风韵不凡。被列入传统蕙兰"新八种"之一。

7. 荣梅

荣梅为赤壳类梅瓣花。清宣统元年（1909），由江苏无锡的荣文卿选出，以其姓与花品结合而为名；还有以其所在地无锡的"锡"字，结合本品赤壳类的莛柄与花色难转纯绿，而它独能，堪为"顶级"以及其花姿着实优美相结合而再命名为"锡顶"。

本品叶较短狭，长 40 厘米左右，宽 0.8～1 厘米左右，叶断面呈 V 形，叶色翠绿，叶姿半垂。

花莛细长，高出叶丛面，色绿泛淡紫；细花柄淡紫色，莛花 7～9 朵。三萼片长脚圆头紧边，肉厚质糯，肩平态抱；分窠半硬兜捧，唇圆斑丽。莛、柄、花色全转绿色，着实难能可贵。为传统蕙兰"新八种"之一。

8. 楼梅

楼梅为绿壳类荷形水仙瓣花。被列入传统蕙兰"新八种"之一。简介见"蕙兰四大家"。

四、品优誉满的蕙兰传统名品

1. 长寿梅

长寿梅的蕙兰名，不仅是以选养者之名而为名，而且它的萼背满泛有呈祥兆瑞、寄寓长寿的红筋，论其名品，也是端庄秀丽、芳香四溢的标准梅瓣花。

长寿梅为赤壳类梅瓣花。

相传，清光绪二年，上海黄某曾选出"寿梅"。据《兰蕙小史》载：民国七年（1918）春，浙江省绍兴的罗长寿选得一丛落山赤蕙让与绍兴兰客王六九。《兰蕙小史》的作者吴恩元见而爱之，以时值数百十元之名品相交换，初命名为"寿眉"，后江苏溧阳的唐驼更名为

"长寿梅"。

1937年，由日本的小原次郎携带去日本，当时是乘船回国，花在船上开放。鲁迅先生送OE君携兰归国诗，就是咏赠小原先生的。诗曰："椒焚桂折佳人老，独托幽岩展素心。岂惜芳馨遗远香，故乡如醉有荆榛。"这是中日两国兰文化交流的一段佳话。

60年后（1997年春）日本兰友立化岩先生，得知中国国内已无此品，而把"长寿梅"携带来中国，安居于江苏太仓市南园。

长寿梅为中等株形，斜立半弓垂叶态。叶断面呈V形，叶宽1厘米左右，长50厘米左右。叶质厚硬，叶脉明显，叶色深绿有光泽。

细长翠绿而挺拔的花莛高耸于叶丛面，四面着花，相邻一对紧挨，莛花6～10朵。花柄细长，色深紫红，三萼长脚圆头、紧边，端似汤勺状，里扣态，质厚，肩平；深兜半硬蚕蛾捧、如意舌，舌面缀有红点斑。

2．赓泉梅（又名珍品）

近代蕙兰中珍稀品之一的赓泉梅，为赤转绿壳类梅瓣花。于1930年由江苏武进的何赓泉选出，以发现者的名命名。于1941年又由苏州谢瑞山先生种植后复花，因其花形、容姿属罕见品种，遂冠以"珍品"新名，以后兰坛亦曾以"滴翠"称呼（与清朝末年失传的"滴翠"实同名异物）。

赓泉梅叶质厚硬，断面呈V形，为直立端斜展叶态，叶幅仅0.5～0.7厘米，叶长也仅为35～40厘米。花莛细挺色绿，高出叶丛面，莛花5～8朵。赤绿壳，壳端翠绿鲜丽，三萼长脚圆头，带有绿尖锋，收根细，侧萼平举，拱抱态；分窠深兜挖耳捧，两捧并行撑开，蕊柱显现，如意舌，舌面缀有深紫块斑。花守好。

3．东山梅

被誉为近代蕙兰中难得的珍种东山梅，为赤转绿壳梅瓣花。

抗日战争前，由江苏苏州洞庭东山艺兰者选出，后售与苏州谢瑞山栽培，谢命名为"东山梅"。

本品叶狭而厚硬，为斜立半弓垂叶态。叶幅0.8厘米，长35～45厘米。叶端尖长。花莛细长挺直，高出叶丛面，莛色翠绿，细长花柄粉紫色，莛花5～8朵，花径较小。三萼短小圆头呈卵形，周缘紧边，肩较平；半硬捧光洁圆整，小圆舌不放宕。开品佳，花姿秀丽。

4．胜利大荷

被江南兰王沈渊如誉为近代赤蕙荷瓣杰品的胜利大荷，为赤壳绿花荷瓣。原系1924年由江苏无锡曹子瑜、荣文卿选出，当时取名为"曹荣大荷"。1938年荣文卿将仅存的小草二苗归沈渊如先生培植。历经22年精心养护，日渐恢复苗壮，于1946年抗日战争胜利时，开出一莛荷瓣花，时逢欢庆祖国重见光明，邀聚兰友在无锡公园同庆厅举办兰展，为表爱国之心把曹荣大荷，更名为"胜利大荷"。

它叶肥阔，呈弓形，五瓣（萼、捧）短阔横大，色绿，大卷舌。

5．丁小荷

被称为金捧的"丁小荷"为特殊形式的赤转绿壳类荷瓣花。

清咸丰年间，有位名叫丁小荷的美貌姑娘选培此蕙兰。为了支持心上人赴日本留学，将该盆佳蕙作为爱情信物馈赠。在日本期间，该花盛开时，日本同窗羡慕地问他是何品种，主人脱口而出"丁小荷"。

本品株叶斜立半弓垂叶态，叶宽1厘米左右，长50厘米左右，叶齿细密，叶鞘长而阔，边叶紧裹，质厚色翠，芽尖镶嵌有泛桃红色白珠。

细绿莛挺拔，高出叶丛面，莛花5～8朵以上，花苞紧圆。花柄细长泛桃红色。三萼质厚，放角收根、紧边，呈戟形，近平肩；金黄平边剪刀捧，分窠而合抱合蕊柱；拖舌舒而不后卷，舌端有缺裂，舌缀有鲜艳的红点斑。花守好。为唯一流传的绿金荷花，被视为难求的珍品。

6. 雪鸥

雪鸥为绿壳类绿荷仙素。

本品于1958年由沈白涛选出。

雪欧三萼圆阔，放角，细收根，剪刀捧，大铺舌，肩平，为近代自大魁荷素以后的最杰出荷形水仙素花。

7. 彩蝶

彩蝶，又名翠蝶，为绿壳类绿花荷形肩蝶花，在20世纪30年代蕙兰尚无绿色荷形肩蝶花，是它填补了这个空白。

彩蝶于1936年由江南兰王沈渊如先生选出。它三萼片厚而阔，肩萼片下侧唇瓣化过半，其上缀有鲜红色朱点。剪刀捧，大铺舌，花瓣翠绿，杂以浓艳朱点，红绿相映，宛如翠彩蝶飞舞，故以为名。

该品为直立叶态，叶尖尖锐。

8. 朵云

朵云是蕙兰传统名品中的珍品，属于赤转绿蕙波瓣花。

本品于民国年间由江苏无锡蒋姓兰艺家选出，后归沈渊如先生培植。

本品为斜立叶态，叶宽0.8～1.0厘米，长40～45厘米，色淡翠绿，叶齿细密，发芽率高。有四株成簇，便可开花。

青绿色花莛，虽不很高，但仍能高出叶丛面，细而较短的绿花柄撑大花，显得较拥挤些。三萼中段放角、两端收根，挺翻皱曲呈波浪状；双捧短阔，呈猫耳状，捧端挺翻，挺翻处的捧中央嵌有一淡黄色的雄性化斑块，俗名"乳凸"。大圆舌端略有微反卷，舌苔黄绿色，红缀点鲜丽。大花全黄绿色，片片挺翻浪曲有姿，有如晨光初照海波面，粼光闪烁，洋溢着动感，给人以希望。

9. 双舌梅

双舌梅为绿蕙梅瓣花。它的缺裂舌，为蕙兰唇瓣型中增添了一种新奇的形式。本品于抗日战争前，由江苏宜兴的朱竞南选出。本品为梅瓣形花，大圆舌，舌端有倒V形缺裂状，宛如连接着的两个舌（双歧舌）。

10. 赤蜂巧

赤蜂巧为赤壳类赤花梅瓣。由于它的花形近似绿蕙"蜂巧"而为赤色，故命名为"赤蜂巧"，它是由清朝末年杭州的邵芝岩选出。

本品三萼长圆，质厚色赤；分窠短阔捧端翻挺似猫耳状。翻挺处的中央嵌有雄性化斑块，小如意舌。为赤蕙赤花、无兜而有雄性化斑的挺捧梅瓣花。实为赤蕙中的奇品。

11. 郑孝荷

被誉为蕙花中难得的珍品的郑孝荷属于赤转绿壳类荷瓣花。本品选育历史不详。最初见于日本的《兰蕙铭鉴》。本品株叶为斜立半弓垂叶态。叶长40～55厘米，宽0.8～1.0厘米。叶断面呈V形。新芽翠绿色，端部披挂有细丝晕纹。成熟叶色深绿而有光泽。

花葶大大超出叶丛面。莛花 5～7 朵,细花柄赤红色,三萼片色青绿,放角收根(由于放角处在萼中段末,其与萼端部交界处,颇似中段放角,显得萼端较尖些),近平肩,略呈拱抱态;蚌壳捧合抱蕊柱,形态端正,大圆刘海舌,有的舌端有微凹缺。舌面缀红斑鲜丽,近缘有绿苔,周缘有白边。花容翠绿俏丽,在赤红花柄和秀丽唇瓣的映衬下,显得十分端庄秀丽,确为蕙兰中难得的珍品。

12. 老蜂巧

康熙皇帝赐名的"蜂巧梅",属于赤转绿壳类梅瓣花。当时康熙皇帝赐名"蜂巧"。为了看名就知花品,而添上一个"梅"字而为"蜂巧梅"。随后又陆续选出了与"蜂巧梅"相近似的品种,为附庸风雅,而有"绿蜂巧"、"赤蜂巧"、"红蜂巧"、"新蜂巧"等出现。为不致于混淆,在"蜂巧"之前,冠以"老"字而为"老蜂巧"。

清康熙六年(1667),上海青浦朱家角镇的市民,从浙江富阳山中下山的蕙兰苗中选出。当时,苏州洞庭东山镇的姓金者在那里开当铺。见此花而爱极,要求购买,花主舍不得卖,便唆人偷出。为此打官司,双方都向各级官府行贿,导致层层上告,直至告到康熙皇帝那里,引起皇上的好奇,下令将此花送京。御览时,刚巧有蜂飞来停于花上,皇帝即赐名"蜂巧"。

本品的芽梢与新叶端嵌有米粒大的"白锋"起兜。叶长 45～50 厘米,宽 1～1.3 厘米,质厚硬,色深绿,断面 U 形,半垂叶姿。

苞壳绿有绿筋,有翡翠的晶莹感。花朵未绽开时,呈瓜子口头形(俗称铲刀形)。花葶细小,色绿挺拔,大大高出叶丛面,莛花 7～10 朵,花距疏朗。萼片菱形,纹皱,挺飘,紧边、收根放角近平肩;猫耳捧,端略挺飘,嵌有雄性化斑体,镶白边;方缺舌面缀有红点。花色翠绿泛黄晕。确为别具一格的梅瓣珍品。

13. 叠翠

堪与"大一品"相媲美的叠翠,为绿蕙荷形水仙瓣花。

本品产于严州七里滩西口。清光绪年间(1890)为浙江杭州的邵芝岩选植。

它叶幅似大一品,较宽,叶长 50 厘米左右,叶淡翠绿色,斜立半弓垂叶态,俊俏而秀美。

淡绿色花葶大大高出叶丛面,莛花 8～9 朵。萼片质厚,中段有钝放角,收根紧边,萼端有尖锋,两侧萼较平举;分窠深兜软蚕蛾捧,大铺舌,端略后倾,舌面缀斑红艳。本品仅花形略小于大一品,然而花姿却比大一品端庄可爱。

14. 秀字

文气十足的秀字为赤壳类梅瓣花。

清光绪二十八年(1902)春下山,浙江省绍兴人阿龙得于浙江湖州骆驼桥下花摊,后为杭州吴恩元栽培。之后《兰蕙同心录》的作者嘉兴许霁楼先生见之,谓其秀美而文气,故命之曰"秀字"。

本品为斜立叶态,底叶半弓垂,叶长 30～40 厘米,宽 0.8～1.0 厘米。质厚硬,色浓绿。花葶细长,高出叶丛面,细长花柄暗紫色,莛花 6～9 朵,常两朵紧挨。三萼片长脚圆头,紧边,肩近平。分窠半硬蚕蛾捧,如意舌,中宫端正圆结。花色端绿基黄,富有秀气。

15. 浙顶

被誉为赤蕙梅瓣中的"浙顶",《兰蕙小史》的作者吴恩元先生认为,该花的花形似"关顶"与"申顶",故命名为"浙顶"。

本品于清光绪年间（1901），由杭州吴恩元先生在花篓中选出。到民国元年（1912），开莛花11朵。

本品为半垂叶态，叶色翠绿而有光泽。叶长40~50厘米，宽1~1.2厘米。

花莛略粗而长，高出叶丛面，细长花柄紫红色，萼片短圆，紧边收根，肩平。分窠蚕蛾捧，圆整光洁，大圆舌。花色翠绿，瓣基披红彩，分外俏丽。开品甚佳，花守好，堪为蕙中难得的梅瓣珍品。

16. 解佩梅

又名"江皋梅"，被誉为"红簪碧玉"的解佩梅，为赤转绿壳类梅瓣花。

本品于民国初年由上海艺兰者选出。兰名"解佩"一词出自唐朝杨慎咏兰词："香携满袖中，似相逢解佩，红仙散尘缘。"

本品为弯垂叶态。长40~50厘米，宽0.8厘米，叶端长尖，断面呈V形，叶色浓绿而富有光泽。本品适应性强，生长力旺盛，易种养，易开花，确为物美价宜的佳品。

翠绿花莛细长，高出叶丛面，赤红花柄细长，着花7~11朵。花苞壳明显由赤转绿。蕾形紧圆端正，花蕾刚出壳时不大，随后逐渐增大。三萼长脚，端呈钝放角态，收根细，端尖有山峰状的尖凸，呈里扣态，缘紧边，质厚色绿；分窠深兜白玉捧，如意舌面褶片合拢，似有小舌露出，舌端面缀有"∪"形鲜红斑，缘镶白边。白玉捧配紫红花柄而誉为"红簪碧玉"。

17. 端蕙梅

端蕙梅为赤转绿壳类梅瓣花。由于它的花形端庄，花色明丽，植株寿命长，栽培容易，而被誉为赤蕙绿花梅瓣的珍品。

本品于民国初年由浙江绍兴兰农诸长生选出，售予江苏无锡曹氏栽培。

本品为斜立叶态，边叶弓垂，叶长40~45厘米，宽0.8厘米。质厚硬，叶脉粗，色浓绿而有光泽。叶端背也长有毛刺。蕙兰独具"三面刺"的特征。

花苞赤紫色，苞端无绿彩。淡黄白色花莛细长，高出叶丛面，莛花6~10朵，细花柄紫红色。三萼长脚圆头，紧边、收根、里扣、色绿、肩近平；分窠半硬捧，大如意舌，舌缘嵌白边，块状红斑绕沿而缀，舌面心部金黄色。

18. 虞山梅

被誉为江苏常熟名蕙的"虞山梅"，为赤壳类梅瓣花。

本品于民国时，由浙江省绍兴棠棣乡兰农王长友采于江苏常熟的一孤立而不高的虞山，吴淳白以春兰"冠春"交换。

本品为斜立叶态，间有弓垂叶。叶长40~50厘米，宽1厘米左右，叶厚色绿而有光泽。

花苞暗赤紫色，花莛淡紫色，花柄紫红色。细圆而长的花莛高出叶丛面，莛着花9~12朵。三萼片大圆头，紧边细收根，肩平，色翠基泛黄；分窠蚕蛾捧，如意舌。本品初开貌不扬，几天后方显赤蕙梅的精品风采。

19. 南阳梅

被日本兰界列为在程梅、端梅之上的别致全盛稀贵品的南阳梅，为赤壳类梅瓣花。

本品于民国时江苏宜兴顾同荪选育秘藏的名品，历代兰谱未见有记载。1936年流传至日本，由京华堂栽培。日本兰界十分赞赏。

本品为斜立半弓垂叶态，叶宽1.2厘米，长45~55厘米。叶质厚，色翠绿而有光泽。

花莛细圆挺拔，高达60厘米，花莛浅粉紫色，细长花柄赤紫色。三萼长脚圆头，紧边，肩近平，色净绿；分头合背半硬捧，如意舌面上红斑鲜丽。花容端庄，花色翠绿，气度轩昂，不愧于梅门珍品。

20. 永春梅

被誉为赤转绿蕙花的珍稀贵品的"永春梅"系于清光绪丁亥年（1887），由兰农阿永采于浙江富阳砂石山，售与吴幼云栽培，嘉兴许霁楼命名。

本品叶姿半垂，新芽绿色，叶长45～50厘米，宽1厘米，断面呈V形，质厚色浓绿而具光泽。

花苞为水银红色，其内层苞衣次第转绿，花葶细圆挺拔，大大高出叶丛面，细长花柄浅紫色，葶花9～11朵。三萼长脚圆头，紧边，中萼弧盖状，侧萼近平肩，拱抱态。分窠软蚕蛾捧，执圭舌，垂而不卷。花形颇似"元"字，但花色却比"元"字更翠绿俏丽，花守也甚好。

21. 刘梅

被誉为绿蕙中最佳的精品之一的刘梅，民国年间由浙江省绍兴的刘恒丰选出。

它叶长40～50厘米，宽1厘米左右，叶质厚硬，叶齿粗，叶色深绿而具光泽，半垂叶姿。

浅绿花葶细长挺拔，高出叶丛面，花柄也细长，葶花7～9朵。三萼细，长脚圆头，紧边，质厚而糯绿，肩近平；分窠蚕蛾捧合抱合蕊柱，大如意舌，舌面缀有深红块状斑。花品端庄秀美。由于"刘"与"楼"方言音相近，常有两者相混的现象。其实，刘梅为梅瓣花，而楼梅却为荷形水仙瓣花。

22. 后翠蟾

"后翠蟾"为绿壳类梅瓣花的著名佳种之一。

相传于清乾隆年间，江苏宜兴的一位姓尤的兰花爱好者，曾选出绿壳梅瓣花，取名为"翠蟾"。但没养好而断种。

清咸丰七年，浙江富阳的张圣林选出近似品种，为怀念旧种，又把其命名为"翠蟾"。兰界为区别起见，称其为"后翠蟾"。

本品株叶中等狭长，断面呈V形，叶齿粗锐，叶色深绿而具光泽。叶姿半弓垂。

花葶细圆，出架，色绿。三萼短脚圆头，紧边，收根极细，端如汤勺状，肩平，质厚色翠；半硬分头合背捧，小如意舌。

第三节　相似名种辨识

有些蕙兰品种，各个方面很相似，甚至有些也与双胞胎一样相像，难以准确识别。事实上，不管它们如何相像，只要仔细地从各个方面认真比对，还是可以发现其细微的差异的。不过在实际鉴别时，难有相似的正宗品种实物可供比对，而且手中又不一定随时带着彩图或相关资料。这就要求我们要如学生读书一样，平时多查阅资料、多细看彩图、多观察实物，多请教行家，多练习比对，力求熟练掌握相似品种的各自细微特征，方能得心应手，减少误辨。

由于蕙兰的叶芽、株形叶态、蕾形苞壳均具有多变性，于是兰艺家便总结出"不见真佛不烧香"。也就是说，没见真花不能断言。因此说，辨识品种必须细品其花。因此，本章节只选择一些常交流的相近似名种，在花朵方面的不同特征，以供辨识品种者参考。

1. "郑孝荷"与"丁小荷"的不同之处

郑孝荷与丁小荷的最明显区别是在捧色与舌形。郑孝荷是绿色平边的蚌壳捧，为小式荷瓣花。而丁小荷是捧端嵌有雄性化斑块而微挺飘的金黄色剪刀捧，捧色随着花开得越足，色越金黄，为荷形飘门水仙瓣花，郑孝荷为大圆刘海舌（个别舌尖缘中央有浅凹缺），而丁小荷为舒而卷的拖舌，舌端中央有较深的凹缺。

至于蕙花朵数、萼舌的端正度、叶的长与宽、赤转绿度、花容端庄度诸方面，都可能有细微的差异，有人认为丁小荷要比郑孝荷强些。不过，这些是软指标，有可能与生态条件、管理方式、方法及苗的壮弱有关。

2. "解佩梅"与"江南新极品"的主要区别

解佩梅与江南新极品无论是花的品位还是价格，都有明显的差异，但是有些人混卖，也有人误买，故列此一叙。

①萼片有别：解佩梅萼端放角明显，端有锋尖，而江南新极品为长脚圆头，紧边，无明显锋尖。

②捧形有异：解佩梅分窠深兜白玉（捧基白、端绿）捧，而江南新极品为挖耳勺状半硬捧。

③舌形不同：解佩梅为大如意舌，而江南新极品为龙吞舌。此外，解佩梅叶色深绿，而江南新极品叶色较青绿（青中泛黄）。

3. "程梅"与新珍稀名品"明州梅"的区别

有些兰友说，程梅与明州梅很像，是否当程梅花开得特好时与明州梅十分相似呢？明州梅的拥有者，在2000年春节期间，与妻儿一同拜访亲戚时，这个亲戚正从山上挖回没带现花的野生兰，分送给他几苗，回家后不久开出如此珍贵的赤转绿壳正宗梅瓣花。它与程梅的区别是：

①类型不同：程梅为赤壳蕙，不转绿而为赤绿花，而明州梅是赤转绿壳类，能转绿花。

②花肩不同：程梅有微落肩，而明州梅为一字肩，且略有飞意。

③捧态有别：程梅为分头合背或分窠半硬捧，开天窗露出合蕊柱，而明州梅为软硬捧，不开天窗。

④唇形不同：程梅为龙吞舌，而明州梅为刘海舌。

⑤苞片有异：程梅苞片色绿，松裹，而明州梅苞片色紫，紧裹。

⑥鼻形有别：程梅鼻大，鼻背与端外露，明州梅鼻小深藏捧内。

4. "元字"与"南阳梅"的区别

粗看元字与南阳梅有些相近似，细看却有着明显的差别，绝非同物异名的蕙兰名种。

①选出年代不同：元字是清代道光年间苏州浒关艺兰者选出，而南阳梅则是民国时宜兴顾同荪收藏。

②叶姿不同：元字叶较短，50厘米左右，质软，半垂，而南阳梅叶较长，50厘米以上，最高可达90厘米，质硬而斜立。

③色泽有别：二者虽同为赤转绿品种，元字蕙柄色为淡紫，蕙色更淡，花色为青绿（绿中泛淡黄），而南阳梅蕙柄色较深，花色翠绿。

④萼姿不同：元字的中萼格外圆阔而前倾，侧萼较长，萼端有尖锋，侧萼基平举而萼端下垂，略呈拱抱态，而南阳梅长脚圆头，中萼挺直，侧萼平举，显得神气十足。

⑤捧态有异：元字为分窠半硬捧，略呈抱拳态，而南阳梅为分头合背半硬捧。

⑥舌形有别：元字为执圭舌的代表，而南阳梅为如意舌。元字舌体较长，舌面缀点不规则，而南阳梅舌体相对较短，舌面端缀有如扑克牌中的红桃样的红斑。

5.“秀字”与“端蕙梅”的区别

花容：三萼长脚圆头，质糯肉厚，紧边，肩平；分窠半硬兜捧心，大如意舌，色绿干细长。几乎所有古今兰书都是这样描述与评价秀字与端蕙梅的，只不过是词句的顺序有异罢了。不仅是花的瓣型方面（硬指标）如此的相似，就是株形叶态也相差无几，真让人难以区分。

可能是由于兰书上多有记述，《兰蕙同心录》的作者许霁楼先生见之谓其秀美而文之故，于2003年江苏宜兴蕙花展上，展示了秀字，便引起众多爱蕙人士的关注。由于该品存量少，价位较高，便出现了端蕙梅抵顶秀字的现象。因此大家都想了解它们究竟有无区别？其区别在哪里呢？

首先，从秀字的选出是于清光绪二十八年（1902）春，浙江绍兴棠棣乡人阿龙从湖州骆驼桥花摊上选出，后归杭州的吴恩元的九峰阁培育，许霁楼见之，谓其秀美而文，故命名曰："秀字"。而端蕙梅是于民国初年由浙江绍兴棠棣乡兰农诸长生选出，售与无锡曹氏栽培。看来应该是两簇不同的品种苗。因为蕙兰的增苗较慢，时差仅10年，一小簇下山的秀字也仅是几十苗、三五盆而已，经名家评为"秀美而文"的名品，通常不会轻易出售的，更不会售与兰农的，除非是有格外优秀的下山新种交换，也许会有例外，或者有什么未料的不测致因，诸姓兰农，是不可能有秀字更名为端蕙梅而售与江苏无锡曹氏的。此外，更难有产"秀字"的山野，尚有未被一次采完，或被他人所采，诸氏兰农购得而携去无锡卖给曹氏。另外，诸氏兰农，在许多兰书上常有提及，而却无见与此相关的记载。既然没有查找到确凿的记载，可证实它们两者是异名同物，还是暂且把它们看做是异物异名吧！

其次，两者的形态上，也有下列几方面的差异：

①叶芽展叶有异：秀字的叶芽出土后有明显的滞育期，通常要月许方抽长展叶，而端蕙梅的叶芽露出基质面后，滞育期甚短，没几日就抽长展叶，且叶端背也长有毛刺。

②叶断面有差异：秀字叶断面呈 V 形，俗称为叶沟深，这个叶沟自叶基至叶端均如是，而端蕙梅的叶面较平展，不具明显的深叶沟，尤其是叶端部的叶面较平。

③花莛粗细有别：秀字细圆挺直为"灯心梗"，而端蕙梅的花莛明显较粗大，而无秀字的秀气。

④萼基粗细有别：秀字的萼基收根约为端蕙梅的 2/3，明显更细，而另一方面又显出"秀美而文"。

再者从花的瓣型角度上看，也有一些差异：

①萼端形有别：秀字的侧萼端常有一侧萼端呈"⌂"形的三角状，而端蕙梅三萼的圆头却较为稳定。这也许是《续兰蕙同心录》称其为官种（捧端仅有白边，而无浅兜）水仙的一个次要原因。此外，秀字的萼缘有紧边，而端蕙梅萼缘则为平边。

②捧态也有小异：只见1977年10月，台湾省雷鼓出版社出版的《新学养兰1——国兰》端蕙梅彩照所附的说明"半硬盔甲捧心"。而秀宁为分窠半硬捧。

此外，花、莛的色泽也有些不同：两者同为赤转绿壳类：秀字花开七天，莛色由赤转绿，而端蕙梅的莛色不转绿，而为赤中泛白。还有秀字花色虽绿，但瓣基都较明显泛黄，而端蕙梅的瓣基却不见泛黄。

以上汇聚这两者的差异，但愿可供辨识者参考。

6.“老蜂巧”与“新蜂巧”等蜂巧的区别

老蜂巧与新（绿）蜂巧都是绿蕙。它们的区别点是：

①叶幅叶姿不同：老蜂巧叶幅 1.3 厘米，新叶端尖有"白峰"质厚硬，为斜立半弓垂叶态；新蜂巧叶幅仅 0.8 厘米，叶比老蜂巧细长，斜立与半垂混合。

②萼形姿差别大：老蜂巧的三萼片中段放角、两端收根十分明显，呈菱形，且阔大挺飘，文皱紧边。双侧萼的上侧放角平举而显翘，与萼端略呈上翘状而构成飞肩态姿；而新蜂巧的三萼长脚圆头，质较薄，萼端尖有微凹状，萼端部挺翻。呈波浪状为武皱，肩近平，属水仙瓣花。

③捧态有异：老蜂巧捧短阔而耸立，捧端嵌有雄性化白斑块和白边，且呈外翻态，俗称为猫耳捧，而新蜂巧为半硬捧，初开放时，捧不外翻，花开 2～3 天后，捧则向上外翻，也似猫耳状。

④舌形有别：老蜂巧为方缺舌（长方形舌前端有小缺口，舌面缀红点），而新蜂巧为小龙吞舌（舌前端与双侧缘略上翘，呈浅勺形，如龙吞食状）。

另外，老蜂巧与赤蜂巧、"荆溪蜂巧"、红蜂巧的根本区别在于"老蜂巧"是绿蕙梅瓣花，而它们均为萼片长的赤蕙水仙瓣花。

7. "楼梅"与"刘梅"的区别

楼梅的"楼"与刘梅的"刘"，其意义虽不同，但方言之音，却有相似，常易混淆。不知情者，以为是误笔之故，其实不然。楼梅虽可与绿蕙荷形水仙瓣花的大一品相媲美，但它毕竟是荷形水仙瓣，而刘梅却是绿蕙梅瓣花的最佳精品之一。两者相比，后者当略胜一筹。其具体的差异，分述如下：

①历史不同：楼梅是于清光绪年间（1892）由绍兴楼姓选出，而刘梅是于民国时（1912 年以后）由绍兴刘恒丰选出。其间相隔 20 年之久。

②叶形有别：楼梅叶长与刘梅相差甚少，叶幅却窄了些，为弓垂叶态，而刘梅的叶齿较粗锐，叶质较硬，呈斜垂叶态。

③萼形不同：楼梅萼片形阔大，细收根，而刘梅三萼长脚圆头，紧边，质糯，肩平。

④舌形不一：楼梅为大铺舌，而刘梅为大如意舌。

⑤瓣型不同：楼梅为绿蕙官种（捧有白边浅兜）水仙瓣；而刘梅为绿蕙梅瓣花。

8. "老上海梅"与"仙绿"的区别

有人说，老上海梅与仙绿是同种，花开得好时，便是老上海梅；开得差时，便是仙绿。其实不然，有的人较客观地说，花开得极差的老上海梅或许有些像仙绿；仙绿花开得再好也根本无法达到老上海梅的品位。可见两者是两个截然不同的品种，绝非同种。那么，何以见得呢？

①选育历史有别：选育时间，两者相距 100 余年。老上海梅于清代嘉庆初年（1796 年为嘉庆元年），由上海李良宾选出，命名上海梅，后为了与仙绿（新上海梅或后上海梅）相区别，《兰蕙小史》就称前上海梅。兰界普遍称其为老上海梅。被列入蕙兰老八种之一。而"仙绿"则是于民国初年（1912 年为民国元年）由江苏宜兴艺兰者选出，又名"宜兴梅"。因它花初开时，形似上海梅，又被称为新上海梅或"后上海梅"。还因其花色翠绿，又是水仙瓣型，故以"仙绿"为其正名。

②叶性不同：老上海梅叶芽翠绿色，芽尖有白点，叶断面呈 U 字形，新叶有光泽，但较易焦尖，而仙绿叶质中厚，手感却较硬，边叶直立性较强，光照充足的情况下，叶色黄绿。

③萼形有差：老上海梅萼片长脚圆头，比仙绿好得多，后者应属椭圆。

④捧形有别：老上海梅为半合硬捧，圆整光洁，而"仙绿"为羊角兜捧心。

⑤舌形大异：老上海梅为穿腮（腮，指唇瓣的侧裂片，小如意舌，舌缘上翘内扣卷，舌挺直，舌尖上翘，其舌如同从腮部穿出一般）小如意舌，舌面缀有艳丽而密集的红点，而仙绿为长尖舌，盛开后长尖舌还是后卷的。

9. 如何区分"仙绿"与"荡字"

由于荡字的存量甚少，市价在 2.5 万元以上，而仙绿的存量较多，其市价在 600～1000元左右。为利驱使，某些兰贩便以仙绿顶荡字出售。

两者均为水仙瓣绿蕙，且叶芽、花苞也有所相似。没见真花，容易误买。特粗列两者的区别处，以供选购时参考。

①株形叶态有别：仙绿叶幅约 1 厘米，长在 50 厘米左右，叶自中段才开始向下弧垂，叶端尖可垂至株基处，叶断面相对较平展，仅叶基部分较硬挺而略有中折状。荡字叶姿斜立，仅部分中老叶的上半段有弓垂，但弓垂的叶端不下垂。叶幅约 0.8 厘米，长 45～60 厘米，叶质厚硬，叶齿明显，叶尖细长而尖锐。

总体而言：荡字叶断面呈 V 字形，叶厚而硬挺，多数为斜立叶，叶端不弯垂，而仙绿绝大部分叶，自中段开始向下弧垂，叶尖可垂至叶基根际处，容易识别。

②花型有别：仙绿三萼片长脚圆头（实际上是椭圆头，端较尖），侧萼端下倾，中萼略前倾。荡字为竹叶瓣荷形（萼中段略呈钝角态），萼端三角形，紧边，侧萼中脉不居中，上侧仅占 1/4 幅，小落肩，中萼前折曲盖。

仙绿为羊角兜捧，即有浅兜的二捧如羊角状伸向前方，而荡字为分窠蚕蛾捧。

仙绿为长尖舌，垂挂下方，花开足后舌尖后卷，而荡字为如意舌。

两者选出时相差 80～90 年，仙绿为梅形水仙瓣，而荡字为小式荷形水仙瓣，尽管它们很相似，但也有明显的区别，只要仔细地观察，便不易误认。

10. 如何区分"叠翠"与"大一品"

同为绿壳类荷形水仙瓣花的叠翠与大一品，前者比后者株价能高出 3 倍。究竟叠翠比被列为传统蕙兰老八种之首位的大一品强多少呢？尽管叠翠在某些细微之处略微强些，也还是荷形水仙瓣。怎么会有如此高的价差呢？究其原因，可能是因某些兰书极力推崇，被兰商所利用，或是叠翠的储量远少于大一品，大有物以稀为贵的效应在作祟吧！

两者既然同为荷形水仙瓣花，自然会有不少相似之处，但它既为两个不同的品种，也必然有其不同之处。下面分列其区别处：

①株叶性状有别：叠翠的叶比大一品宽些，断面广 V 字形，而大一品叶面窄些，也较平展。叠翠的叶色比大一品深些，叶齿却不如它的粗显。

②蕾形蕾色有异：叠翠小蕾色翠绿，状如橄榄状螺丝形；大一品蕾色绿白，形如扁平切状。

③开花次序相反：大一品开花是从莛底部次第往上逐蕾而开，而叠翠与众不同，却是莛顶往下依次而开。

④萼片形姿有别：两者同为圆头荷形萼，质厚，紧边，萼中段呈钝角，两端收根，肩近平，但叠翠幅稍窄，端较尖，体较长。

⑤捧形差别：叠翠的捧瓣比大一品的捧兜深些。

⑥舌形有别：叠翠为大铺舌，较会向后翻，而大一品为大如意舌，初开放时，舌端上翘，多日后，呈下挂而不后翻。

11. 赤仙大陈字价高于赤梅"老染字"3~5倍是何因呢？

有人问我，是赤蕙水仙瓣花品价高，还是赤梅价高呢？我答曰：当然是赤梅花品价高。那么，赤仙的大陈字又因何市价高于赤梅老染字3~5倍呢？我说，不能以价格高低论花品。因为花的价位也和其他商品一样，不一定完全取决于商品本身的品质品位，还受商品文化、地域性的差异、货源众寡、消费者的嗜好及商业炒作等因素的影响。

大陈字虽是赤蕙水仙，但也在某些方面与被列为传统蕙兰老八种之首的大一品相似，自然就有吸引人的魅力所在。尚且在颇有影响的兰著《兰蕙小史》曾记有"今以之代老染字者即此种也"。另据说嘉庆初年，嘉善胡少海选出大一品之后，大陈字与大一品两者在江浙摆花会上，争夺蕙兰魁首。周怡亭愿以3000金购买，因争者众，未能遂愿。于次年终以800佛番的高价分到其种（据有人推算，800佛番相当于现在48万元人民币）。

大陈字与大一品合称为赤绿官种荷花二仙，大陈字的价格自当也与其相仿。据调查，此种流传甚少，仅宜兴少数兰友栽有少量，故显名贵。2004年苗价在1.5万~1.8万元人民币。同年宜兴兰展上，5苗大陈字折卖18万元人民币，据说被四川兰客买走。

此外，据说老染字在九届兰博会上曾获过"金奖"，但在获奖名单上，却无此品，然后在浙江省二届蕙兰展分别得了银奖和铜奖。另外，据说从日本返销的南阳梅开出的花与老染字无异。因而自然有人以市价4000元左右的老染字去顶市价8000元的南阳梅。这样，表面上，老染字已无货源，又有人说老染字是赤蕙水仙。

大陈字既有商业炒作（拍卖），又无相似名种与其竞争，自然价位就相对稳定而高出老染字许多了。

那么，它们的花品究竟谁高呢？

①从萼片上看：大陈字萼片长阔平边，荷形，落肩，而老染字三萼短狭，紧边，肩平，萼端圆而呈内扣兜状，中萼前倾遮盖状。

②从捧瓣上看：大陈字兜浅且软（即雄性化成分弱），而老染字为分窠深兜观音捧。

③从舌上看：大陈字为大柿子舌（舌面微凹，形似柿子），而老染字为大如意舌。

从上述三个关键方面来看，老染字的花品明显优于大陈字。

12. "老染字"与"南阳梅"的不同

既然两者同为赤蕙梅瓣花，市场也有以"老染字"顶替"南阳梅"的现象，分述一下它们的不同之处，确有必要。

①株形叶态：两者同为斜立叶态的阔叶种（1~1.2厘米），叶的长短却有别："老染字"叶长仅35~40厘米，株叶多达8~11片，而南阳梅叶长却在45~55厘米。

②葶柄色异：两者同为细长挺拔、高出叶丛面的花葶，老染字的葶为绿色，花柄紫红色，而南阳梅的花葶却为浅粉紫色，花柄紫赤色。

③萼形有别：老染字萼片短而较细，质厚，平肩，圆头，紧边，萼端呈内扣兜状，三萼略呈抱状，色青绿，而南阳梅萼片长脚圆头，质厚，紧边，三萼拱抱较弱些，肩近平，色净绿，萼基泛黄泛紫红晕。

④捧态有别：老染字为分窠深兜观音捧，而南阳梅为分头合背半硬捧。

⑤舌态有异：老染字为大如意舌，花开多日后，舌尖常偏向一侧，而南阳梅也为如意舌（有的兰籍说其为大刘海舌），舌端正，缀点艳丽。

老染字为赤蕙梅瓣花，为传统蕙兰老八种之一。它于清道光年间（1821）选出，而南阳梅于民国时（1912）选出，相距80~90年，兰书很少收录。有的人认为，它的花品在程梅与元字之间。

13. "老极品"与"江南新极品"的差异

关于老极品与江南新极品的差异，《兰蕙小史新版》中有"新老极品共鉴赏"一章可参考，现摘其明显差异之处，分列如下：

①新芽色泽有异：老极品新芽淡绿无杂色，芽尖见细白粒，而新极品新芽绿色，芽端有明显的红彩。

②株形叶态有别：老极品为绿蕙，株形直立性较强，叶断面较平（叶沟较浅），而新极品为赤蕙，为弯垂叶态，叶断面呈 V 形（有叶沟），叶形秀气。

③花情有异：老极品葶粗密（小花柄），常两朵紧挨，颜色翠绿，葶花 8～14 朵，而新极品葶细圆而长，大大高出叶丛面，排铃（花朵排列）疏朗，花柄细长缀有明显的紫红晕，葶花 6～10 朵。

④萼捧形异：老极品萼片短圆，极细收根，大圆萼端，分头合背半硬捧心，两捧紧挨不露蕊柱背；新极品三萼长脚圆头，半硬捧略张离，小露蕊柱背。

14. "崔梅"与"新崔梅"有何异同

被列入传统蕙兰新八种之一的赤蕙崔梅与崔梅之后由江苏苏州姚轩宇选出的新崔梅，有何相同之处与不同之处呢？

①株叶方面：两者同为半垂叶态；崔梅叶基较直立，新崔梅的老叶好弓垂；叶片的长度不见有差别，而新崔梅的叶幅却比崔梅宽（1.2 厘米以上）；崔梅的叶质较薄却较硬挺，而新崔梅的叶厚而糯。

②蕾葶方面：崔梅花苞淡绿色，苞尖较长，苞衣阔大；新崔梅花蕾排铃时，苞尖有钩刺，苞衣挂白边。两者同为细长花葶，崔梅葶色绿泛浅红，而新崔梅葶色却一派淡绿。

③萼片方面：三萼片同为长脚圆头细收根，崔梅萼端部仅微里扣态，端尖有小扭尖锋，中萼遮阳状；新崔梅萼基收根比崔梅粗些，萼端部里扣成挖耳勺样而呈放角样。崔梅的双侧萼平举，而新崔梅却是有"小落肩"感。

④捧瓣形色方面：两者虽同为分窠半硬捧，崔梅捧端雄性化黄头明显，有时呈合背态；新崔梅捧端的雄性化体甚少。

⑤舌瓣方面：两者同为龙吞舌，崔梅腮（侧裂片）透红彩，舌面缀点鲜丽；新崔梅腮色淡翠绿，舌面缀斑色淡。

⑥花色方面：崔梅花色深绿，基部黄绿泛淡紫；新崔梅花为淡翠绿色，赤转绿色，可贵。

15. "程梅"、"端艳"、"崔梅"、"端蕙梅"如何区分

①从选出历史看：程梅最早（1796）；端蕙梅居二（1912）；端梅居三（1913）；崔梅最迟（1920）。

②从株形叶态看：

A. 叶长：以端蕙梅为最短（40～45 厘米）；端梅居二（40～50 厘米）；程梅与崔梅并列第三（45～55 厘米）。

B. 叶幅：以程梅为最宽（1.2～1.5 厘米）；端梅居二（1～1.4 厘米）；崔梅居三（1～1.2cm）；端蕙梅最窄，仅有 0.8 厘米。

C. 叶态：仅端蕙梅为斜立叶态；其他三者均为半垂叶态。

D. 叶质：端蕙梅厚硬；崔梅薄而硬；程梅与端梅为厚糯。

E. 叶色：仅端梅为翠绿色；其他三者均深绿色。

③从花苞形与色上看：程梅的苞形圆整、蕊头呈蜈蚣钳形；端梅蕾带紫绿色，苞衣有绿锋尖；崔梅苞色淡绿，苞尖长，苞衣阔大；端蕙梅蕾赤紫色、锋尖无绿彩。

④从花莛柄看：

A. 莛高度：以程梅与端蕙梅为最高（50厘米）；端梅与崔梅居二（40厘米左右）。

B. 莛花朵数量：以崔梅为最多（8~14朵）；端蕙梅居二（8~11朵）；程梅居三（7~9朵）；端梅最少（6~8朵）。

C. 莛柄色泽：程梅莛粗，色绿泛紫晕，柄色红，花朵排列疏朗；端梅莛色淡绿泛赤，柄长呈紫色；崔梅莛色绿中泛黄，柄细长，绿中透红，花朵排列有序；端蕙梅梗淡黄白色，柄细而长，浓赤紫色。

⑤从花外轮看，萼端形圆为四者的共性。程梅与端梅为短脚圆头，紧边，平肩，但程梅中萼上盖，而端梅萼端部收根放角；崔梅与端蕙梅均为长脚圆头，紧边，收根，肩平。但崔梅圆头之上有尖锋，中萼呈上盖状，而端蕙梅未见此特点。

⑥从捧瓣看：程梅与端梅均为半硬蚕蛾捧，但程梅为分头合背式，而端梅为五瓣分窠式；崔梅与端蕙梅均为分窠半硬捧，而崔梅捧端黄头明显，端蕙梅仅是合抱蕊柱，黄头不很明显。

⑦舌态上看：程梅与崔梅均为龙吞舌，端梅为刘海舌，端蕙梅为大如意舌。

⑧从花品的评价看：程梅为老八种赤蕙之首；端梅为新八种之一；崔梅也为新八种之一。仅端蕙梅未见经传，仅被誉为赤转绿梅瓣花的佳品。

第四节　蕙兰新优名品选介

建国后随着物质文明与精神文明的迅速发展，蕙兰各产区，选育了许多新优名品。其中，不少是前所未闻的稀珍品，本节较详细地选介有一定代表性的新优名品近40个。

一、明州梅

明州梅（图4-37）为赤转绿壳类高标准梅瓣花。本品由浙江省宁波的沈庆发于2000年初夏，在宁波鄞州区咸祥山上选出。由靳书伦命名。

本品株形为斜立叶态，端部半弓垂。叶的长宽适中，叶齿细锐，叶断面为广V形，端部较平展，叶质中厚，叶色翠绿有光泽。

细长花莛挺拔，大大高出叶丛面，莛色淡赤，莛花7~9朵，花距疏朗而匀称，转莛好。花柄细长，色赤紫。三萼片短宽，头圆似汤勺状，紧边细收根，搂抱态，色翠绿，基泛淡紫红晕。半硬蚕蛾捧，有人说其为半硬盔甲捧。刘海舌。

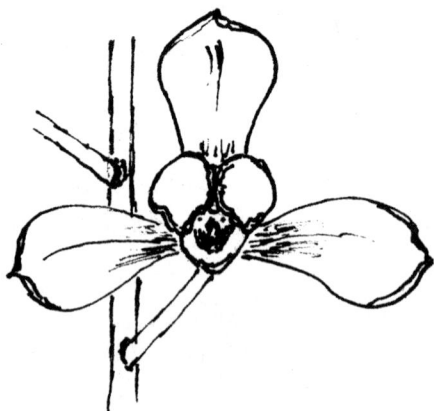

图4-37　明州梅

本品株态雄伟，花形优雅，中宫圆结，富有内涵，香气醇正，堪与传统蕙兰珍品程梅、关顶相媲美。堪称赤蕙梅瓣花新种的珍稀品。

二、文秀梅

文秀梅（图4－38）为赤转绿壳类梅瓣花。本品于21世纪初下山于湖北省随州市境内山野，由浙江省宁海市葛伟文先生购买栽培。

它为斜立半弓垂叶态。叶长55厘米，宽0.8～1.0厘米，叶质硬而有光泽。新芽为淡绿色。

三萼片短阔，端圆带锋尖，厚紧边，收根细，色翠绿，基泛淡黄红晕，肩平；阔硬蚕蛾捧，如意舌，中宫圆整，花容端庄，花色秀丽，清香四溢，确为不可多得的赤蕙梅瓣花珍品。

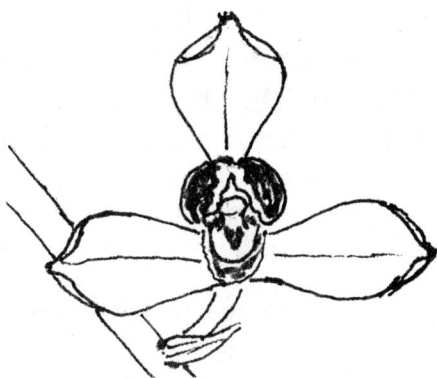

图4－38　文秀梅

三、湖州梅

湖州梅（图4－39）为赤转绿壳类梅瓣花。本品于2004年湖州境内山野采得，为湖州陈官山先生栽培。

本品为斜立半弓垂叶态。叶细狭，仅0.6厘米，长在40厘米以内，叶断面呈V形。质厚硬，色翠绿。叶齿粗锐，叶鞘散张而硬挺，芽色紫尖红。

细圆挺拔花葶高出叶丛面，葶花9～10朵，花距疏朗，排列有序，细圆长柄紫红色。三萼长脚圆头，紧边，细收根、里扣态，质厚而糯润，色翠绿，肩萼平举而略有飞翘态，神气十足。软蚕蛾捧，大如意舌。花守好，香气醇，堪为难得的佳品。

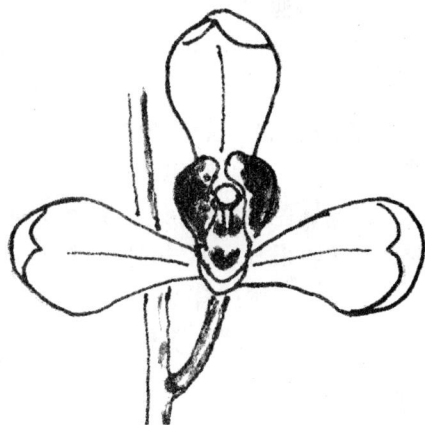

图4－39　湖州梅

四、新华梅

新华梅（图4－40）为绿壳类蕙兰梅瓣花。本品系浙江省新昌县兰友梁生弟先生于前些年在当地林野采得栽培。

本品绿色细圆花葶挺拔而高耸，葶花9～13朵，花距疏朗，四面着花，排列匀称，转茎适度，绿色细圆长花柄，撑开花距，不致于拥挤。三萼片长脚蛋圆头，紧边，肩近平，端下垂，中萼前倾，略呈遮阳状；分窠半硬豆壳捧，合盆合蕊柱，大如息舌。舌面缀斑色艳，大而有序。综观花形似乎有点偏于水仙瓣范畴。仅供参考。

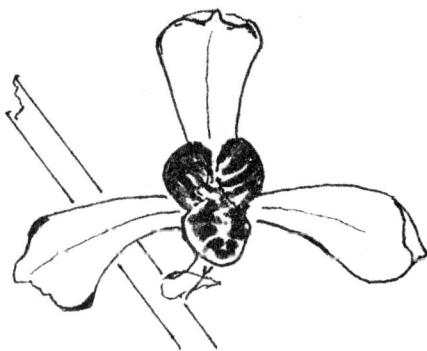

图4－40　新华梅

五、延陵梅

延陵梅（图4－41）为赤转绿壳类梅瓣花。1995年下山于浙江省舟山市定海区山野，由陈泽夫先生栽培。

本品为斜垂叶态，叶较细长，质半硬，叶基微内折，中部起较平展，叶尾长急缩尖。

青绿花葶细圆挺拔，大大高出叶丛面，葶花 13 ~ 15 朵，花距疏密适中，排列有序，转茎好，淡紫红色花柄细长，四面盘旋而上。三萼长脚圆头，紧边收根，端有锋尖，一字肩萼中央直向凹陷，侧萼略呈拱抱态，中萼遮阳状；硬捧，小如意舌，花守好。

六、宇华梅

宇华梅（图 4 - 42）为赤转绿壳类梅瓣花。本品于 20 世纪末下山于湖北神农架，由一位姓周的刚学做兰花经纪人在南京夫子庙花市上卖与名为"宇华"和她的先生栽培。

本品半垂叶态，叶基断面 V 形，中段开始渐平展，叶齿细锐，叶脉晶亮，叶色浓绿，叶幅 1 ~ 1.2 厘米，长 45 ~ 50 厘米。

花葶细圆挺拔，高出叶丛面，葶色绿略泛紫红晕，葶花 7 ~ 9 朵，花距疏朗，排列有序，苞片淡绿泛紫红晕。花柄细长，色淡紫红。三萼片阔大卵形，似有中段钝放角样，紧边收根，肩平，略呈内扣态，色翠披淡紫红筋，泛沙晕；分窠半硬捧合盖合蕊柱，捧缘有一定的雄性化，捧背脊深绿而披淡紫红筋和沙晕；龙吞舌，缀斑有形，色鲜丽。

本品花容端庄，花色秀丽，清香四溢，实为难得的佳品。

七、严州梅

严州梅（图 4 - 43）为绿蕙正格梅瓣花。于 2005 年初，浙江省建德市下山。本品为斜立叶态，叶端略呈半弓垂。叶质厚硬，呈广 V 形断面，叶齿明显，叶色深绿，有光泽。

细长葶柄色翠绿，葶花 9 ~ 11 朵，花距疏朗而匀称，转茎到位。三萼片长脚圆头，紧边、细收根，萼端尖有小尖锋内扣状，肩平。中宫为半硬深兜蚕蛾捧，大如意舌放宕，唇面流水状红绿色相间。

八、鑫 梅

鑫梅（图 4 - 44）为绿壳类梅瓣花。本品系浙江省湖州市安吉县的陶建鑫先生于 2004 年在本县林野上采得并栽培，2007 年复花。

本品为斜立半弓垂叶态，细长叶，色绿而有光泽。

绿葶高耸，葶花 7 ~ 9 朵，花距疏朗而匀称，绿花柄

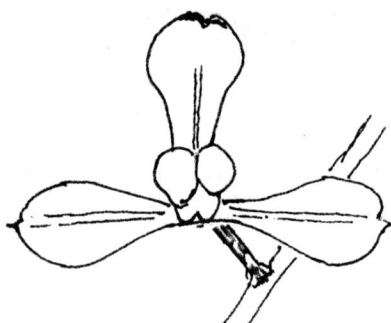

图 4 - 41　延陵梅

图 4 - 42　宇华梅

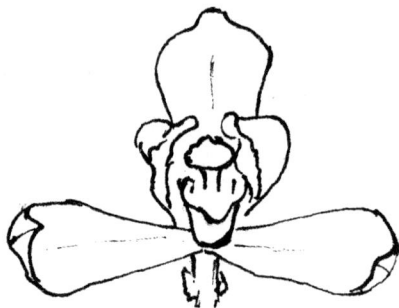

图 4 - 43　严州梅

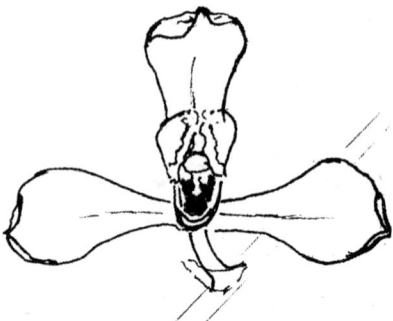

图 4 - 44　鑫梅

细而长，转茎适度。三萼片阔而较长，端有钝角态椭圆头，紧边收根，侧萼略呈搂抱态，肩平，中萼端前遮；分窠蚕蛾捧，刘海舌，舌面缀斑形雅而绚丽。

九、永昌梅

永昌梅（图 4 - 45）为绿壳类蕙兰梅瓣花。2005年，浙江省新昌县兰友梁生弟先生购于无锡兰展上的一个下山新种。

本品三萼片细长脚紧边，阔放钝角状圆头似饭勺，双侧萼大搂抱态，中萼前遮如蓬，颇具特色；分窠蚌壳捧态半硬捧，龙蚕舌。

细长绿色葶柄，花距适中，疏密有致，转茎好，花守好。

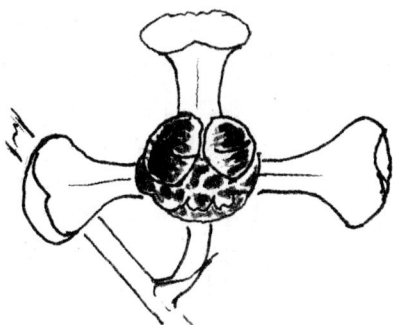

图 4 - 45　永昌梅

十、方桃梅

方桃梅（图 4 - 46）为赤转绿壳类变格梅瓣花。2001 年初，浙江省舟山市定海县的方和平先生到当地山上放生一只珍稀动物穿山甲时，幸见而采植。

本品为半垂叶态，叶长 30 ~ 50 厘米，宽 1 厘米左右，叶质厚柔有光泽。花苞衣三转色，小花苞头形为石榴口形。细长色翠花葶，高出叶丛面，细而略显较短些的花柄色赤紫。三萼片桃形、文皱、色翠绿，基泛杏黄色，质厚糯，紧边肩平，脚短收根中段宽，瓣端顺尖；中宫为短圆蚕蛾捧，小方缺舌。

通常桃形梅瓣花多为拳状硬捧，而它一改常规而为短圆蚕蛾捧，实为难能可贵。尽管它隶属飘门类梅瓣花、花较小柄显短、舌短有小缺口等不足。但仍不失为赤蕙飘门梅瓣中的佳品。

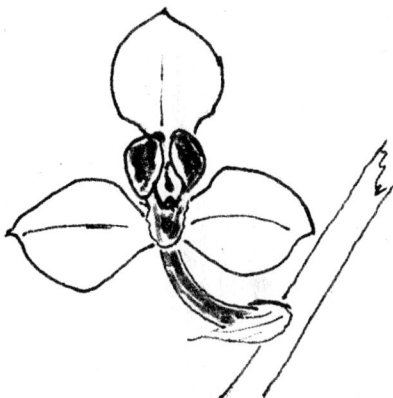

图 4 - 46　方桃梅

十一、大庆字

大庆字（图 4 - 47）为赤转绿壳类蕙兰官种荷形水仙瓣花。此花为浙江兰友沈庆发先生于 2002 年在宁波市花市上买来栽培的。

本品三萼片短阔，放角收根明显，又有紧边，肩萼近平肩，呈搂抱态，萼端兜扣，中萼呈遮阳状；分窠浅兜软捧，久开不挺翻，短阔柿了舌放宫而不后卷。花葶淡绿色，小花柄紫色。花容端庄，富有内涵感，花色嫩绿（萼基泛紫红晕），唇面缀柿子状红块，其间泛有绿绒状物。堪为高级的荷形水仙瓣花。

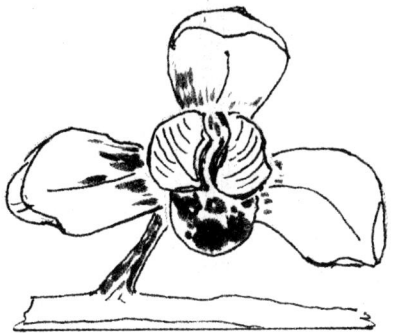

图 4 - 47　大庆字

十二、翔 凤

翔凤（图 4 - 48）为赤转绿壳类荷形水仙瓣花。本品于 2001 年秋下山，2003 年 4 月复花，葶花 10 余朵。江苏颜阳杨先生栽培。

肩萼阔大，中段放角，两端收根，紧边，肩近平，端微下垂似有飞意态，这也许是命名构思之源。中萼遮盖状，端中央有"U"字形缺裂，分窠半硬蚌壳捧，雄性化明显。大圆缺舌，仅舌根处有披三橘红彩，其余为糯白色。花朵端庄秀雅，花色青绿泛黄晕，是赤转绿净化不错的花。花柄细长，色红。是个难得的荷形水仙瓣佳品。

图 4 - 48　翔凤

十三、晶锋梅

晶锋梅（图 4 - 49）为赤壳类蕙兰梅形水仙瓣花。本品系浙江兰友张国辉先生于 2002 年 1 月从浙江著名产名兰大山四明山上采得并栽培。

本品为斜立半弓垂叶态，紫红花葶高出叶丛面。葶花 9 朵，紫红花柄细长，排列疏朗而有序。中萼为长脚圆头，紧边收根，前倾半遮阳态，双侧萼长卵圆形，两端收根紧边，三萼端有焦尾状泛晶白色，有人说其带水晶端。肩平而端下倾且有搂抱态。残破状观音捧态，颇像挖耳勺捧状，左捧下侧似有镶水晶块状。狭长如意舌端明显上翘，十分别致。侧萼较狭长而端尖，列为梅形水仙瓣，可能比较贴切些。花容有特色，花色绚丽，还是一个富有特色的梅形水仙瓣蕙兰。

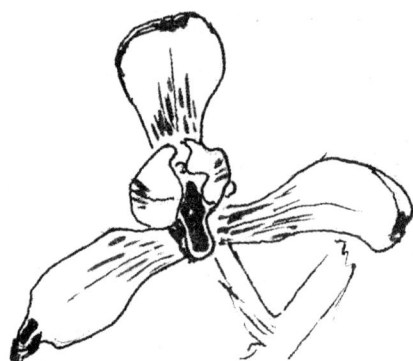

图 4 - 49　晶锋梅

十四、玄武第一仙

玄武第一仙（图 4 - 50）为蕙兰赤转绿壳类水仙瓣花。本品于 1998 年在浙江省境内山野下山，由江苏南通的张逸民先生购买栽培。2004 年复花。

它为半垂叶态，中阔中长叶，叶较薄软，色翠，叶面较平展。

中萼先挺而端前倾，侧萼近平肩，但萼端下垂，竹叶形，中段放角不明显，双侧萼略呈拱抱态，羊角捧紧抱蕊柱，短阔卷舌。

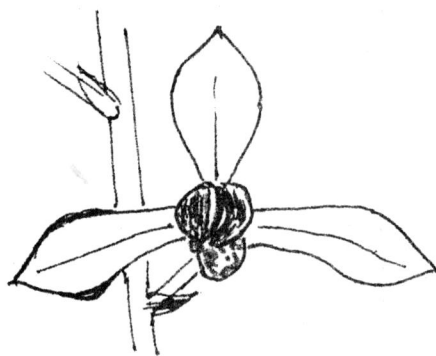

图 4 - 50　玄武第一仙

本品细圆而挺拔的绿泛紫红晕的花葶高耸，葶花 14 朵，朵朵形态相似，花距匀称，顶花尤为壮观，细长花柄浅紫色，堪为赤仙佳品。

十五、金蜂巧

金蜂巧（图 4 - 51）为赤转绿壳类飘门荷形水仙瓣花。江苏省金坛市的刘庆松先生于 2003 年购于湖北。2006 年第二次复花。

图 4 - 51　金蜂巧

本品三萼片向后挺翻而有中段放角状，双捧耸立后，也向后挺翻，挺翻处的中心有雄性化斑体，为猫耳捧，大卷舌，舌面缀紫红斑块，与翠绿花青黄瓣基交相辉映，艳丽多姿。

十六、月河秀

月河秀（图4-52）为蕙兰绿壳类荷瓣花。本品原产于湖北省，2002年下山，为浙江省湖州市陈官山先生选购栽培。

本品为斜立半弓垂叶态，叶幅1厘米，叶断面呈V形，叶沟深邃，叶色翠绿，叶姿优美。

细圆绿莛，高38厘米，花柄圆而细，色绿白。三萼短阔，放角，紧边，略收根；分窠合背蚌壳捧合盖合蕊柱，微露柱头，质翠糯；大卷舌缀红斑鲜丽，花守好，花开两周后拱抱形不变，堪为绿蕙荷瓣花佳品。

十七、翠玉荷

翠玉荷（图4-53）为绿壳荷花。浙江温州仇金林先生于2001年购于湖北省随州市。

本品为中矮株形，叶色翠绿。当时带花购入，2004年3月复花。细莛高出叶丛面，莛花8朵，朵距疏朗而匀称。三萼短阔卵形，紧边收根，搂抱态而有钝放角样，似蚌壳捧，刘海舌，舌面镶嵌有不规则的大块翠绿斑，间挂流水状的淡红斑与青黄斑，缘镶黄边格外别致。

本品花开七八日后，渐步入佳境，形、色、香不变，花守极好。

十八、金黄荷素

金黄荷素（图4-54）为绿蕙荷瓣素花。本品于2006年自安徽省境内林野下山，上海市徐仁鹏先生于上海购得栽培。

木品为斜立半弓垂叶态。叶长约50厘米，宽0.8厘米，叶中段起较平展，叶色深绿有光泽。

三萼片明显放角收根，紧边，侧萼搂抱状，中萼与蒲扇捧合盖住合蕊柱，长圆舌。莛柄青黄色，花青黄色。堪为蕙兰大形荷瓣素花。尽管黄色不一定会稳定，还称得上是不可多得的上品。

十九、翠玉荷素

翠玉荷素（图4-55）为绿壳类蕙兰荷形素心花。本品为浙江省嵊州市三江街兰友张国祥先生于本市花市上购买栽培的。

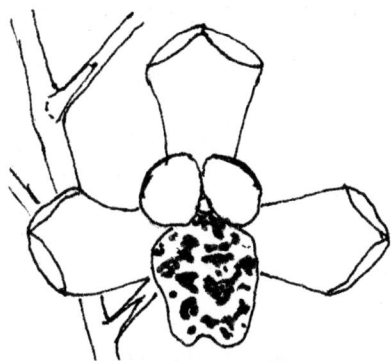

图4-52　月河秀

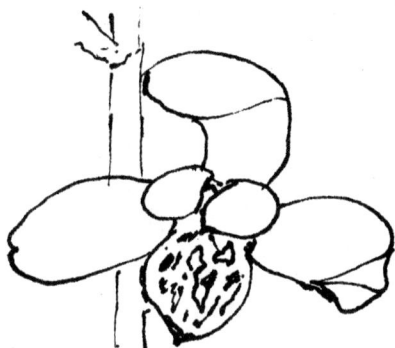

图4-53　翠玉荷

图4-54　金黄荷素

本品为半垂叶姿，叶长40~45厘米，宽1.2厘米，叶面较平展，叶色绿翠而有光泽。

花莛高出叶丛面，莛花9~12朵，花距疏朗，排列有序，花柄细长，翘举有神。三萼竹叶形，肩萼略放角状，肩较平，端半弓垂（据说开足后，呈翘肩态），中萼前倾，端略呈弧盖状，分窠阔大蒲扇状捧，端挺飘，但未见有雄性化体。大铺舌下挂，微后倾不卷，合蕊柱细而扁圆。花色翠绿如玉，瓣缘较晶亮。实为一个难得的荷形素花。

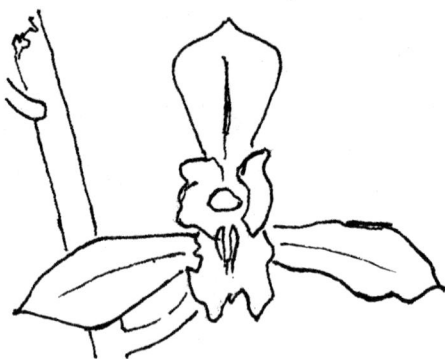

图4-55 翠玉荷素

二十、文秀素蝶

文秀素蝶（图4-56）为绿壳类蕙兰素心捧蝶花。本品原产于贵州省境内林野。浙江省宁海葛伟文先生购买栽培。以其夫妻名之一字与花品结合而为名。

本品三萼片竹叶形，略有放角状，萼缘常有黄色线艺边状，萼面色深绿，落肩；双捧完全唇瓣化；捧舌呈黄色，有香气。

花容端庄，外轮纯深绿带金边，内轮色黄无杂，实为蕙兰史上的一奇观。

二十一、全多素奇蕙

全多素奇蕙（图4-57）为绿壳类蕙兰各部都增多的素心奇花。本品系贵州省赫章县供电局的徐钢先生于2003年4月中旬在本县境内林野采得并栽培。原名为"素花奇蕙"。

本品为斜立半弓垂叶态，叶幅0.6厘米，长60厘米。当时莛花4朵，朵朵如一，浓香无杂色，质厚。

本品除了花色纯为单色的素心花外，就是萼片、花瓣、唇瓣、合蕊柱全部增多，造型别致，富有动感。填补了蕙兰素心全多奇花的空白，堪为稀珍品。

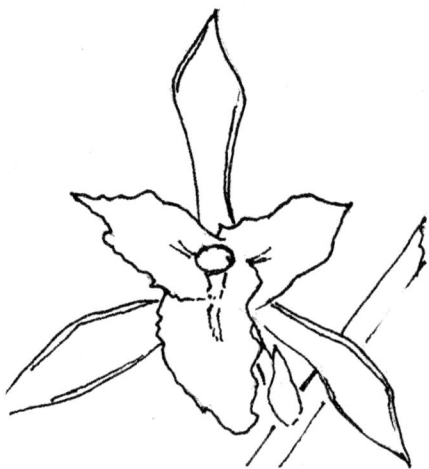

图4-56 文秀素蝶

二十二、大富豪

大富豪（图4-58）为绿壳类蕙兰多瓣多舌多蕊柱奇花。2006年于湖北山野带花下山。浙江省嵊州市的金轩昌先生购买栽培。

图4-57 全多素奇蕙

本品由于合蕊柱的分裂异化而有多蕊柱、多瓣多舌的奇变。花容别致，洋溢着动感。缀斑大而鲜艳，色彩对比强烈，甚为壮观，也有香味。堪为富有时代感的好蕙花之一。

二十三、玉树琼花

玉树琼花（图4-59）为绿蕙树形奇花。2004年于湖北省随州市山野下山。同年，浙江省新昌县吴立方先生购买栽培。

本品为斜立半弓垂叶态，叶长35厘米，宽0.8厘米，外叶尖呈V字形，质厚色翠。

深翠绿色细圆花莛，高出叶丛面，同色花柄也细长。大排铃时，花瓣细如松叶，花绽开后，花瓣逐渐增大，下部萼片互生，柄顶合蕊柱分裂异化，各成小花朵。部分下部的萼片似有风吹样扭向一侧，洋溢着动感。顶部的萼片、花瓣增阔、变体。有的已现唇化迹象。花色嫩绿、素雅，花形别致，风韵不凡。

二十四、伍蕙麒麟

伍蕙麒麟（图4-60）为绿蕙多鼻、多舌、多瓣奇花。本品于2005年春由四川省雅安市宝兴县岳姓兰友采于本县境林野，后于该市荥经县兰花经纪人邹明强的介绍，被四川李光德、王太福、谭佑贤、何家德、郑家志、周梦倩6位兰友合伙购买4苗栽培。花主留下2苗栽培。

本品由于合蕊柱高度分裂异化而有多舌、多瓣、多鼻、花上花的奇观。花容井然有序，多而不乱，花色靓丽，香气四溢，堪为绿蕙奇花的珍品。

二十五、板桥麒

板桥麒（图4-61）为绿壳类蕙兰捧蝶拟态花。本品三萼片相互勾卷于花朵基部周缘，双捧唇瓣化高达2/3，上挺后向下斜伸，若不注意看，以为是萼片蝶，唇瓣上挺后，端褶卷，侧裂片前后弧曲，合蕊柱已异化分裂。花容似龙头状，神采奕奕，独具风韵。

细长绿色莛柄，莛花多达14朵，全部朝天而开，犹如"苍龙望天"的奇妙。

二十六、耀庭星蝶

耀庭星蝶（图4-62）为绿壳类蕙兰捧蝶花。据介绍，江苏太仓梁耀庭先生于20世纪80年代初，在江苏宜兴山上发现，经多次复花，花性稳定。

本品的双捧稍挺翻，捧缘起皱并白肉化，捧面缀点对称而艳丽，但捧面没有白肉化，仍保存翠绿底，

图4-58　大富豪

图4-59　玉树琼花

图4-60　伍蕙麒麟

也不见有褶片，说明其尚未完全唇瓣花，仅能称为"花捧"。其唇瓣大而长，端卷合直伸，形态别致，唇面缀点对称而鲜丽。实为秀美的佳品。

图 4 – 61　板桥麒

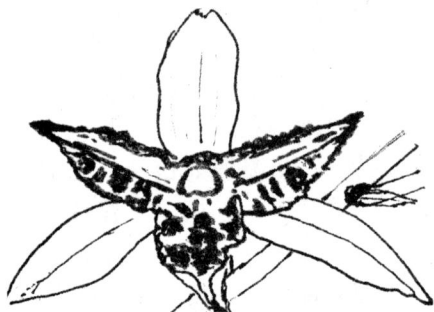

图 4 – 62　耀庭星蝶

二十七、艳红蝶

艳红蝶（图 4 – 63）为赤蕙蕊蝶花。2003 年 4 月江苏省靖江县的王茂松先生购于常州市，据卖主称，该花下山于浙江舟山市境内山野。当时，仅是两苗草带一莛 6 朵现花。2007 年春复花。花直径 5 厘米以上，与下山的花相比，已有明显变化，合蕊柱已现分裂，捧增宽增厚，缀色斑块，增大增多，色彩变得更靓丽，蝶斑起绒。唯捧中央部分尚留有不规则的大片翠绿区，说明唇瓣化程度尚不够，期待其继续异化。

本品为半垂叶态，叶长 40 厘米，宽 1 厘米，叶面较平展，色翠绿，下部叶缘泛淡赤色。

图 4 – 63　艳红蝶

二十八、五虎蝶

五虎蝶（图 4 – 64）为赤壳类蕙兰大型肩蝶。本品原产于湖北省随州市境内林野，于 2003 年下山。由浙江省新昌县兰友吴立方先生购买栽培。2004 年复花，荣获中国首届兰文化博览会金奖。

本品为斜立叶态，端部半弓垂，叶细中长，断面呈 V 形，质厚硬，色淡灰绿，叶芽披红彩。

细长而圆的紫红花莛，高耸挺拔，细长而淡紫红色花柄，花距较密。中萼桃形略挺扇式捧半盖合蕊柱，肩萼长而向下斜垂，端反翘，唇瓣化高达 2/3 以上，缀红斑大而鲜艳，为上乘荷肩蝶。

图 4 – 64　五虎蝶

二十九、安吉蝶

安吉蝶（图4-65）为赤转绿壳类肩蝶花。本品为浙江省湖州市安吉县的陈宝根，于2001年春采于安吉山野。至今已复花5次。

本品为斜立叶态，叶幅0.9厘米，长40厘米，叶断面呈V形，叶齿粗锐，叶色浅翠绿，叶姿优美。花苞水银红色披紫红筋。花莛花柄细长，高出叶丛面，色淡绿泛淡红晕。莛花7~9朵，花距疏朗有序。三萼片阔而厚，侧萼唇瓣化达1/2幅以上，造型别致，缀斑鲜丽，大卷舌缀点与肩蝶缀点协调，中萼遮阳状，剪刀捧张离，花色青绿泛淡黄晕。实为外蕙蝶的佳品之一。

图4-65 安吉蝶

三十、新翠蝶

新翠蝶（图4-66）为绿蕙肩蝶花。为近些年下山的新品，江苏省兴化市刘为东先生栽培。

本品为斜立叶态，叶端部半弓垂状，叶宽0.8厘米，长约30厘米。

本品花色翠绿，肩萼唇瓣化高达3/4萼幅，大铺舌。肩萼唇化部分已白肉化，缀鲜红斑块，显得十分艳丽，唯肩端后翻，为美中不足。

图4-66 新翠蝶

三十一、绿蝴蝶

绿蝴蝶（图4-67）为绿壳类蕙兰荷型肩萼蝶。本品于2001年4月下山，2003年4月复花。复花的花容萼片比下山花略小些，唇瓣化部分的绿苔淡了些。由江苏颜阳的兰友杨先生栽培。

绿莛绿柄，三萼片阔大而较短，中萼基挺，中段前倾而后挺；肩蝶向下斜伸，花捧样的唇瓣化达半幅，唇化部分基本上与绿叶近似，没有白肉化，这种唇化式称为"花捧"。通常稳定性较弱，但该品的萼基已有少量白肉化唇化状，据说复花后好，绿苔转淡，也许可再继续异化。捧较阔，端外翻。

图4-67 绿蝴蝶

三十二、板桥牡丹

板桥牡丹（图4-68）为赤转绿壳类蕙兰牡丹型奇蝶花。本品2001年于河南省山野下山，现为江苏省兴化市的刘为东先生栽培。

本品为半垂叶态，叶长30~45厘米，宽1.2~1.5厘米，叶面较平展，叶色淡翠绿。萼片细长，姿态婆娑；捧瓣增生而有部分唇瓣化；合蕊柱拔高，分裂异化成多达10余瓣的小花瓣的花上花。花色淡翠绿与唇化斑对比鲜明。花瓣多而不乱，排列有序；花上花层次分明，清香清醇。

三十三、五星蝶

五星蝶（图4-69）为赤壳类多舌多捧蝶花。本品为湖北李姓兰友全售予浙江省临海兰友林申燎栽培。

本品为斜立半弓垂叶态。叶芽紫红色，展叶后，中段以上转为深绿色，叶基略中折，中部起叶面较平展。下山时，叶幅1厘米左右，高45厘米，栽培后，株高30~40厘米，现有6苗。

莛色黄泛赤晕，柄色赤红，细长花莛高出叶丛面，花柄细长，莛花7朵，花距疏朗而有序。三萼带状圆头，唇瓣增生，捧瓣也增生并完全唇瓣化。其中5朵为四星蝶、2朵为五星蝶。花色金黄，缀斑鲜红，十分绚丽多姿，堪为赤蕙多舌多捧奇蝶花珍品。

三十四、明州牡丹

明州牡丹（图4-70）为赤蕙多舌奇蝶花。以选出地"明州"命名。本品原产于浙江省湖州市境内林野。浙江兰友沈庆发先生于2002年在浙江省宁波市西苑花市购得并栽培。

该品于2005年4月复花。外三瓣没增多，花瓣唇瓣化。由于它的合蕊柱已高度分裂异化而有几个呈管状体伸出并绽开2~3个唇化瓣，与此同时，在花心基部又有大小不等的唇瓣冒出。萼色青绿泛黄，增生唇瓣和唇化捧，缀斑鲜红，色彩对比鲜明。造型奇特、色彩绚丽，是个富有时代感的奇蝶花珍品。

三十五、晓天牡丹

晓天牡丹（图4-71）为赤转绿壳蕙兰，多舌多瓣唇瓣化的牡丹型奇蝶花。2003年春，安徽舒城晓天镇村民采集，售予南京杨天麟栽培。2004年复花，证实花的稳定性好。

本品为半环垂叶态，叶幅1.2厘米，长45~

图4-68　板桥牡丹

图4-69　五星蝶

图4-70　明州牡丹

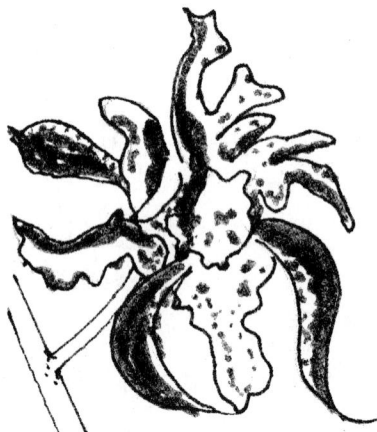

图4-71　晓天牡丹

50 厘米。叶质厚，色深绿。萼片已部分唇瓣化，花瓣和增生的花瓣均已唇瓣化，舌也增多，合蕊柱已拔高异化成小花瓣。缀斑鲜丽。

花莛挺拔高耸，莛花 11～13 朵，莛色与花色翠绿，柄色绿泛紫红。

三十六、月河彩蝶

月河彩蝶（图 4-72）为绿壳类蕙兰多舌捧蝶花。隶属于奇蝶花。本品 2003 年于湖北境内山野下山。为浙江省湖州市陈官山、徐清华选购栽培。

它为斜立半弓垂叶态，叶幅仅 1 厘米，断面呈 V 字形，叶沟深邃，叶色翠绿。

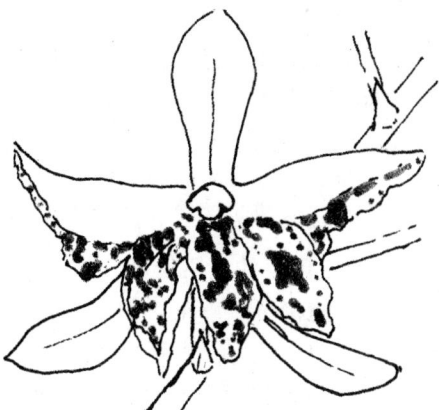

图 4-72　月河彩蝶

莛高 40 厘米，莛花 7～9 朵，花柄细长色淡绿。三萼竹叶形，大落肩，唇瓣增生二片合为三大舌，捧瓣大而长，呈飞翘态，下侧有 1/2 唇瓣化。缀斑鲜艳，全花红绿白三色对比鲜明。增生唇瓣排列有序。堪为不可多得的绿蕙多舌捧蝶花佳品。

三十七、五福蝶圣

五福蝶圣（图 4-73）为赤转绿壳类奇蝶花。江苏王胤先先生于 2000 年在湖北下山时购得，2006 年春末第三次复花，为荷形全蝶花。中萼全蝶化，双侧萼、双缘部分唇瓣化，双捧完全唇瓣化，大卷舌。莛上 7～9 朵花，造型各异，但蝶化依然。五瓣均唇瓣化而为名。

图 4-73　五福蝶圣

第五节　蕙兰的应用

蕙兰也和春兰、莲瓣兰、春剑兰、建兰、寒兰和墨兰等地生根兰一样，具有很高的欣赏价值。使人在欣赏和栽培中，达到怡情养性的作用。此外，它不仅有不凡的食用和药用价值，而且有较好的经济价值。

（一）蕙兰的观赏作用

蕙兰的花期在春夏之交，既延续了春兰、莲瓣兰、春剑兰的春芳，又在呼唤秋花的建兰的吐芳，它填补了兰香的断档，是个难得的初夏芬芳。它细莛高耸，莛花多朵，多姿多色，清香四溢，令人向往。不仅是栽在盆里的佳品，可以陈列观赏，也可用于花坛行道绿化香化、美化，还可用于室内造景和间陈于盆景、树桩场地。

蕙兰的株叶挺拔而略弓垂，具有豪迈的气概。确有无花时赏叶，也不亚于观花之美妙。

蕙兰顽强的生性，不畏严寒和酷热的煎熬，不仅能顽强地生存与发展，而且也能应期献艳送芬芳，能给人多方面的启迪，实在非同凡响。

（二）蕙兰的经济价值

自明清以来，蕙兰就有了少量的交易，名贵品种价值千金，在古兰书中曾有多处提及。但作为商品流通交易，是在 20 世纪 80 年代以后，尤其是 21 世纪初，蕙兰的市价节节上扬，给爱养兰者增进了不少经济效益。至于大批量驯化下山兰的，同样在筛选出不少佳品的同时，也迎来了可观的效益，同时又可把普通花盆栽，花期上市出售，获得了比其他种植业高很多倍的效益。确为广开就业门路、脱贫致富的一种好方式。

（三）蕙兰的食用价值

蕙兰的花可以熏茶，制作饮料、兰花酒、兰花糕点、糖果等，有待于开发利用。

蕙兰的花还可以做汤、做菜肴。这在川菜、粤菜中早有许多先例，可以大力推广。

（四）蕙兰的药用价值

据《四川中药志》一书称：蕙兰根、茅根各 50 克，水煮去渣，加甜酒炖猪心服，可疗妇女干病、手足心发烧、白浊、白带等。还可用蕙兰根 50 克，加入中药材天门冬、百合、藕节各 20 克，炖鸡或肉服用，可疗妇女白带病。

另据兰州奥奇实业有限公司化学测试分析表明：兰花的假鳞茎，含有 17 种氨基酸（包括人体所必需的 8 种氨基酸）、丰富的多糖、维生素 A、维生素 B_{12}、维生素 C、维生素 D、生物碱、激素以及钙、锌、铁、钾、镁、钴等多种矿物元素。利用兰花假鳞茎制成的汁液，可作解热剂、洗眼液、利尿剂，以治疗肿疮、风湿病、神经痛、弱视、小儿麻痹症、眩晕、腹泻、痢疾、咳嗽、哮喘、肺气肿等疾病。利用这些成分制成化合药剂，可促进细胞代谢、提高机体免疫力、抗机体衰老、强身健脑、养颜驻容，延年益寿，是一种理想的天然保健滋补品。蕙兰的药用价值有待于进一步开发利用。

第五章　蕙兰的生物学特性

第一节　蕙兰的物候期

物候期是生物的周期性现象与气候的关系。了解物候期，可以便于因势利导，为我所用。现把蕙兰的叶芽分蘖期、出土期、滞育期、花原基形成期、叶芽伸长展叶期、成熟期、休眠期、花芽出土期、花芽春化期、花芽伸长期、开花期、果实成熟期等周期性现象，逐一分述如下。下述的各个物候期，并非固定不变。它常因生态条件之不同、而不同的超前和错后。

（一）叶芽的分蘖期

当春季气温回升的 2 月下旬，叶芽便开始分蘖。约经一个月的发育，相当于豆粒大时，便暂停，以让生殖生长活跃，花芽伸长开花。因此，我们带花买苗时，常可见到株基有小叶芽。

（二）叶芽的出土期

叶芽的发育伸长，露出基质面，通常在花朵凋谢后的 7～10 天。通常在 5 月的上旬至下旬，如果不计划赏花，当花芽露出基质面时，便给予摘除，便可提前叶芽的分蘖与伸长。

（三）叶芽的滞育期

叶芽露出基质面，伸长至 3 厘米左右，便暂停伸长。转入长根，以让生殖生长活跃，形成花原基。这个滞育期约需 3～4 周。

（四）叶芽伸长展叶期

叶芽的伸长展叶，多在 6 月份的滞育长根之后的 7 月份。

（五）新叶的成熟期

由于蕙兰的花期在季春至初夏，叶芽迟发，7 月份才开始伸长展叶，只有 7、8、9 三个月的生长旺盛期。9 月份，内陆冬季风就形成，气温随之日益下降，植株便相继减缓活跃生长而进入休眠。因此，多数新株当年不能发育成熟，有待于翌年气温回升后继续生长发育。个别低温地区，叶芽迟发，有效生长期史短，翌年尚无法发育成熟，要待第三年继续发育才能成熟。

（六）休眠期

休眠期取决于当地的气温。通常在气温低于 16℃ 时，营养生长，大大减缓进入休眠。通常在 11 月份。

（七）花芽出土期

蕙兰花芽一般在 9～10 月份出土。也因各地气温而略有超前或错后。

（八）花芽的春化期

蕙兰花芽伸出基质面后，伸长至 2～3 厘米便停止伸长，历经近 5 个月之久，直至开花前的 1～2 周左右，方很快伸长。这个"5 个月之久"为它的休眠期，其中，在当年的 12 月份至翌年 1 月份自然气温是一年中最低的月份，在 10℃ 以下，5 ~ 8℃ 的低适温条件下，完成孕蕾的第一阶段的发育。

（九）花芽的伸长期

蕙兰花芽的快速伸长期在开花前的 1 ~ 2 周。多数在 3 月中下旬。

（十）开花期

蕙兰的开花，多在 3 月底至 4 月初，个别的迟花品种，在 5 月上旬开花。

（十一）果实成熟期

蕙兰的蒴果，约需近 1.5 年的发育，方能成熟，大约为翌年的 10 ~ 11 月份，果皮泛黄便成熟。如要利用其种子繁殖，应及时采收，以免蒴果开裂，种子随风散播。

第二节　蕙兰的生长习性

一、喜连体而忌拆单

众所周知，所有的地生根兰花都有"喜聚簇而畏离母"的共性。而形态特征与众不同的蕙兰，更需要连体簇植而忌拆散单植。因为蕙兰不像其他种类的地生根兰有明显的水分、营养的储备仓库——假鳞茎，如果把它拆散单植，其成活率和抗逆性相对低得多。因此说，蕙兰比其他地生根兰更不宜拆散单植。尤其是尚未完全发育成熟（新株生长两年以上，叶幅、叶长均与母株相近似的，才是发育完全成熟）的新株，更不宜拆散单植。

不过，这也不是绝对不能拆散单植的。对于已完全发育成熟的植株，长势又十分壮旺，自己的艺兰技艺与管理条件尚好的，拆单散植也有一定的成功率的，自然可以一试。不过拆散单植的复壮周期，相对会较长一些。

二、喜偏酸松壤土忌偏碱黏土

蕙兰原生林沿高坡，在那里有好多的枯枝落叶堆积而成的偏酸而疏松的腐殖土层。其土表尚有如瓦片样的落叶为其遮挡过多的雨水，其土层内，又有众多树草根纵横交错，层层叠叠，构成了似丝瓜络样的缝隙孔洞，为其疏水透气，可协同分解多余的有害物质。其土壤自然是疏松、偏酸而不偏碱的。

它的喜偏酸壤土，也包括了喜偏酸的软水和肥料。

三、喜朝阳忌强阴

蕙兰原生于海拔较高的林缘高坡。在它的周围仅有灌木、荆棘、芦苇等杂草，为其略遮骄阳，也挡狂风。长年饱受较多强光照射的煎熬。所以有古兰谱云：蕙性喜阳，须得上半日三时之晒，若冷天久晒亦可。

蕙兰虽喜阳，但其原生地毕竟有稀疏的小阴被，为其遮挡直射强光照，又有自然风频频促其晃动而不断变更位置、疏散热量。因此，自仲夏至秋季，大晴天，上午 10 时后，宜有稀疏的小遮阴（50% ~ 60% 遮光密度的遮光网一层）。如是生怕其耐受不了强光之照而过早、过多地为其遮阴，便不能满足其喜阳性的需求而出现长势欠佳。

四、喜偏干而忌淤湿

由于蕙兰原生于海拔较高的林缘高坡，光照强，荫被少，风力大，雨水也偏少，炼就了喜偏干、耐干旱的生长习性。而对于与"偏干"相反的水湿淤积时间过长，必然导致根系因呼吸不良、水湿渍烂之误。因此在栽培过程中，除了基质的疏水透气性能宜强外，浇施水肥药也应勿过频。

五、喜温暖而忌高温

气温关系到兰株的生死存亡与发展。只有气温高于16℃，才能开始缓缓地生长。它的生长适温为20～30℃。如果得不到生长适温，生命活动便不能正常进行，久而久之，甚至还会趋于死亡。因此说，蕙兰虽最耐寒，但在生长期同样需要有生长适温。

有人认为：蕙为阳性，既能耐高寒，也能耐高温。它长于高坡，荫被稀疏，盛夏金秋骄阳似火，也依然旺盛生长。这仅是从表面上去理解。其实，高坡上的强光照，不仅有一定的自然荫被为其遮阳，还有徐徐的清风，为其不断驱走热气腾腾的高温，同时也为其源源送来林荫里的湿气，以滋润和降温。另一方面，叶片随风不断摇动变更受阳面。因此说，高坡上的野生蕙株，在夏秋虽热犹凉。

蕙兰的叶片厚而狭，确有比其他类地生兰多耐热约2℃。但高于32℃，便被迫进入嗜睡状态的滞育期，而不能继续生长发育。如无采取加强遮荫、增湿、通风等措施以降温，便丧失了有限的生长期，又为病虫的高速繁衍提供了条件而危及兰株的健康生长，甚至死苗。

六、能耐寒而忌酷冻

蕙兰虽为七大类地生兰中最耐寒的一类兰花，但它的耐寒也有个度（即－7℃）。可是一经下山驯化，生长在优越的立地环境里，加上肥料、激素的促进下，其耐寒力已大为下降，仅可勉强忍耐－1～－2℃的低温。如是仍然让其在－7℃的低温下越冬，必然会不辞而去。莳养实践发现，蕙兰休眠适温为5～10℃。

七、喜和风而忌狂风

蕙兰野生于高坡，常有徐徐的和风吹拂，偶有狂风袭来，有伴生植物为其挡驾。正因为它有和风常拂，才得以郁郁葱葱。一旦下山，被植于棚室里，就失去了这个自然温馨的环境。又要饱受沉闷而污浊空气的熏蒸，尚易遭病虫的危害，"难养"的厄运自然就降临。

徐徐的和风，既可给兰株带来一片清爽，又可为兰株驱走污浊和水湿；同时也为兰株源源不断地送来光合作用所必需的主要原料之一的二氧化碳。这是棚室栽培不可或缺的要素。即使是冬季密闭保温时，也应注意定期开启吸、排气扇，让棚室空气对流一阵子，以保持棚室空气不致于长时间沉闷和污浊。

蕙兰在野地里生长，一有狂风袭来，有伴生植物为其保驾，而在棚室里，就不具有这个条件。因此，吹风扇开启时，不宜开高挡，阵雨前的狂风和台风宜及时关闭门窗，以防吹折新叶和造成机械性擦伤而给病虫害打开入侵之门。

八、喜肥而畏浊

表面上看来，野生兰花从无人为其施肥，仅是头吃土尾吸露，外加清风和雨水。其实不然，兰根除了可以从土壤中吸取腐殖质和矿物质元素外，也有通过雨天的地表水送来地表上的枯枝落叶浸出液和土壤中的各种元素，还可常常从雾露中吸取微量营养。

从蕙兰的形态特点看蕙兰，几乎没有被誉为储备养料仓库的假鳞茎，仅靠粗而长的根在

"现赚现花"。它的分解、吸收、传输、消耗的周期甚短，在生长期需要较长时间补充给养（施肥的间隔时间要比其他地生兰短）。但由于蕙兰同其他地生兰一样，为无须根、无根毛的肉质根而不耐浓浊肥。

第三节　蕙兰的生态需求

一、对光照的要求

由于蕙兰生长于林缘高坡，长年饱受较强的光照，因而有蕙性喜阳之说。栽培实践发现，把蕙兰与其他种类地生兰一同陈列于棚室里，让其享受散射光照；与另外陈列于上午有全光照的台阶上莳养，后者长势明显趋优，进而把盆栽蕙兰冬春全光照，夏秋半遮荫（夏秋的阴晴天不遮荫，大晴天上午 10 时起半遮荫（50%～60% 遮荫密度的遮光网一层）。大晴天一转阴晴天，弱光照时有时无，随时解除遮荫。结果，与它类兰一样处于弱光照下莳养的蕙兰的气势，大有差异。这就充分地说明了冬春全光照，夏秋大晴天半遮荫，春夏阴雨连绵天，进行人工补照是适合蕙兰生长需求的。关于人工补照的问题，有几点需注意。

①在什么样的时间进行补照较合理？兰花为短日性花卉（昼短夜长）。需要有较长的暗期，方能正常开花，因此补照的时间应是白昼。也就是在没有光照的阴雨天的白天补照（入夜即停止补照），如果在夜间补照，等于把短日性花卉的兰花变成了长日性花卉，使它得不到应有的暗期而不能正常开花。

②适合什么样的光质和光强呢？据植物在进行光合作用时，红光和蓝紫光效率较高，黄绿光较低。普通白炽灯，蓝紫光比太阳少而红外光较多；日光灯蓝紫光和绿光较多而红外光较少；氙灯的可见光部分近似太阳，但紫外光和红外光比太阳多。

最好是选购专为兰花补光设计的植物灯。如果不便于购买，每 20 平方米左右的兰棚室选两盏 40 瓦普通照明灯泡和一支 8 瓦红色节能灯代替，也可达到一定的补照效果。

二、对温度的要求

兰花光合作用的最适宜气温为 18～28℃，蕙兰可稍高些，约 18～30℃，勉强为 32℃，超过 32℃光合作用便很弱，甚至停止。

蕙兰在冬季休眠期，白天以 6～10℃，夜间以 2～5℃为宜，温度过高反而不利于它的休眠和开花。有些人，为了提高效益，利用温室增温的手段，把室温始终保持于生长适温范围，其实，这是不给兰花休眠的条件，迫使它不停地生长，是违反自然规律的，会导致其生理功能紊乱，导致畸形，抗逆性大减，产生早衰亡。不过，可以提前利用升温手段，打破其休眠，提前进入营养生长期。即让其在冬眠适温的条件下，休眠 1～1.5 个月后，温度逐渐调高，让其提早进入营养生长期是可行的。

蕙兰夏秋营养生长期的适宜气温为 20～30℃，最高不宜超过 32℃。

夜间气温应比昼温低 6～10℃，以减低夜间呼吸速度而降低消耗，使日间光合产物有所积累，以利发芽和开花。

三、对空气湿度的要求

蕙兰在营养生长期，要求 60%～65% 的空气相对湿度，一般不应低于 60%；休眠期也需要有 45% ~50% 的相对空气湿度。花芽出土后，空气相对湿度应不低于 50%，否则会导致花芽花蕾干枯和花朵早凋谢。

四、对水分的要求

首先是要求 pH 值 5.5~6.0 的偏酸水。对源于石灰岩的泉水是重钙水，不仅要选用白米醋等中和处理，还应经过沉淀处理后方能使用。对于含有氟等消毒剂的自来水，也应储存半日以上，让其挥发后，方能施用。

其次为水温。水温宜与基质温度相近似为佳。这就要求兰棚室里有储水池，方能确保水温与基质温度相近似。

三为浇水时间。自古提倡浇透水（浇至盆底孔有大量水流出为度，以湿透盆内所有基质和根系），勿浇半截水（只浇湿盆上半部基质）。这是对的，是历代给兰花浇水的经验总结。浇透水不仅可以完全湿透盆内基质和根系，而且可以冲洗掉盆内基质的污浊气体和物质。浇半截水，不仅盆下部基质和根系得不到滋润，而且盆内基质间的污浊气体与废物，无法冲洗出盆外，对兰株生长有碍。对基质疏水性能较低的，盆底孔暂不流水的，浇水后片刻，应续浇一次，盆底孔便可流出浊水。

不过任何事物都是相对的，都有两面性。不能死搬硬套，应当灵活掌握。譬如在蕙兰的生长期，在光照充足、风力大、温度高的条件下，盆兰基质面和上半部基质及短而嫩的新根已经很干燥，而盆下部的基质和根系尚未干，如果浇透水，不符合蕙兰喜偏干的生长习性；不浇水，盆上部的基质已干，短而嫩的新根已干，要待到盆下部也干了才浇水，短而嫩的新根就会因得不到水分的滋润而焦尖，而导致叶尾干焦，其出土的新芽也会因水湿不足而出现僵芽（不发育或畸形）。因此，在蕙兰营养生长期，当盆面出现干白迹象，应于早晨浇施平时浇水量的 1/3，就是半截水，浇 3 次半截水后，盆底也干了，就应浇一次全透水，让盆底孔有大量水流出。

五、对通风的要求

对兰棚室通风的要求是要有徐徐的和风常拂，才能确保兰棚室空气有对流，空气新鲜不沉闷，水湿能及时散发，兰株叶光合作用的主要原料二氧化碳充足。对于雷阵雨前的狂风和台风，又应及时关闭门窗加以控制。

要达到兰棚室有和风常拂，首要的是常开启兰棚室门窗（包括上半夜），当自然风少时，应开启排气扇和进风扇以助通风。尤其是在浇喷水肥药后和早晨，及高温时，更需敞开门窗以通风。即使是冬春，保温防冻或升温催长时，也应选择气温缓和或有光照时，开启门窗一阵子，让其换气。不能光顾保温而忽略通风换气。

第六章　蕙兰的采集与引种

第一节　蕙兰的采集

（一）树立保护蕙兰资源的意识

中国科学院植物学会兰花分会理事长罗毅波在接受媒体采访时表示：我国兰花资源的现状不容乐观。"保护我国国兰野生资源已经刻不容缓，如果再不采取有力的法律措施，而任凭第4次冲击波自然发展，我们将丧失挽救和保护我国国兰野生资源体系的最后一个机会！"

我国地广物博，地生根兰花资源十分丰富。近几年来，一是由于滥伐森林，毁林改种，产兰面积大为缩小；二是由于20世纪80年代、90年代和近几年千军万马大肆挖掘（采下的野生兰又没有养好，卖不掉就当茅草烧灰当肥料），致使离乡村10~20千米的近山，已难觅到兰花的芳踪啦，近几年，各地自发地组成"远征队"，携带帐篷、炊具等深入远山扎营采集。这些远征队一旦采到好兰，发了财，新的远征队就如雨后春笋般组成，开往佳兰产地采掘。如此毁灭性的挖掘，即使资源再丰富，也会被折腾得所剩无几。这种吃尽子孙饭的蠢举，的确不能再沿袭下去了。

因此应提倡于花期上山，选采少量意中花栽培，反对见兰就采尽的洗劫性批量采挖，杜绝采挖、收购、贩运批量野生兰苗。各地兰协应积极配合有关部门做好保护兰花资源的工作。

（二）建议实行有组织、有计划地采兰

兰花资源是共有的。为了有效地保护资源不识兰者不容滥采。凭什么，只有识兰者可以选采。为了恰当地解决这个人缘上的矛盾，只要在当地兰协的统筹下，实行有组织地有偿采兰制度，把其收入的少量作为保护兰花资源的活动经费，把其绝大部分收入用于当地的公益事业，如修路、造桥、办学等。规定要上山采兰者，必须交一定的资金，购买一天的采集证，有下山佳品出售，应上缴10%收入所得。这样双管齐下，可以扼制滥采，以利保护资源，又可有效地解决人缘上的矛盾，还可解决保护资源的活动经费，这样，既不机械性地"封山"，又能较有效地保护资源，尚可给识兰者提供发挥聪明才智的机遇，又能使不识兰者得到间接的效益而能心理平衡而有利于社会和谐。

（三）普及采兰、赏兰、养兰知识

各地兰协应组织会员、识兰者和有志于采兰、养兰者，学习采兰、赏兰、养兰知识。使之了解：什么样的兰花是有希望的佳兰？怎样采集成活率才高？怎样栽培会养好？怎样出售才有效益……

采兰时，一要注意安全，二不要心急，不能强拔兰苗，要缓缓地细心挖起，力争株叶、根群的创伤减小到最低程度，以提高驯化的成活率。

第二节 蕙兰的引种

（一）上山采集

在体力、时间等方面许可的情况下，上山采兰可算是一种很不错的生态旅游。当然它并非一种十分轻松的游山玩水，应该是一种十分辛苦而十分愉悦的一次劳动锻炼。既可直观地了解兰花的生态条件，为依性养好兰花寻找理性的答案，又可偶获佳品，实为一举多得的活动。有可能的话，不妨结伴与产地朋友联系，征得当地兰协的同意，做好预防意外的准备，前往一试。

上山采兰，首要的是注意安全，二是不要贪多滥采，要注意保护资源。

（二）购买种苗

（1）到产区选购。

（2）到大兰场选购。

（3）到花市选购。

（4）向上门兜售的花贩购买。

上述四种购苗方式，都应看真现花购买。因为蕙兰花有善变性，俗称"蕙拐子"，株叶、花苞虽看颇像佳品，往往开出的花却是普通的行花。

看蕙花应注意两点：①花要以花葶最顶端一朵花的花形为准；花色多不稳定，通常是花葶、花柄、花色相一致的花色较稳定；②如果觉得自己赏花评花的眼力尚不太足的话或者较会看走眼，就恳请"行家"当参谋，相对会稳妥些。

（5）向行家、兰友求让售与。这是最稳妥的购苗方式。因真正的行家，不仅品种真实，苗也苗壮，兰德又好，就是价位略高些，还是很划算的。因为行家栽培的兰苗，不仅品种可靠，而且苗的质量也高，成活率、发芽率、开花率都高。这样的好苗远比便宜的好得多。价高些是合理的，也是物有所值的。

向熟悉的兰友求让，应该也是稳妥的，除了引进后尚未复花的，有可能是错买的之外，品种也是可靠的，苗的质量也错不了。

（6）邮购。不具备上述五种引种方式条件的，邮购也不失为引进品种的方便渠道。但是，它是一种不看货先交钱的不见面的购买方式，应当慎重。这要经过一番调查、分析，证实供苗户，确为重信誉的可信赖的供苗户，方可少量试买之。要慎防，被贱价和难以兑现的承诺所打动而上当。

第七章　蕙兰的栽植

一、栽培方式与场地的选择

养兰不外有观赏性养兰、小打小闹的以兰养兰和以营利为目的经营性养兰三种类型。他们的条件不同，目的也不同，其栽培的方式也自然会有不同。

观赏性养兰多为业余和老人，为有一个休闲养性的好去处，而少量种养。他们不求什么高繁殖率，只求生长正常、年年有花可赏。因此只能是选择近自然式的培养方式。多把盆兰陈列于有近半日光照的阳面窗台、廊道普通草本盆花、树桩盆景之间。任其风吹、日晒、雨淋，只偶尔给予施肥、喷药、浇水的粗放型管理。

以兰养兰的栽培，是小投入的小规模养兰。它从以兰养兰开始，逐渐过渡到以兰养人的目的。它为半专业化的养兰，多采用简易的兰棚室陈列盆兰，设施比较简陋，管理比较麻烦，但所养出的苗相对比较苗壮，抗逆性也较强。

以营利为目的的经营性养兰是大投入高产出的专业化、现代化温室养兰。具智能化自动控制系统设施，恒温恒湿无土栽培。它的产量高，株叶清秀，但抗逆性、适应性较弱。

此外，尚有大田简易温棚的规模化驯化野生兰的畦地栽培或大盆栽植。它以筛选佳品为主要目的，同时也在培养普通盆栽行花出售。它的出圃苗长势苗壮，抗逆性、适应性强，繁殖率也高。

二、栽植前的准备

1. 养兰场地的准备

养兰场地是兰草的住所。批量养兰都应未引进种苗先建好兰房；对于少量几盆，多可因陋就简，但也要先腾出一个地方来。

2. 栽兰盆具的准备

蕙兰根粗，多而长，要求兰盆大而高，盆大约等于株丛直径的5倍，盆高22~30厘米。盆的质地不强求，只要盆底有大的疏水孔，周边有如豆粒大的疏水透气孔便可。但对于计划逐渐扩大养兰数量的，最好多准备些同规格、同质地的兰盆，以便于陈列管理。

3. 植料的准备

植料的总要求是：偏酸、无污染、无菌虫寄生，疏水透气性能强（较粗糙）。

对于正规大型企业生产的、有精美包装的石料植料、植物植料、颗粒土等，已经高温消毒。使用前应用偏酸软水浸泡24小时以上，以褪去火气和彻底湿透，方有利于兰的生长。对于自己采集的砂石植料、烂木、树皮和腐殖土等，使用前都应经过处理。土类植料应反复曝晒或高温灭菌虫；植物植料宜用水浸透、煮沸，再浸泡，以灭菌虫和脱脂；砂石植料也应用水反复清洗干净后，用广谱高效的杀菌灭虫剂稀释液浸泡消毒处理后，再用清水冲洗干净使用。

另外，依植料的性状，分为三大类：一是粗大颗粒，供垫盆底用，作为疏水透气层；二是中粗植料：其颗粒在黄豆粒大以下的粗糙度，是用量最大的盆中层用料；三是细植料，其粗糙度以绿豆、米粒左右大的作表层植料用。

4. 基肥的准备

①经充分发酵，又经广谱高效杀虫灭菌剂消毒处理过的，植料种子渣饼块或牛、羊、兔、蚕类和熟骨粉，以1/150~1/100的体质比或重量比混合于有土植料和混合植料中栽植。

②商品缓释颗粒肥：如"奥绿肥"、日本产"好康多"、美国产"魔肥"等，通常以1/500~1/400混入使用。

5. 肥料、农药的准备

常用肥料有自行沤制的有机肥、芦苇草炭、熟骨粉、硫酸钾或硝酸钾复合肥、兰菌王、美国产"高乐"和叶面肥。

常用的杀菌剂有：杀灭土传病虫害的"五氯硝基苯"、"福美双与多菌灵混合剂"、"土消"、"全安"等，喷施株叶用的"施保功"、"翠贝"、"适乐时"、"退菌特"、"百菌清"等，杀虫剂有"灭扫利"、"灭多威"、"五行"等，常用调节剂有"三十烷醇"、"植物动力2003"、光合作用促进剂"高利达"等。

6. 相关用具的准备

如浇施水肥药的长嘴水壶、喷雾器、量杯、剪刀、废物桶等。

7. 种苗的准备

（1）对于下山兰、兰贩供苗、邮购苗都几经折腾和包装、运输。首要的是解除包装物，把其摊在阴凉处通风透气，清爽一段时间或经一夜的露水滋润。如有脱水现象，可选用200倍液的食用白米醋喷湿叶面叶背和根群。晾干后再喷，反复进行3~5次，以纠正脱水。如无脱水现象，可把兰苗摊于地板上，用遮光网遮住叶片，让假鳞茎和根群裸露，沐浴和煦的阳光1小时以上（每15分钟翻动一次）；如无阳光，可用40~60瓦的普通照明灯光以代替（光照不强时，叶片也可让其受阳）。通过这样的晒根，既有促进对消毒液、促根催芽剂等的吸收力，尚有较明显的激活株体细胞活力，而提高成活力、复壮力、发芽力。

至于从附近购买的兰苗和自有换盆苗，也适合使用晒根处理。

（2）给种苗大扫除，剔除枯株、病残根叶。

（3）消毒种苗：消毒种苗的最主要目的，在于预防种苗的枯萎病（烂株病、猝倒病、立枯病）。首要是选用具有杀灭致病菌——镰刀菌的药剂：如"施保功"，高效的，"适乐时"、"阿米斯达"、"银丝法利"等。

消毒方式：①浸泡全草，不过浸泡法只适用于同一来源和同一品种。对不同来源和不同品种混合浸泡，恐有药剂不对应的病菌扩散，相互感染。②喷施法：即对不同来源和不同品种逐一用手提住，用小喷雾器彻底喷湿全草后，分别陈列或悬挂于通风而无日照之处晾干后再喷湿，反复进行3~5次。③浇喷法：是栽后（即上盆后）浇喷杀菌剂稀释法。此法简单易行，也很实用而有效。

三、上盆栽植程序

给盆底中孔，盖上疏水透气罩。它既可防止植料掉出，又能有效地保持良好的疏水透气性能。这个疏水透气罩，如果当地不便于购买到，尽可就地取材，适当加工而成。如选用易拉罐、塑料饮料瓶，取其两端3~5厘米长，密刺黄豆粒大的孔洞即成。

填入垫底植料：选用软木炭，经清洗过的泡沫塑料块，如拇指大小的小石子，树皮、干树根等粗糙植料，填至 2～3 厘米厚度。

盖上泡沫塑料网：选用包装水果的泡沫塑料网套剪开，经广谱高效灭菌剂稀释液浸泡 1 小时以上，捞出使用。把其铺于垫底植料上，以阻止因浇施水肥药时，盆上层的中细植料顺流于垫底植料间，导致垫底植料的间隙被堵塞而减弱疏水透气性能。

布入植株，理顺根系，用手扶正或用临时固定框架固定植株，让株基离盆面缘保持有 5 厘米的高度。接着充填中粗植料至离盆缘 3 厘米处，再接着轻提植株 1 厘米以上，让根系伸展，然后拍拍盆四周或轻轻抖动兰盆，以让基质与根群结合。

经过如此抖动，中粗植料已自然压缩了 2 厘米左右的厚度。这样，中粗植料离盆面缘尚有 5 厘米左右高的空间，充填细植料 3～5 厘米厚，经浇施定根水后，盆面基质离盆缘尚留有 2 厘米左右的高度，足以浇施水肥药所需的围堰空间。

如此操作便上盆完毕。下面将对蕙兰需要相对深栽的问题、植料的组配问题和浇定根水问题分别讨论如下。

（1）关于蕙兰的深植问题

历来认为：为了让假鳞茎硕大，有利发挥假鳞茎的光合作用和茎基能经常得到光照的温馨和舒畅的呼吸以及有较合适的干湿度而利于分蘖叶芽、抽长花芽等需要，而强调浅植。说什么"栽兰栽得好，风也吹得倒"，可见浅植的重要性。因此，通常栽植春兰、莲瓣兰、春剑兰、建兰、寒兰和墨兰都是以微露假鳞茎为度，这样经浇水后，就有半露假鳞茎的实际，而埋于基质面下的假鳞茎，为 1 厘米左右。而蕙兰几乎不具明显的假鳞茎，那就不应机械地套用浅植之法，而宜适当深植，即让株苗底部离盆面缘 5 厘米左右，这样扣除盆面空间 2 厘米高度，埋藏于基质面下还有 3 厘米左右。

实践发现，如是适当深植，不致于因大风吹动高大株叶而动摇株基底的根系，能确保根系与株基的正常生长，其分蘖出的叶芽也较肥大。这就说明，深植是相对符合实际的。

笔者为了探索蕙兰适当深植的高度，曾做了把株基底部深埋于基质面下 5～8 厘米的深植实验。发现：①由于此深植后，株基底离盆底垫层（疏水透气层植料）只剩下 10～13 厘米的高度，粗长的根遇到粗硬的垫层植料，常往上斜曲伸展，纠缠成团，个别的穿透盆孔，堵塞了疏水透气的窗口，这些都给换盆分株带来难以克服的不便和增加根系的创口量。②由于盆周壁有疏水透气孔及受阳光、温度、透气和肥料等条件较优越，分蘖芽常受根团的困扰而不便于上伸出基质面，便发挥其趋光性、趋温、趋水、趋气、趋肥的本能而扭曲斜向盆周缘伸展，以致有的伸至盆壁后再上升伸至盆缘基质面而远离株丛，这样既不便于管理，也有碍美观。

（2）关于植料的组配问题

不论哪类植料都有其利和弊的两面性，为减其某些方面之余和补其某些方面的不足，以充分发挥某些植料之利和尽可能降低某些植料之弊而采取多种植料适当组配。

无土栽培植料的组配：砂石类植料（紫金石、帝王石、火烧土粒、去棱碎砖块等之一二，50%）；腐殖土粒（兰菌土、兰欣 203 特效优质营养土料等人造颗粒土，30%）；软木炭、树皮、朽木屑、蛇木屑、泡沫塑粒圆颗粒等之二三，20%。

有土栽培植料：畦地栽培用料（腐殖土 70%；火烧土 20%；谷皮 10%）。

有土盆栽中档品种植料（腐殖土 50、火烧土 20%、如手指般大小的小河卵石 20%、树皮 10%）。

有土盆栽精品植料（天然腐殖土粗粒（用米筛过筛，去粉状腐殖土，留用如谷粒大以上的颗粒土 70%；谷粒大火烧土 10%；树皮、朽木碎块 10%；软木炭屑 10%）。

混合植料（适用于基本露天栽培用料）：石类植料（小河卵石）30%、人造颗粒土 30%、树皮 10%、火烧土 10%、腐殖土 20%。

以上配方的成分与比例，尽可依实际情况而增减。上述各种植料，除经精致包装（无破损）又注明已消毒的，无需再消毒，但需用清水浸透；自己烧的火烧土、砖碎，需反复用清水浸透，以退火气；树皮、蛇木屑，需经水煮沸消毒后再浸泡以脱脂；腐殖土最好经蒸气灭菌，至少用强日光曝晒多日。人造颗粒的兰菌土，用前也需经清水浸透。

上述的软木炭为阳火（明火）烧成的木炭。它不仅能调节水湿（水多可吸水，水缺可渗出水）而且它能为根系生长提供一个黑色的环境大大增强了根的生长力，是个很好的植料，若方便，可加大比例使用。

（3）关于浇定根水问题

何时浇定根水好？①种苗有轻度脱水现象而基质又偏干燥的，宜即浇定根水，如基质已偏湿的，可于次日浇定根水。②种苗无脱水现象，但根部创口较多，基质又偏湿的，可于第三日浇定根水；基质偏干的，次日浇水。③种苗的叶根完整而苗壮，无论基质干湿，均可于次日或第三日浇定根水。

用哪种浇定根水方式为好？历来浇定根水就有注浇、淋浇和浸盆三种方式。浸盆虽可浸透兰盆和盆内基质，但不能冲走盆内污浊气体和分解残留废物，且会扩散病菌、虫害和病毒，是利少弊多的浇水方式；淋浇虽可清洗叶片和盆中粉尘和污浊，但易使刚展叶不久而未发育成熟的新株心因水淤积而导致烂新株，尚且淋浇时，又会把叶上的真菌、细菌、虫害、病毒随冲水流入盆里基质而留下隐患。也为利少弊多的浇水方式；只有选用较大的茶壶，壶嘴接上 50 厘米长的塑料管，在盆缘缓缓注浇，既不致于把水浇至新株心，也不会把叶片的病菌等有害物质冲入基质中，尚能浇透和冲走基质中的污浊物，即为最佳的浇水方式。

第八章 蕙兰的管理

对兰花的管理，光从爱心出发而倍加关心是不够的，还要爱得恰到好处，绝不能过分溺爱。过分了，便适得其反。那么，怎样才是爱得恰到好处呢？本章将分别讨论之。

第一节 日常巡检，及时调整

日常巡视检查是指每日经常性巡检，其日常巡检的次数不定，每当生态条件有突变前，便要到兰场查看、纠偏；如果生态条件无突变，上午、下午、晚上各一次就行了。已有智能管理系统的，是否可以不用巡检呢？也不是，因为智能管理系统的数据，是人工输入的，气候的变化是否完全适宜呢？有否需要调整呢？还有因故突然停电了，也需要人工去操作。总之，养有佳品的兰场，离不开有管理常识的人，如若稍有疏忽，便会导致巨大的损失。

据说，在台湾有位养兰户，夏天已用水墙增湿，风扇通风以降温。有一次因事外出，交代其父关照。恰好午后转阴，兰室气温已偏冷，就关闭电扇去午睡，没想到，当老人入睡后不久，又出太阳，待到老人醒来，那些高档线艺已热得软垂下来。

还有大陆东部地区有一位兰家，在精品兰室里安有智能管理系统，升温催芽。因事外出，晚上9时回家，打开温室门一股热浪吹来，感到莫名其妙，一查智能管理系统，方知已出故障。近7个小时的高温蒸烤，大部分精品已奄奄一息。

以上事例说明，兰室离不开有管理常识的人，尚且不能有丝毫的大意。

至于日常巡检，主要应抓住哪些方面呢？

1. 看室温：偏高即降之，偏低遂升之；
2. 看光强：偏强即遮之，偏弱则拆之；
3. 看湿度：偏干增湿，偏湿加大通风量；
4. 看通风：空气浊闷，加大通风量；有狂风、台风降临，关闭门窗以防护；
5. 看基质干湿：拟定浇水时间；
6. 看长势：有疯长停氮追施磷钾肥，长势缓慢，新叶细狭，少光泽，追施氮肥；
7. 看灾情：细心检测病虫情，如有菌虫初现，即行防治；
8. 看隐患：有安全设施不足，就应尽快补充，防患于未然；
9. 看艺态：有艺变、花现，及时拍照记录。

第二节 生态条件不适的人工超越

一、光照量的调节

蕙为阳性，虽是冬春可全日照，夏秋可全沐浴晨光3小时（早晨太阳升起后3小时，不指具体照射到盆兰的时间，因照射的具体时间，可因场地的朝向与障碍物的有无而有别；尚因太阳升起 3 小时后，光强已明显增强至兰株难以忍受的程度）。这也不可机械地理解，因各地的地理环境条件不同，光照强度也有差异。冬春的日光虽算和煦，但中午前后，让其全光照也不全是有益。同样夏秋可沐浴晨光 3 小时，也是从大体而言，并非绝对有益的。因为冬春中午前后和夏秋晨光 3 小时，人在室外劳作，没戴斗笠甚为难受，而要擦汗、喝水，甚至需要择处乘凉、歇息以降温。兰株亦然。总之，人在日光下，没戴斗笠 30 分钟后便觉得难受的光照，对兰株便是光照过强，宜应有低密度的遮光网遮阴。

　　让蕙兰植株全光照的同时，也应有适宜的基质湿度、空气湿度和气温的配合。因为兰株在光照下呼吸作用、光合作用都加快。它需要 30℃ 以下的适温，又要有根系从基质中吸收运输而来的水分和空气中的 60%～70% 的相对湿度及和风源源送来的二氧化碳气体，方能顺利进行光合作用。如果是只有较强的光照，而缺乏基质的适宜湿度、空气的适宜湿度和徐徐的和风，不仅光合作用不能顺利进行也不可能有光合产物积累，而且加大了消耗量，甚至由于基质偏干、水分不足供给叶片蒸腾而导致叶尖干焦，也由于基质偏干，光照偏强，致使盆壁发烫而导致根尖烫焦，根的吸收功能减弱，进而向叶片供水和营养不足，也致使叶尖干焦；再者，又由于基质偏干，光照又强，空气湿度下降，致使新芽株因水分欠缺、空气湿度偏低而出现生理性障碍而出现"僵芽"等负面影响。

　　上述种种，都是由于对蕙兰的喜偏干又喜阳的片面理解而造成，新芽梢生长发育缓慢，甚至僵芽和根尖、叶尖枯焦等不良后果。更有甚者，不从管理上下功夫，寻找由管理不当造成的负面影响，而简单地、形而上学地冤枉蕙兰生长缓慢、开花难、易焦尖等固有的秉性，造成新兴爱好者闻而生畏、敬而远之。

　　实际上，有的地区冬春季节中午前后的光照很强，夏秋季节上午 9 时前的光照也很强。不仅要有 50% 遮阴密度的遮阴网一层遮阴，而且基质要有一定的水分，尤其是盆面表层基质更宜偏湿，陈列盆兰的场地也应用水泼湿，方可有效地避免因光照偏强而造成的负面影响，为确保蕙兰生长良好，多做些努力。

　　至于南方的春天和夏天，常有阴雨连绵，无自然日光，应该进行人工补照，尤其是连续 2～3 天无日照时，更应采取补照措施。

二、温度的调节

　　关于蕙兰对温度的需求，已在前面介绍。这里只谈些对蕙兰所需温度的正确理解和温度的调节措施。

　　①正确理解蕙兰对温度的需求：有些人说，蕙兰野生于千米以上海拔的林缘高坡，阴被少而稀疏，夏秋可饱受烈日的煎熬，冬春可忍耐积雪覆盖的酷冻。因此，夏秋非火炉地区及 37℃ 以下的地区，无需为其降温；冬春只要气温不低于 -7℃ 的，也不必为其保温防冻。这是根据蕙兰野生生态条件而言的，表面上看是有根据的，不可置疑。其实是不客观的。总体说，一经人工驯化栽培后的蕙兰，其抗逆性已大为减弱，以静止的眼光看问题，对待事物肯定是不客观的。先谈蕙兰的耐热性吧！野生蕙兰阴被少而稀疏，夏秋饱受烈日的灼烤，但它的阴被毕竟是早晚有雾露笼罩，随着时间的推移和云朵的移动，烈日也是时有时无，高坡上的风也是常有而不小，也常为其送来林野的湿润空气。总体上，野生蕙兰虽热犹凉，起码是不闷热。原生地的生态条件炼就了它有好强的耐热性，但人工栽培地相对闷热得多，抗逆性大为减弱的，就难于忍受较高的闷热。且人工栽培是要讲求效益的。喜阴性的兰花的生长最高适温是 30℃，蕙兰较偏阳性，顶多为 32℃，超过了这个极限，它的光合作用便很弱，

甚至停止而滞育。没给必要的降温，就白白地丧失比其他兰更短的有效生长期。我们不是常说，蕙兰的新株当年不能发育成熟，有待翌年继续发育，甚至要更长的时间吗？那我们把其高温控制在30℃左右，为其赢得较长的有效生长期，不是可以提高其生长率吗？因此说，夏秋为蕙兰调控好气温是必要的。

接着说蕙兰的耐寒性吧！野生蕙兰确为最能耐寒的地生根兰（-7℃），也能安然越冬。这是野生生态条件，炼就它具有好强的耐寒性。可一经人工栽培，生态条件变好了，又有肥料、激素的促长，可真是脱胎换骨，再也没有那样顽强的野性了，别说是让其露天任其霜冻，就是处于没保温防冻的冷室，承受零下低温，即使不致于即时冻枯，来年不是不可能分蘖新芽，就是忍受不了自然高温的煎熬而日趋枯萎。这也是片面理解蕙兰的耐寒性而给蕙兰蒙上难养的阴影而扼制了蕙兰发展的原因之一。

鉴此，提出蕙兰的冬眠期，白天以6~10℃，夜间以2~5℃为宜。

此外，昼夜有6~10℃的温差，也是不可忽视的。因为只有夜温比昼温低了，才能减缓株叶的呼吸作用而降低消耗，以让日间的光合产物有所积累，才有利其生长和发展。

②温度调节的措施：降温的最有效措施是适当增加遮阴层次密度和加大通风量，辅以场地、墙壁喷湿。对于高热地区，可以增设水墙、地面、兰架分陈冰块等办法。

保温防冻的措施：除了秋末停施氮肥，追施磷钾肥和适当少水增光的抗寒锻炼外，就是霜冻期密封保温。对于有明显低温霜冻的南方的某些地区，可选用大棚内再设置小拱棚加白炽灯升温防冻。对于素有酷寒地区，自然应该采用地窖加厚棚顶覆盖物和"火墙"升温。当然有条件的可以采用电热棒、空调器升温。但要注意棚室的空气相对湿度不低于40%~45%和适时换气。

三、对空气相对湿度的调节

增加空气湿度的办法很简单，就是把兰场的地板、墙壁用水洒湿或于兰室墙壁悬挂旧棉毯并喷湿。有条件的可以设置超声波雾化加湿器或加湿机。

对于阳面窗台的增湿，主要是在兰架下设置水槽、墙壁悬挂旧棉毯喷湿，还可在兰架盆间和盆周缘设置些水草（苔藓类植物）或湿布条加湿。对于盆数较多的，也应考虑设置加湿装置。

对于陈列于案头观赏的盆兰，可选用大于盆径近倍的水托盘，让兰盆底垫高出水面，并在盆面缘垂挂长条状水草（苔藓类植料）喷湿的办法，以增进空气的相对湿度或选用微型超声波雾化增湿器加湿。

对于无土栽培和用较粗糙植料栽培的，盆面可铺水草喷湿以保湿（冬春季盆面无需铺水草）。

空气湿度偏大，在冬春季易增加冻害的发生；夏秋空气湿度过大，既会给菌虫害高速繁衍提供条件，也易使新株叶鞘黑腐而影响新株的健康生长。所以当空气相对湿度偏高时，宜采取加强通风量以降湿。如是光照、气温不高时，还可辅以增光加温等措施以降湿。

四、对水分的调节

（1）水质的调整：蕙兰也是典型的喜酸性植物。需要水的酸碱度pH值为5.2~6.0。过分偏酸、过分偏碱和含有钙、氯等杂质的水，都要经过纠正后，方能用于浇兰，否则，便有碍于它的正常生长。

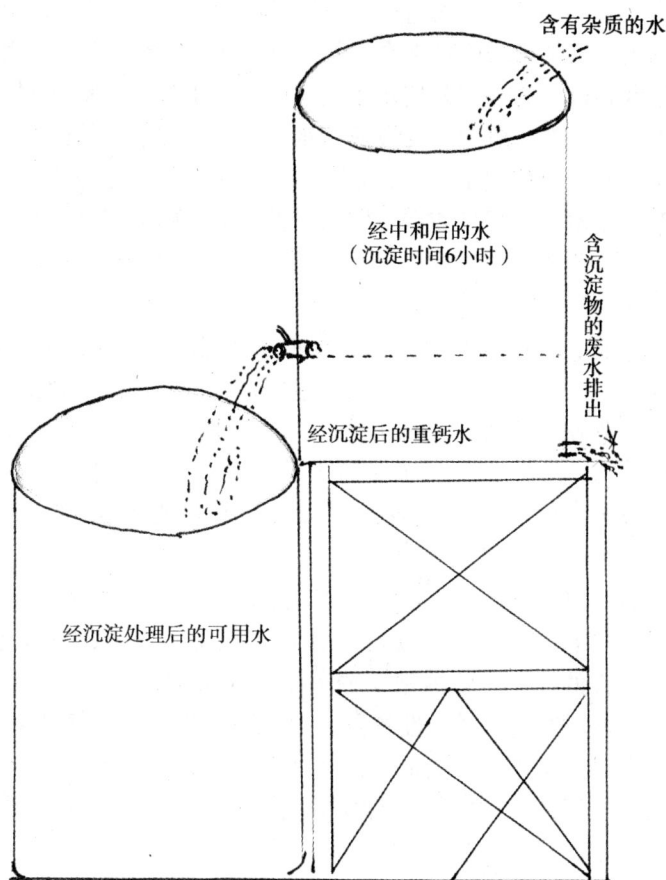

图 8 - 1　水质沉淀处理装置示意图

①偏酸性水的纠正：在工业废气污染严重的地区，常下酸雨，其水源也有可能偏酸性太过，用此水浇兰易引起败根。使用此水前，应先测试。当 pH 值小于 5.2 时，便为偏酸太过。可选用苛性钠或苛性钾调整，但以选用食用碱来中和它的酸性为最好。至于该用多少食用碱，应根据水的数量与偏酸的程度来测定。也可分次添加，反复测试，直到合适为止。

②偏碱性水的纠正：在兰花栽培实践中发现水质、基质、肥料的酸度不足，也就是偏碱性，将导致新根始终无法长出，植株日渐趋于枯死。通常，长江以北地区的水多偏碱性，不宜直接用其浇兰，使用前应加以调整并让其沉淀后，方能用于浇兰。一般可选用盐酸或柠檬酸或食用白米醋进行调整。经再测试 pH 值在 6.5 以下后，让其沉淀 6 小时，取经沉淀后的可用水，浇兰或溶解肥料、农药（其水质沉淀处理装置示意图见图 8 - 1）。

③含钙水的纠正：兰花既是典型的喜酸性植物，又是嫌多钙的植物。因为钙的含量多了，会降低基质的酸度而影响新根的长出。

凡是来自石灰岩地区的地下水（包括井水、泉水、河湖水）均富含碳酸钙。宜先经沉淀处理后，再测试其酸碱度，如是偏碱性，还应中和纠正后，方能使用。

④含氯水的纠正：城市的自来水大多使用漂白粉来消毒。漂白粉中含有大量的氯成分，它不利于兰花的生长。使用前，宜经露天贮放 24 小时让其挥发，能经阳光曝晒更佳。贮放时，除了氯已挥发，其漂白粉中的其他杂质也已沉淀，取其上层（约 4/5）水用于浇兰，余下的 1/5 倒掉。

（2）水温的调整：兰花需要与棚室、基质的温度相近的水温。水温比棚室和基质的温度高或低，都不利于兰株的生长，甚至会干扰兰株的生理平衡。因此，用水的水温应尽可能与棚室、基质的温度相近似为好。要使用于兰花的水的水温与棚室里兰盆基质的温度相近似的方法只有一个，那就是在兰棚室里要设置蓄水池。以让水在水池贮存半天以上便可。但夏秋季的气温、水温、基质温相差不大，只要水质适合就行，不必拘泥于水温，但切忌给兰株浇冰水。冬春季兰花用水，应尽可能在兰棚室里的水池中贮放半天后使用。有些人冬春用于兰花的水，经日晒半天或加热的办法，以适当提高水温，也是可行的，但不宜把水温提得太高，应控制在 5 ~ 10℃ 之间为宜。

（3）用水量的掌握：如果养兰不施肥，并不至于使兰苗枯死，只是兰苗长得弱小些罢了。如果养兰不浇水，兰苗就会脱水而枯死。但是，水浇得过多、过少或不适时，不仅不利于兰苗的生长，也会危及其生命的。因此说，兰花的浇水是一门不易掌握的园艺技艺。古人云："养兰一点通，浇水三年功。"这就是说，养兰并不是很复杂，一说就明白。唯有要做到依兰株的所需而浇水，却是十分不容易的。如没有很好地观察、对比、总结、修正、再修正的多次实践探索，只凭"大概"、"想当然"的随意性浇水，"三年"还不一定能把功夫学到家。因此说，养兰的最难处就是给兰花浇好水这一关。上述的水质、水温的调整，由于它的相应指征明显，只要你有自觉性就可以做好。唯独依兰株之需而浇好水，为最难最难的。因为兰株是不能言的植物，盆内基质的干湿情况又无法看透。尚因各地的生态条件不同，苗的壮弱不同，基质的疏水透气性各异，兰盆质地也有别，管理方式也是各不相同的。根本不可能拿准各个时间里隔几天浇水，各浇水多少量的数据来，只能凭各自的具体情况大致地掌握。由于这个"大致时间"与兰株实际需水情况的差距较大，因浇水不当而出问题的，不仅是初养者容易如此，就是行家也未免有所闪失。

首先是如何才能较准确地判断基质已偏干呢？

①叩击听声法：即手托盆兰用手指叩击盆外壁（分别叩击盆的上、中、下三部分），声音清脆，便是偏干；声音沉浊，便是偏湿。

②称重法：即兰苗上盆后，未浇定根水时称一下盆兰的重量，浇施定根水后，再称一下重量，分别作好记录。（要注意记录，在未浇定根水前的基质干湿度情况）

③翻检法：在分株换盆时，选用同质地、同规格的兰盆，并选用同类植料栽植与其他佳品兰苗规格、株数相近的普通兰。并与佳品盆兰一起陈列，一样管理。当需要了解基质的干湿情况时，可把这陪伴陈列的常品粗兰缓缓倒盆查看干湿情况后重新栽上，放回原处。

这种翻检法的准确性较高。不过应多备几盆，分陈四处。翻检时多翻几盆，以提高准确率。

这种翻检法看起来很麻烦，但准确性却较高。其实也不必每一次浇水前都要翻检一次，使用了几次，对气候相近似的小时间段，参考上次翻检记录和眼下盆面干湿状况，便有经验判定何时浇水为妥。

除了上述三种检测基质干湿法外，尚有在盆中安有疏水导气管，需要检测时把大的棉签或湿度计插入管内，1 小时后取出观察。不过这也不够方便，期待有便捷而准确的测湿仪问世，那就很理想了！

因各种基质的吸收量不同，浇水的器具也不同，基质的疏水性能也不同。因而难以通过实践总结出量化数据来，即使有量化数据，也不便于掌握，还是直观判断较为简便。即浇至盆底中孔有大量水流出，有如水牛撒尿样"哗哗"响。至于纯有土基质和含细土较多的基质，盆面有不同程度的板结，水分往下渗的速度慢的，要待全部浇完后，倒回来再浇一次，方算浇透。

是否每次浇水都应浇透呢？历来都主张要待基质偏干后的次日浇水，浇水要浇透，切忌浇半截水。因为只要彻底浇透水，才有可能湿透全盆基质和兰根，同时又可把盆内的污浊废物随浇水冲出盆外，这是正确的。可是也不能生搬硬套，而应具体情况具体分析，灵活运用。如无土基质排水快干燥得也快，可以每次浇水都浇透。而有土基质和含土成分多的基质，它的排水较慢，干燥也慢，往往有盆面基质偏干，对新芽株的生长有碍，为防止僵芽，需要浇水，但盆中的中下部基质仍较湿。这时浇水又有碍于盆中下部的根系健康，要适当解决这个上干下湿的矛盾，只有采取浇半截水。这个在新芽株发育期，盆面偏干、盆底尚湿的浇半截水，习称为"补水"。通常连续"补水"3次后，便应择时浇透水，不宜一直是"补水"。

另外，在冬春季常有低温霜冻，对于已处于偏干的有土基质和含土成分较多的基质，如果采取浇透水，基质里的水分，大约需要1周以上方能偏干，在浇水的当晚，就遭低温霜冻，即使不即时冻死兰株，也有碍其健康生长。所以冬春季给盆兰浇水，要注意收看当地的天气预报。3天之内有低温霜冻的，兰棚室里又没有升温防冻设施的，便不宜浇透水，而可采取少量"补水"的办法以应急。

那么"补水"的浇量，该是多少合适呢？

夏秋的"补水"，只要能浇湿盆面基质的3~4厘米厚即可，大约为盆面内径的10厘米，补水量约50克/次；内径15厘米的，补水量约为100克/次；盆面内径20厘米的，补水量150克/次；盆内径25厘米的，补水量200克/次；盆内径30厘米的，补水量250克/次；冬春季节的次补水量，应减半，以防万一发生冻害。

无土栽培的，要求宁湿勿干，生长期可天天浇水，至少要两天浇1次，气温在28~32℃的，一天要浇2次水，超高温时，每天浇3次水。

五、通风量的调节

风可为兰花送来一片清凉和供给光合作用的主要原料之一的二氧化碳，又可为兰花带走污浊和过多的水湿，但是风量过大，却易吹折未发育成熟的新株叶，也易增加老叶与新嫩叶的摩擦而造成机械性损伤，给菌虫害入侵打开方便之门。为了更好地利用风对兰花之利，避开风对兰花之弊，而有必要对通风量进行合理的调控：

①兰花休眠期对通风量的调节：为了让兰花安然休眠，在零上自然气温时除了不开北向门窗外，其他方向的门窗照样敞开，起码要打开不同方向的两个窗门以使棚室内的空气能自然对流，使棚室内空气清新而不污浊。如若浇水或喷施药肥后应尽可能打开所有门窗，并开启进风扇和排气扇，以让基质和株叶的水分尽快挥发。

在霜冻期，密封保温或采温防冻的棚室，当太阳升起1个小时后，也应开启门窗通风透气；如是没有太阳的阴冷天，最好于早晚各开启进风扇和换气扇各一次，以清新兰棚室空气。

②兰花生长期对通风量的调节：生长期由于气温和光照的日益增强，植株的呼吸、光合作用也随之增强，植株需要风源源不断地为其送来光合作用原料之一的二氧化碳。另外，在生长期为确保植株健康而苗壮成长，常常喷药、施肥、浇水，棚室里的污浊气较多，也十分需要依靠风送走这些污浊气和过多的水湿。因此，在生长期兰棚室的门窗应常常敞开，浇

水、喷肥药、喷水雾后，还应开启排气扇、进风扇，以加强通风，尽快吹干株叶，尤其是新芽展叶后，在浇施和喷施水肥药后更应及时加强通风，直至新株叶心无积水为度，以减少新株基被水渍烂而枯。

在高温期的晌午、上半夜和早晨，尤应加强通风。在高温期，常有雷阵雨，在雷阵雨之前常有狂风或台风，应及时遮挡防护。

第三节　蕙兰的施肥

一、可用于蕙兰的肥料

1. 有机肥

有机肥不但富含作物生长发育所必需的大量元素，而且还含有微量元素及生长刺激素，是养分全面而安全的肥料。

有机肥含有大量的有机质和腐殖质，在微生物的分解转化过程中，有促进土壤团粒结构的形成而增强土壤的疏水透气、保水保肥性能和提高土壤温度，为土壤有益微生物活动创造了良好的环境。

有机肥经微生物分解，既可源源不断地释放出各种矿物养分、二氧化碳，又可形成胡敏酸、维生素、酶等物质，为植株提供全面的营养，增强新陈代谢、光合积累，刺激作物生长，激活作物可变因子活跃，而提高株叶艺变、花朵异化、花香浓度等作用。增施有机物，可保证植株健康生长、高产稳产、低成本的可靠生产措施。

常用于兰花的有机肥有：草木绿叶、芦苇草炭、油料种子渣饼、骨粉、蚕畜粪等。

（1）有机肥的沤制：选取油菜子渣饼（最优渣饼）、花生米渣饼、黄豆渣饼等之一二为主要原料（方便的话也可加入茶油渣饼、桐油渣饼等有杀虫功能的渣饼），加入动物骨粉、淡水鱼鳞、鱼骨等。略拌匀，装入编织袋（可免去过滤之烦），放入大容器中加水至八分高，然后用双层厚塑料布盖住容器上口，并用伸缩带捆扎密封，置于室外有光照处发酵。冬春气温低，需沤制半年以上；夏秋气温高，沤制3个月，便可取用。但沤制的时间越长越好。

沤制肥沤制的时间长了，就很少有臭味，其臭味越少说明其发酵、腐熟的程度越高，其使用的效果和安全性也就越高。如是亟待使用的话，在达到起码的沤制时间之前半月，添入500～1000克橘子皮沤制，其臭味就几乎没有了。

通常取用其肥液后，还可再次添入水或人尿沤制。也可取出肥渣，经太阳曝晒变干白后，做基肥、追肥用。一般每小盆撒上2克（半汤匙）。也可在基质中拌入5%当基肥。

沤制有机液肥的原液，应稀释100～150倍液浇施。

有机液肥施用后，有较易引发菌虫害之弊。最好是把液肥倒入已被淘汰了的高压饭锅，加热30分钟，彻底杀灭病菌和虫卵后，再稀释施用，较为安全。

（2）速成有机液肥的加工与使用：有一次用高压锅煮花生米、大豆做菜时，汤液过多，便把汤稀释后浇兰，半个月后，发现效果非凡。由此悟出快速有机液肥加工法。

花生米、大豆、玉米都是上乘的绿色高营养食品，含有糖、蛋白质、脂肪酸、β-胡萝卜素、卵磷脂、无机盐和B族维生素等。经高压灭菌煮出的液体，营养价值很高，且易于被兰花植株所吸收利用。一般于生长期2～3个月浇施1次，也可每月浇施1次，便可收到根群壮旺玉润、鳞茎硕大、叶芽多且壮、株叶多且宽、易着花，且花大、色艳、香浓、花期长，甚至还有植株健壮、抗逆性强、适应性广的效果。

取花生米 500 克、黄豆 250 克、玉米 250 克，分别洗净。由于玉米皮厚口感不好，只能做饲料，所以把它用纱布另包。把三物放入高压锅加水 2.5 千克，盖严，中火煮 30 分钟后，把锅移至地板上泼凉水冷却后，打开取液，尔后再添入同样量的水，再煮 30 分钟后，待冷却打开滤出汤液（其渣加调（佐）料炒过是美味的菜肴），继而把两次汤液混合，用 30 千克水稀释浇兰。翌日用 1∶4000 的高锰酸钾溶液淋浇植株一遍，以消毒防腐。

（3）商品有机肥：适用于兰花的商品有机肥有：日本产多木、植发、美国产施达、佳兰宝，中国台湾产益多等。

2. 无机化肥

（1）复合肥：硫酸钾（或硝酸钾）复合肥。它氮、磷、钾比例平衡。使用浓度为 0.1%（即 1 克化肥加水 1000 克）。注意：粉红色的氯化钾复合肥只用于水田，而不能用于陆地生长的植物，同样不宜用于兰花，因为兰花也为厌氯植物。

（2）尿素又称碳酰二胺，为中性氮肥。浓度可与复合肥相同。通常不作为浇施用肥，多数与过磷酸钙浸出液混合，稀释 1500 倍喷施。

（3）精制化肥：上海产"磷酸二氢钾"、美国产"高乐"、闽产"高产灵"、美国产"花多多 11 号"等。

（4）缓释颗粒肥：缓释颗粒肥是用树脂把肥粒包裹住，四周留有许多微孔，当基质的湿度大时，它就释放微量肥分，当基质偏干时，它就停止释放肥分。通常一次撒肥，肥效长达半年以上，有的可长达 1 年。它既可撒施于盆面，也可混合入基质当基肥。其主要的品种有：日本产"好康多"、美国产"魔肥"、荷兰产"奥妙肥"。盆面撒施：小盆 10 粒/次；中盆 15 粒/次；大盆 20 粒/次；混入基质当基肥的混入量为 1%。

3. 生物菌肥

四川成都华奕科技发展有限公司生产的"兰菌王"、"精品兰菌王"、"兰博士"，日本生产的"千旺活力素"，澳大利亚生产的"喜硕"，与美国生产的"艺之宝"都分别稀释 1000～1500 倍液喷浇，确有提高生长力和增进叶艺显现力之功效。

4. 叶面肥

适用于线艺兰、水晶艺兰的叶面肥有日本产"千旺活力素"，美国产"艺之宝"、"佳兰宝"（力威绿），澳大利亚产"喜硕"等。

适用于温室养兰的叶面肥有美国产"速磁液肥"、挪威产"爱施牌叶面肥"等。

常用叶面肥有德国产"植物动力 2003"；日本产"花宝"、"爱多收"；广西产"喷施宝"、"三十烷醇"，深圳产光合作用促进剂"高利达"，中国台湾产"植物健生素"，福建产"高产灵"等。

优质营养液有"兰欣 203"特效优质抗病营养液，"兰菌王"精品型的较适合用于温室养兰，兰博士较适合用于高档奇花品种。其他，还有国光牌高级营养液。

二、蕙兰施肥的频率

1. 抗寒肥

虽然蕙兰的耐寒力较强，但由于它的新芽展叶迟，往往新叶发育未达半成熟，就面临着冬寒，如防护不及时，就会有不同程度的冻害发生。因此说，北方于寒露节气，南方于霜降节气开始，停施含氮肥料，专施能提高抗寒力的磷钾肥是有一定意义的。尚且这个抗寒肥又有利于养根，也有利于花芽的发育，促进花大、花香，对于翌年春末夏初后的叶芽分蘖又有打基础的作用。

常用的抗寒肥有：芦苇草炭、熟骨粉撒施；并浇喷上海产磷酸二氢钾 1000 倍液（2～3 次）。

2. 催苏、催花肥

约于春分节气，自然气温已明显而较稳定回升。选用 0.1% 的硫酸钾复合肥，浇施一次，并选用"爱多收"、"植物动力 2003"等叶面肥周喷一次。既可使植株从休眠中苏醒，也可使花芽尽快发育开花，而迎来较长些的营养生长期。

3. 坐月肥

坐月肥是为弥补因开花的大量消耗而设的一次不可忽视的施肥。兰株开花犹如妇人分娩，消耗颇大。如没给予适当调补，即会早衰、抗逆性减弱、高热天死亡，至少当年的叶芽分蘖迟而弱，生长缓慢。故施坐月肥，应予足够的重视。用肥与"催苏催花肥"可相同。也可施用些有机肥。

4. 催芽肥

蕙兰在施花后的坐月肥后的 10 天间，便应施催芽肥，以促早分蘖新芽，以达到早发芽、芽多而肥壮。可选用高氮型叶面肥的"高乐"或高氮型"爱施牌叶面肥"或高氮型"花多多"之一，与 2000 倍液三十烷醇、500 倍液食用白米醋，混合浇施，每旬一次，连续两次。

5. 促花原基形成肥

对于有需要 4 连体壮株的蕙兰于翌年开花的，能在叶芽刚伸出基质面时，施以促花原基形成肥，其开花的可能性将大大提高。

选用 800 倍液上海产磷酸二氢钾与 0.1%（1 克肥稀释于 1000 克水中）的硼（硼酸、硼砂）、锰（硫酸锰），每周浇一次，喷两次。连续两次。

6. 助长肥

助长肥是为使新芽株生长发育加快，以达到叶阔厚的效果而设。常选用高氮型化肥与有机液肥交替或混合，每隔 10～15 天浇施一次；高氮型叶面肥，每隔 3～5 天喷施一次。

三、施肥应遵循的原则

1. 施肥总则

（1）切记"兰喜肥而畏浊"的生长习性。用肥必须牢牢记住"酸"和"淡"这两个字。即施偏酸肥，不用偏碱水稀释肥料；肥料的稀释液要测试其酸碱度，要求 pH 值在 5.5～6 之间，最多不能超过 6.5。

稀释浓度：有机肥应为 150 倍液以上，化肥应为 2000 倍液以上为妥。也可把化肥稀释成 4000～6000 倍液，缩短施肥周期。

（2）施肥勿过频。就是施肥的间隔时间勿太短，浇施以 10～20 天一次为宜。如果把原为 2000 倍液的扩大为 4000～6000 倍液的，可以在基质偏干时，随浇水而施之。

叶面施肥按说明浓度的可 1 周喷一次，如扩大稀释一翻倍（即原为 1000 倍液，改为 2000 倍液，习称为"一翻倍"）可 1 周喷两次。

（3）勿给佳品多施肥。切记"兰喜培植而畏娇纵"的生长习性，常品兰、佳品兰都是兰，要一视同仁，要以平常心对待每一簇兰株，绝不能溺爱佳兰，慎防适得其反，致使佳兰遭肥害而毙命。

（4）应对病弱兰少用肥。病弱兰苗虽也需要一定的肥料营养，以维持生命和抗病、复壮的消耗，但它对肥料的吸收力和利用率还不及壮株之半。如果与壮苗同样次数、浓度、数量施肥，首先是病弱苗的根群少而有病，吸收能力小，供过于求，导致肥料大量残留，土壤浓度大量升高，溃坏根与株叶，加速了它的死亡，其次是即使不至于溃烂根群，也会造成营养增多症而半死不活。

2. 施肥细则

（1）分类别施肥。线艺兰、水晶艺兰（包括期待品）不宜施高氮肥和镁、锰元素。矮种兰勿施促长剂、细胞分裂素和能导致疯长的高氮肥。新栽植不久、新根尚未长出的植株，不宜施肥，只可施促根剂或兰菌王等。

（2）依气候特点施肥

①阴雨天勿施肥（冬春宜于晴天施肥，夏秋宜于阴晴天施肥）。因阴雨天，空气湿度大，水分不易蒸发，施肥后增加了湿度，反而不利于兰株的健康。同时，根部也不易吸收肥料，施肥会增加基质的浓度而导致肥害而烂根，黑斑。

②光照强的中午勿施肥，施了易导致肥害。

③气温高于32℃时勿施肥，因此时水分蒸发过快，残留的肥料浓度高，有碍兰株的健康。

④气温低于15℃时勿施肥。因此时兰株处于半休眠状态，不可能吸收肥料。施肥会使肥分囤积，有碍于兰株的健康生长。

（3）依兰株的生长发育期而施肥

①发芽期宜施高氮型肥料及细胞激动素等。

②花原基形成期，当施促花原基形成肥。

③叶芽伸长、展叶发育期，当施助长肥。

④休眠前期宜施"抗寒肥"。

（4）依基质的不同而施肥

①以水草（苔藓植物）为基质的，因其保水保肥性能甚强，宜施用长效缓释颗粒肥为主，以减少水渍害的发生。

②以土类植料为基质的，新植料已有一定的含肥性，可基本满足植株一年内所需的养料，无需多次施肥，尤其是下山驯化苗，根系创口多、新根未壮旺，多施肥，利少弊多。但可施含有促根功能的生物菌肥。

③以沙石类等硬植料为基质的，因其保水保肥性能极差，可淡肥常施。

④基质太干燥时勿施肥。基质太干燥时，其根群也十分干燥，骤施肥料易伤根。这犹如人，肚饥口渴时，宜先喝水后吃饭，以免"噎食"一样。有土栽培的基质太干了，宜先浇水，待过2～3日再施肥，无土栽培的，基质太干了，更应先浇水，待过些时再施肥。相反，基质太湿了，也别即刻施肥，以防水渍害的发生。

（5）依培养方式而施肥

①气培的，需喷施给肥。

②水培的，宜添加专用营养液。

③含土植料栽培的，施有机肥效果好。因为有机肥需要有土壤微生物的分解转化后方能吸收利用。

④纯无土栽培的，宜施化肥为主，也可施高档有机液肥和生物菌肥。

⑤温室栽培的，不宜施用铵态氮，应施硝态氮和嵌合态微量元素，以免产生副作用。

（6）施肥方式应讲究

①浇肥也如浇水一样，浇宜浇透，让全盆的基质和根群都湿透肥液。

②有尚未发育成半成熟的新株时，肥液勿浇至新株叶心，以防水肥渍害发生。

（7）无土栽培与混合粗植料栽培的，在浇肥后的翌日或第三日，应浇水冲洗多余的肥料和基质里的肥料浊气，以确保兰根的健康。

（8）施用生物菌肥时，勿与杀灭菌虫剂稀释液同施。以免药剂杀灭生物菌，失去施生物菌肥的意义。应该是先施灭菌杀虫剂稀释后的第 7 天，才施生物菌肥。施后近月余之久，让生物菌充分发挥作用后，在有必要时，方可考虑施用灭菌杀虫剂稀释液。

（9）叶面肥最好多选用液体的。以减少不全溶解的肥料残渣堵塞叶孔、淤积叶尖而影响叶片的呼吸、吸肥功能的正常发挥，也可避免叶片受肥渣污染而影响雅观。

第九章　蕙兰的繁殖

蕙兰的繁殖可分为有性繁殖和无性繁殖两大类。由于有性繁殖是靠种子萌发而获得新个体——实生苗，所以又被称为种子繁殖。而无性繁殖是靠分离营养体或利用外植体的细胞培养而获得大量的新个体，所以又被称为营养体繁殖。

第一节　蕙兰的无性繁殖

无性繁殖是利用植株营养体的分离而获得新个体，故又称为营养体繁殖。它包括传统的分株繁殖和组织培养两种繁殖方式。由于兰花的组织培养主要是选取假鳞茎的茎尖活体为繁殖材料，而蕙兰的假鳞茎不明显，不便于取到茎尖，故暂未见有蕙兰组培成功的报道。到目前为止，大家仍以历来就有的分株繁殖法来获得新个体。本节仅讨论分株繁殖。

分株繁殖是把已生长成多株连体成簇的丛株，以两代以上连体为单位，进行分离另植，以达到增殖目的的繁殖法。这种繁殖法具有操作简单、成活率高、增株快、易复壮、开花快，又有可确保品种特性等优点，因此，能自古沿袭到今，仍为最普遍应用的基本繁殖法。

一、创造分株繁殖的条件

分株繁殖的前提是有株可分。如果引种的2株种苗发了一个新株尚未发育成熟，老株就枯掉，还是2株，准确地说仅是一株半。这一株半能养好就不易啦！何谈分株呢？由此看来，养壮植株，争取多发新株是分株繁殖的先决条件。下面将扼要讨论种活并养壮种苗，争取让种苗多发新株和促进新株快速发育，为分株繁殖创造先决条件。

1. 种活养壮种苗

种苗能否种活的关键有以下7点：①种苗要苗壮，弱小苗仅是普通壮苗的半价，而苗壮苗的株价却比普通壮苗的株价高近倍。弱小苗虽价廉，但它的成活率低，复壮周期长，为最不合算的种苗；苗壮苗，虽价高的不大乐意接受，但它的成活率、发展力却格外喜人，应为最合算的种苗。因此购买种苗，应避免买弱小苗，尽可能选购苗壮苗。②种苗的健康：种苗的健康状况仅能从外观上有基本了解。至于株体内有否致病菌、病毒潜伏，根本一无所知。只能靠上盆前的种苗消毒以预防之。③兰盆和基质的消毒：旧兰盆和基质往往潜伏有土传致病菌和病毒及虫害。兰盆应事先曝晒后进行药剂浸泡消毒。基质的消毒应尽可能采取高压蒸气消毒或水煮沸后持续30分钟。④基质的疏水透气性能要强。⑤提供必要的适宜生长条件（合适的光照，适宜的温度、湿度、水分和通风）。⑥合理施肥：特别要提及的是，新上盆的兰苗，新根未长出2厘米长时（拨开基质探查）不宜浇施肥料，但可淡施生物菌肥。⑦注意防治病虫害。

2. 促根催芽

只有根旺才能有株壮芽多。根旺除了要有上述种活种苗的7个关键之外，就是要有生物菌肥和三十烷醇等促根剂的协同和诱促。实践证实，根群确实壮旺了，植株就苗壮；株壮了,芽自然就多。如能在仲春和初夏利用现代温室或简易保温加采温的手段,再辅以适量的促根催芽剂的使用,其促根催芽的效果自然更佳。

3. 促进新株快速发育

通常采取间或施用高氮型肥料与光合作用促进剂"高利达"、"植物动力2003"喷施以促进之。如能采用温室的条件,使其仲春便进入快速生长;在孟、仲冬仍继续生长(适当推迟休眠期),其促长的效果更明显。

二、分株的适宜时间

分株的适宜时间看法不尽相同。有的人认为,农历的十月小阳春前后较为合适,因当年的新株已发育成熟,花又已开过,此时分株,既不影响开花也不会伤及新株(包括叶芽),且上盆后还有近半月的适温可以服盆。其实,此时分株仅适合于建兰和秋寒兰。对冬花寒兰、墨兰和春天开花的春兰、春剑、莲瓣兰、蕙兰,均有可能伤及花芽。如果不需要看其开花的,也确实可以选择小阳春时节分株。

实际上,从气候上看:高温天分株,易导致创口腐烂而影响成活率;高寒天分株,易出现兰苗脱水,且干扰兰株的休眠,除此之外,无论何时均可分株。至于分株后有可能产生一些意外,这是操作技术与管理不到位问题。那么,何时是最适宜的分株时间呢?应该是花期分株。因此时花已开过,可避免担心伤及花芽,叶芽又尚未分蘗,且花后均有半月许的"坐月期"(休眠期)。蕙花的花期在季春至孟夏、一见花即分株,剪去花莛,可以降低植株的消耗。尚且此时气温适宜,可缩短花后的休眠期,而提早进入叶芽的分蘗期。实践证明,花期分株是较好的分株时间。

三、分株的方法与程序

1. 脱盆起苗

如是兰苗已长满盆的,起苗不甚容易,应从盆缘缓挑开基质,继而倾斜盆口,拍打盆外壁,逐步倒出基质和簇兰。实在难以起苗的,又是佳品兰,只有敲坏兰盆。如是高级兰盆,只好选择相对较易起苗的其中小簇苗,突破一处,其他的便可迎刃而解。总而言之,脱盆起苗决不能操之过急、鲁莽行事,一定要顾及不伤及或少伤及兰苗。

2. 晾晒兰根

晾晒兰根的作用有二:①通过晾晒,减少根际水分,更易吸收消毒药剂;②可激活生长因子,增强生根发芽率。

通常利用上午10时前的日光晒兰根,兰叶用遮光网遮住,以防脱水。每15~20分钟翻动一次,继续晒1小时许。

3. 消毒种苗

先消毒后分株,可避免在分株时病原随分株创口入侵寄生和交叉感染。消毒种苗,忌用浸泡法。

其消毒药剂最好是依植株外表迹象判断,选用对应药剂。如看不出什么病象的,可选用下列之一配方,淋透或喷湿后,置通风处晾干后再喷湿。如此反复多次,消毒效果更好。

①甲基托布津与福美双等量,800倍液。

②百菌清与琥胶肥酸铜(百菌清琥铜)800倍液。

③瑞士产"适乐时"800倍液(最佳)。

4．分株

分株时应特别注意的是：①因蕙兰不具明显的假鳞茎，严禁用手掰拆，必须使用消毒剪刀剪开。以免植株有不同程度的损伤而影响成活率或于气温升高后，容易染病而枯。②分株时留下的创口要消毒：通常选用甲基托布津与福美双等量混合，涂敷创口。或用瑞士产"适乐时"原液点涂创口。

5．上盆栽植与管理（从略）。

第二节　蕙兰的有性繁殖

有性繁殖是利用种子经播种而萌发出新苗的方法来繁殖后代的。有性繁殖既可相对地保留原种特性，又可有效地保护自然资源，还可通过多种方法创育新奇品种，堪为创育新种的有效途径之一。不过由于蕙兰的种子异常细小，又不具可供幼苗生长的营养物质——胚乳，因而种子萌发的难度颇大。有待于有志有识之士的刻苦攻关。

蕙兰的育种通常都是依人的意愿，结合市场需求而定向培育的。不过也很难把蕙兰所有的"美"都集中在一个品种之中，一般只能集合几个"美"或以一两个"美"为主体，兼顾一两个其他"美"。如果要集合好多"美"，就要靠多次集合杂交的办法，使其更加完美而减少缺憾。

兰花的育种可分为选择育种、杂交育种、诱变育种、植体细胞育种、太空育种、多倍体育种、单倍体育种等。现简述相对简单而实用的选择育种、杂交育种和播种育种。

一、选择育种

选择育种就是从众多的栽培种和野生种中筛选出优良品种或自然变异种，进行定向扩大繁殖的育种方法。这是一个最原始，也是最简单、最有效的育种方法。即使在应用其他育种方法时，也离不开这个选择育种的基本方法。

选择育种应注意下列4个方面：

（1）最好能从众多兰花丛簇中，在好多特征基本相似的品种中，再优选出最佳的种苗。因为有了相邻近的多簇类似特征的佳品，说明它已有相当的类群，并非个别的、偶有的，以证实其特征的稳定性较好。

（2）在非花期选择时，不仅要看株形、叶态、叶质、叶齿、叶尖、叶沟、叶脉，更要细看株基形态（有的也有类似假鳞茎的形态）、芽形、芽色、叶柄环和中心叶等多种与众不同的特征，进行选择。

（3）在选择时不仅要仔细审视株叶、花莛、花柄、花朵的明显特征，也应注意发现尚不很明显的特征，尤其是有预示能继续异化的细微特征，有的还要借助高倍放大镜观察之。

（1）当选择到良种时，应做好相关资料的记载。如拍摄该品种生长环境的整体照，佳种群落照，被选佳种全株照，入选主要特征的特写照等。同时也应尽可能记录选择地点（隶属于何地何山脉的何处）、经纬度、海拔高度、气候概况、佳种所在地的地貌、物种。并记上选择时间、路线、选择者及其伙伴等，以为今后研究提供必要的资料，也为今后继续选种留下必要的信息。

二、杂交育种

兰科植物的种间和属间杂交都有很强的亲和性。它不仅可以保持双亲或多亲的优点性状，又可使杂交育成的后代具有长势壮旺、抗逆性强等杂交优势。

1. 优选亲本

（1）依杂交的目的优选亲本

①要培育株形、叶态优雅的良种。应以有此特征的植株为母本。因为叶幅、叶态、叶数等虽与父本有关，但它更多倾向于母本。

②要培育出花莛细圆而高出叶丛面的良种。应优选有此性状的植株为母本。因为花莛的形态与高度，虽与父本有关，但它多倾向于母本。

③要培育出莛多花的品种。应优选莛多花的父本与母本。因莛花朵数与父母本同等重要，需要优化集合。

④要培育早花或晚花品种。不仅应优选有相应的优良母本，更应优选特点格外显著的父本。因为花期的迟早多取决于父本。通常，通过杂交可使花期提前或延后2个月许。早花或晚花可延长该种类的花期，它的市场价值往往比正常花期的品种高出不少。

⑤要培育某种花色的品种，应先优选某种花色的佳种为母本。因为花色的遗传多倾向于母本，但也不排斥父本的协同作用。

⑥要创育出形（包括瓣型）色皆优的良种，就要格外重视优选此方面特征最显著的父本，因为花的形与色的遗传，多倾向于父本。

⑦要培育出花香格外醇正的佳品就要注意优选花香最优的父本与母本，进行优化组合。因为花香的遗传取决于父母本双方。

（2）优选遗传性强的亲本

①优选遗传性强的母本。由于种子在母本上结成并发育成熟，所以，杂交育成的新种，其品种特性，多倾向于母本。因而要格外重视优选遗传性强的母本。这也与兰界热衷于云集正宗的下山良种相吻合。通常认为野生原种的遗传性比久经驯化栽培的种苗强，当地的种苗比远地的种苗强，传统品种比杂交新种强。

②优选遗传性强的父本。杂交育种的实践证实：父本的遗传性常由于近亲育成而减弱。这个近亲指同一个种苗原产地、同一个培育场地或由本兰场传播出去的种苗。所谓远亲是指不同原产省地和地区、不同培育场所，也不是由近地传播出去的种苗。

实践证明：远缘杂交的遗传性较强。因此说要优选遗传性强的父本，只有尽可能选择源于远地的种苗中进行优选。如能从远地山野上直接采集花粉，可能会更好些。

③育壮母本是提高品种遗传性的关键。因为授粉后的细胞有年余的时间寄生于母本植株上，依赖母本养育而发育成熟，必然受母本的影响远比受父本大得多。因此，应千方百计地育壮母本，以让杂交育成的新种有个好的"先天"的基础。而育壮母本的关键在于根系，基础在基质，根本在于管理。值得注意的是，尽可能给母本适当增强光照量，并多施有机肥。

2. 人工授粉

（1）搜集父本花药：由于供杂交用的父本多难与以母本的花期相一致，所以应及时搜集保存备用。

到远地山野搜集父本花药，只好随到随取。如是从自己花圃或邻近花圃搜集父本花药，应争取于花朵小排铃期，选用广谱、高效的杀虫灭菌剂稀释液全面喷施一次，以防花药有污染。

当父本花朵初绽时，用经75%酒精消毒3次的剪刀把莛花中最硕大、特征最显著的一朵的萼片、花瓣剪除，继而用经75%酒精消毒3次的镊子，把花药取下，用洁净白纸（一张纸只能承接同一莛花的花药）承接，并立即倒入经过严格消毒的瓶里密封好。标上父本名称，收取日期（这个标签必须是不怕水渍的，以防字迹模糊），尽快暂放入冰壶保鲜，然后转入冰箱贮藏。保鲜期可达半年之久。

（2）剔除母本花药。当母本莛花大排铃时，选用广谱、高效的杀虫灭菌剂混合稀释液全面喷施消毒，以降低污染。翌日用事先准备好的经蒸气消毒过的医用纱布套袋把全花莛套住，并略扎口，以防自然传粉而影响杂交培育的质量。

当母本花绽开时，先用消毒剪刀剪除遮掩蕊柱的部分花瓣和中萼片，以免影响授粉操作。继而用消毒过的镊子剔除合蕊柱顶端的花药。

（3）授粉。在剔除母本花药之后，应尽快将父本花粉沾至母本蕊柱顶端的柱头蕊腔处，以让蕊腔分泌出的黏液黏住父本花粉。然后罩上新的经消毒过的纱布套袋，并略扎好下口，以防昆虫再行自然传粉。

授粉完毕后，应用较大的防水标签，标明父本或母本的花形、花色、花期和授粉日期并编上号码，固定于母本近处。同时还应做好详细的记录，注明该号授粉母本所处的具体位置，附上位置图，以便日后查找。

3．授粉后的母本管理要点

①将经过授粉的母本盆兰置于既挡雨又有散射自然光照的适温通风处管理。

②基质保持相对湿润，避免过分偏干，以确保母本植株有足够的水分，供应授粉蕊柱发育之需。

③在喷施水、肥、药之前，应先用洁净的塑料套袋，把授粉花莛套住（操作要细心，勿碰撞授粉花莛），以防水分滴渗于蕊柱上，引起腐烂而失败。

④授粉后，在子房未明显膨大时，不能施用任何肥料，以防株体的营养生长过度活跃而影响坐果。

4．果期的管理要点

①当蒴果一旦结成，便拆除纱布套袋，并尽快剪除处于花莛中下部的弱小蒴果，只选留处于花莛上部的粗壮硕大的1～2个蒴果，以促进种子饱满，提高种子的发芽率。

②果期用肥，应以少氮多磷钾。不施高氮型肥料，更不能单施高氮肥。

一般每隔10～15天浇施一次1000倍液美国产"花宝3号"或0.1%硫酸钾（或硝酸钾）复合肥加1000倍液上海产磷酸二氢钾。若方便，可间施有机液肥。

每周喷施一次1000倍液上海产磷酸二氢钾；每季喷施一次1000倍液德国产"植物动力2003"以促进种子饱满，提高发芽率。

③注意及时防治病虫害和病毒病害。

5．蒴果的采收

蒴果结成后约经1年余的发育，果色日渐泛黄变赤。这就表示蒴果已发育成熟，可以采收。

采收蒴果前，宜用75%酒精棉球搽遍蒴果、果柄和刀具，待干后再用新的酒精棉球搽之，连续消毒3遍后，把蒴果剪下，放入经消毒干净的玻璃瓶里密封好，置于干燥、阴凉处保存（低温期宜有 3～10℃ 的环境保存）以备春暖时播种。注意：盛蒴果的瓶应及时贴上与杂交母本相一致的标签，并编号、做好记录在案。

三、播种育苗

兰花种子的播种，可分为有菌播种和无菌播种的两种播种育苗法。

（一）有菌播种

有菌播种虽较简单易行，但成功率甚低。如能采取专用盆播种，并精心管理，总有所收获，有兴趣者尽可一试。

有菌播种可分为母本盆面播种和专用盆里播种两种。无论采用哪种播种方式，事先借鉴无菌播种法中对兰花种子进行消毒。这样既可对种子进行脱毒处理以提高种子的健康水平，又可让种子湿透，为提高发芽率创造条件。

兰花种子的消毒通常有两种方法：①双氧水消毒法。用 3% 医用双氧水（H_2O_2）浸泡种子 30 分钟。②漂白粉消毒法。用新鲜漂白粉 10 克溶解于 140 毫升的蒸馏水（冷开水亦可）中，过滤去渣，然后将种子浸泡于漂白粉溶液内 30 分钟（如种子不下沉，消毒液无法浸没种子，可加入数滴 95% 的酒精，种子便可下沉）。

不论采用哪种消毒法，待消毒时间一到，就应用过滤纸把种子滤出，再用冷开水洗涤 3 次（每次都应滤干，换洁净冷开水）后，滤出种子，晾干待播。

1. 在母本盆面播种

因含有土基质的母本盆面有兰菌，兰花种子有机会获得兰菌的帮助而提高发芽率。但是盆面也常因浇水施肥而冲走兰花种子，使种子失去了发芽的条件。所以在母本盆面播种的，应做些避免兰花种子被水冲走的防护工作：一是在株基四周撒些经消毒过的水草屑以阻止种子随水而外流；二是浇水施肥时，尽量用喷壶或细孔浇水器在盆周缘缓缓注浇；三是用塑料薄片环绕盆缘一周，这样可把盆面缘升高 1 厘米以上，切实围堵随浇水而流动的兰花种子。具体操作方法介绍如下。

①消毒母本盆基质：含土基质最常有的土传病害是腐霉菌（白绢病）、疫霉菌（腐烂病）、镰刀菌（枯萎病）等。于是在仲春气温回升时，先选用 40% 五氯硝基苯、50% 福美双、50% 多菌灵各等量混合 800 倍液，浇透基质一次。10 天后，再选用德国产"施保功"，最好是选用高效的瑞士产的"适乐时"600 倍液浇透基质一次。经过两次施药，基本可消灭基质中的病虫害。

②培育基质中的有益生物菌：消毒用杀菌剂虽有其各自的杀灭对象，一般不至于直接危害有益生物菌群的，但可能有间接的危害性或扼制生物菌群的活性。因此在浇施过杀菌剂的基质，尽快地培育或促进生物菌群的活性，是有一定的必要性。于是，在浇施杀菌剂的第 7 天或第 10 天后，浇施生物菌肥，是有一定的意义的。

通常可选用 600 倍液精品"兰菌王"、"兰博士"；1500 倍液日产"千旺活力素"；澳大利亚产"喜硕"等一次。

③在盆面铺上水草屑：当浇施生物菌肥后便可经水煮灭菌晾晒将干时切碎成屑，并用 600 倍液精品"兰菌王"、"兰博士"或其他生物菌肥喷湿后，摊于母本盆面株基四周，约 1 厘米厚。并在盆缘用塑料薄膜围堰，以提高盆缘高度，防止种子流失。

④播种：把经消毒过的种子直接撒播于母本株基，这样，母本盆面播种完毕。

2. 在专用盆中播种

（1）备好盆具基质：选用高筒、有盆脚、底和周边多孔的新盆具（陶瓷盆、紫砂盆要先用洁水浸透）；选用无污染的软木炭（明火烧成的木炭）或清洁的泡沫塑料块或小河卵石等作为垫盆底的疏水透气层；选用干净的粗河砂或商品"帝王石"、"紫金石"为粗植料；选用河岸边含洪水泥浆的细沙土与林野腐殖土等量混合，经蒸气消毒后为培养基质。选用经水煮消毒的水苔晒干、切碎为盖种子植料。

（2）植料上盆：垫底基料占盆高的1/5，粗植料占盆高的1/5，混合细植料占盆高的2/5，基质面离盆面缘的高度为盆高的1/5。另外，在细植料面上，略疏撒一薄层（0.3厘米厚）的经消毒过的细水草屑。

（3）播种：把经消毒处理过的种子，撒播于培养盆水草屑之上（接触种子前，手要用75%酒精消毒3次）。然后盖上1厘米厚的经消毒过的水草屑。

（4）浇水：选用普通下山兰的龙根（盆用5~10条，多些更好），用冷开水洗净，放入经75%酒精消毒过的研磨（或称研磬）里，研碎，加入少量冷开水，研成稀糊状，然后用冷开水稀释成300倍液，淋浇于育苗盆面上（也可用2000倍液生物菌肥代替），尽可能浇透。

（5）密封育苗盆：用新铁丝或竹片，在育苗盆内缘架设40厘米高的小拱架，然后选用经洗洁精稀释液洗净、甩干的黑色塑料袋倒套全盆，扎紧口。接着在塑料袋四周各刺1~2个米粒大的小孔，以确保育苗盆里有微透气状态（气温高，可多刺几个孔。到了低温期，用小块塑料胶布封堵部分透气孔。）

（6）管理：把育苗盆置于有散射光照（2000勒克斯）处。注意防雨淋、防低温霜冻、防高温闷热，尽可能保持在18~26℃的适温和60%~70%的空气相对湿度中。环境宜保持空气对流、通风。

每半个月掀开塑料套袋检查一下基质的干湿度，如已偏干，可淋洒水分。如能选用3000倍液深圳产"高利达"或3000倍液多功能促进剂淋浇一次，可收到提高出芽的效果。

当种子出芽后可拆除密封，每当基质偏干时，可选用800倍液"兰菌王"或1500倍液"植物动力2003"浇施；每隔3天，选用1500倍液高氮型高乐或高氮型爱施牌叶面肥、花宝5号、花多多11号、上海产磷酸二氢钾等叶面肥交替喷施一次。

（二）无菌播种

无菌播种育苗法，虽然成功率较高，但要求有一定的近似组织培养的设备与技术。不过也不是高不可攀的。近些年，各地有志者采用无菌播种法育苗均取得了可喜的效果。

1．应有的设备

无菌工作室、工作台、播种操作箱、试管、广口瓶、高压锅或微波炉等。

2．播种用具的消毒

（1）播种操作箱应用75%酒精棉球擦拭3遍，然后开启紫外线灯照射30分钟。

（2）无菌工作室、工作台，在开始工作前，也要开启紫外线灯照射30分钟。

（3）装培养基用的广口瓶、试管、注射器、粗针头（可用一次性注射器）、吸管、脱脂棉塞等都应用水煮沸30分钟以消毒或放入高压锅内用蒸气消毒，待冷却后，放入操作箱内备用。

（4）操作的手，应事先用洗洁精稀释液洗净擦干后，再用75%酒精棉球搓3遍，待干后套上医用乳胶手套。

3．兰花种子的消毒

双氧水消毒法：选用医用3%双氧水（H_2O_2）浸泡种子30分钟（适当搅拌）。

漂白粉消毒法：用新鲜漂白粉 10 克溶解于 140 毫升的蒸留水中，用过滤纸过滤去渣，然后将种子浸泡于漂白粉溶液内 30 分钟。如种子不下沉，可加入数滴 95% 酒精，种子便可下沉。

不论采用哪种消毒法，待消毒时间一到，便可在无菌操作箱里，用过滤纸滤出种子，再用蒸馏水洗 3 次，滤出种子，待播。

4. 培养基的成分

适用于兰花种子发芽的培养基有数十种。现选介最适用的两种如下：

（1）Knudson 改良型培养基

成　　分	含量（毫克）
硝酸钙〔$Ca(NO_3)_2 \cdot 4H_2O$〕	1000
磷酸二氢钾（KH_2PO_4）	250
硫酸镁（$MgSO_4 \cdot 7H_2O$）	250
硫酸铵〔$(NH_4)_2SO_4$〕	500
硫酸亚铁（$FeSO_4 \cdot 7H_2O$）	25
硫酸锰（$MnSO_4 \cdot 4H_2O$）	7.5
硼酸（H_3BO_3）	1.0
烟酸	0.1
核黄酸	0.1
吡哆醇氯化氢	0.1
抗坏血酸	0.1
精氨酸	5
硫氨素氯化氢	0.1
天门冬酰胺	5
蔗糖	30（克）
琼脂	17000（毫升）
蒸馏水	1000（毫升）
酸碱度（pH）	5.3

摘自陈心启等著《中国兰花全书》2000 年第二版。

（2）Knudson Sol，N 培养基

成　　分	含量（克）
硝酸钙〔$Ca(NO_3)_2 \cdot 4H_2O$〕	1
硫酸铵〔$(NH_4)_2SO_4$〕	0.5
硫酸镁（$MgSO_4 \cdot 7H_2O$）	0.25
磷酸二氢钾（KH_2PO_4）	0.025
硫酸亚铁（$FeSO_4 \cdot 7H_2O$）	0.05
琼脂	15
蔗糖	20
蒸馏水	1000（毫升）
酸碱度（pH）	5.1

摘自吴应祥著《中国兰花》，1994 年。

注：为了给兰花种子一个必要的根避光性生长环境，每种培养基均可加入活性炭 30~50 毫克，或者把盛培养基的试管、广口瓶外壁贴上黑色纸。

5. 培养基的配制

装培养基材料的各种瓶子，都应用75%酒精消毒，干了再消毒，连续3次后，移入无菌操作箱里。

用些许蒸馏水，分别稀释各种成分后，混合，添足蒸馏水，拌匀，分装于各个培养瓶或试管里。要注意，每个容器中只能装2~3厘米深度的培养基。然后用经蒸气消毒过的长脱脂棉塞塞紧。

6. 培养基的消毒

培养基可以放入蒸气消毒锅内，用高压蒸气消毒30分钟，也可放入微波炉内消毒。消毒后稍晾凉，取出移入无菌操作箱里，以备播种。

7. 播种

当培养基冷却凝固后，便可在无菌操作箱里把兰花种子撒入培养基中。撒的量要少，要均匀，不要让种子埋入基质。接着把瓶塞盖好，并用经过消毒的塑料薄膜封住瓶口并用新的松紧带扎紧。挂上标有名称、号码、播种日期等的防水标签后，移入培养室。

8. 播后管理

将播种完毕的玻璃瓶或试管置于恒温、恒湿的无菌培养箱或培养室里培养。注意温度应保持在20~24℃，冬季不低于20℃；湿度应保持在70%；光照要有2000~3000勒克斯。

经常检查，如发现有受污染的培养瓶或试管应立即清除。

一般经3~12个月的培养就可以发芽。发芽时间的长短因兰花的种类而异。蕙兰的培养时间可能较长，约需10个月以上的培养时间。

种子膨胀时呈淡黄色，逐渐变为黄绿色，最后呈绿色。种子发芽时，先出根，后长叶。待到每株幼苗长有3条根以上，新芽叶片挤成团时，应移植于培养箱中，再次培养。

9. 上盆栽植

当幼苗长至近10厘米高时，便可移植于盆里培养。培养基质为腐殖土、泥炭土、木炭粉、细沙、水草屑各等分，拌匀，经高压蒸气消毒后使用。

幼苗从培养基中取出时，会有培养基黏附，可用1000倍液甲基托布津溶液冲洗干净后上盆。移入灭菌培养室里培养。注意保持室温在20~24℃，冬季不低于20℃，湿度保持在70%，光照保持在2000~3000勒克斯，基质不偏干不浇水。每天用冷开水喷细水雾1~2次。2周后，可选用6000倍液"喜硕"或1500倍液"花宝1号"每隔3天喷施1次，也可选用其他优质叶面肥喷施。上盆3个月后，可以每月浇施一次6000倍液"喜硕"。喷施或浇施后，应加强通风。

应经常检查虫情，如发现病虫害应及时施药防治。

待幼苗长出新根后，长势日益茁壮时，便会分蘖叶芽。待新株叶长至10厘米高后，便可再次进行移植。

第十章　病虫害诊治

第一节　虫害诊治

一、主要虫害诊治

1. 介壳虫

介壳虫是一个庞大的昆虫家族，约有800余种。常危害兰花的多达几十种，其中危害最大的有糠片蚧、黄糠蚧、球盔蚧、红蜡蚧、兰圆蚧、兰蛎蚧、国兰蛎蚧、蜘蛛抱蛋并盾蚧、中华突眼蛎蚧、褐圆盾蚧等。

介壳虫繁殖力甚强，一年繁衍多代。卵孵化为若虫，经过短时间爬行，即形成介壳，营固定生活。它在高温高湿的条件下繁衍更快，只需旬日，便可使整盆兰株甚至整片盆兰枯萎（图10-1）。由于它的排泄物有甜味，可招引蚂蚁诱发烟煤病。

消灭介壳虫一定要把握5~6月份的若虫孵化期，当其尚未形成蜡壳时，选用具有杀卵功能的杀虫剂，喷施叶背、叶基、盆面、兰架下、兰场四周墙壁，并淋透基质。5天后再施药一次。对虫量较多的，应采取浸盆消毒和全面消毒场地，方能一举歼灭。

防治药剂有福建产1500倍液速扑杀，江苏产1500~2000倍液介死净，深圳产1500倍液蚧杀特、扑杀介，江苏产2000倍液10%千红等。

为了提高防治效果，可在每15千克药剂稀释液里添加250克食用白米醋，取醋的极强渗透力，以引发药剂直达虫卵、虫体内而提高杀灭效果。

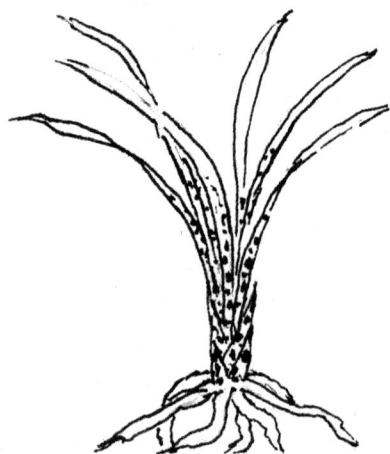

图10-1　介壳虫危害状

2. 白粉虱

白粉虱常见有4种。其中常危害兰花的是黑刺粉虱。黑刺粉虱体小如虱蛋，寄生隐蔽，1年可繁殖多代，在高温高湿条件下，短时间里便可形成庞大的群体，只要旬日，便可使全兰园里的盆兰死伤惨重。

白粉虱的若虫，在叶背吸取汁液的同时，分泌甜味物质，招引蚂蚁，诱发烟煤病等。

白粉虱（图10-2），成虫体长1毫米左右，为淡黄色，翅面覆盖白色蜡粉，外观颇似白色的小蛾。白粉虱的群体在危害兰株时，其白色翅膀布有白蜡粉，若不

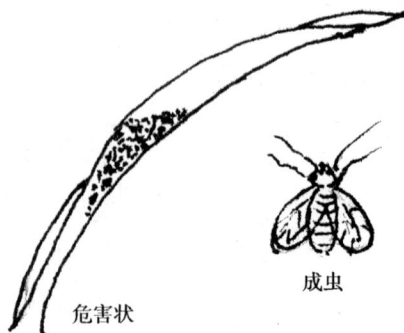

危害状　　成虫

图10-2　白粉虱

注意观察其动感，常被误为白粉病。

防治药剂有2000倍液25%溴氰菊酯乳油；2000倍液克虫必；2000倍液天罗地网；3000倍液千红可湿性粉剂等。

3. 蓟马

常危害兰花的蓟马有6种以上。蓟马的若虫无翅，成虫体长仅1～1.5毫米，三对脚两对翅，两个触角，褐色，如图10-3所示。蓟马多在叶芽、花芽、花朵等幼嫩部位危害，尤以嫩叶的近叶柄处危害较多。它通过口器刮破幼叶表皮组织，吸取汁液，留下白色的小扩散斑，致使被疑为病毒斑。既影响叶片发育、花朵早衰早落或花香大减，也会诱发病虫害。

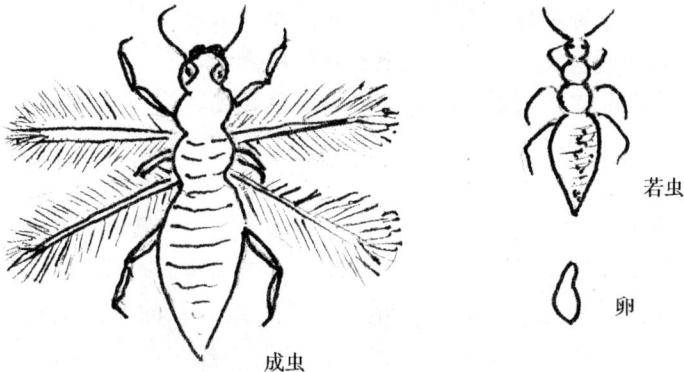

成虫   若虫   卵

图10-3 蓟马形态图

对蓟马施药防治的适当时期是叶芽、花芽将露出基质面时和叶芽、花芽伸长期，均应施药防治。

防治药剂很多，常用的有青岛产"天罗地网"2000～3000倍液；北京产"氯化乐果乳油"1500～2000倍液；珠海产"风雷激"800～1200倍液；加拿大产"灭多威"1500～2000倍液等。

4. 蚜虫

常危害兰花的蚜虫有尾蚜属、棉蚜属、桃蚜属等。

蚜虫体小如跳蚤，浅褐色。成群结队，密密麻麻云集于叶芽、嫩叶、花芽、花莛、花朵上为害。它用口器刺吸汁液，致使被危害部位出现褐斑、缺损、畸形。由于它的排泄物为蜜露覆盖在株叶面，影响光合作用，又招致霉菌滋生，诱发黑霉病，传播病毒，危害不小。

防治药剂有2000～3000倍液青岛产"天罗地网"；800～1200倍液海南产"杀毕净"；3000～5000倍液江苏产"千红"；1500～2000倍液北京产"氧化乐果乳油"；1500～2000倍液加拿大产"灭多威"等。

5. 螨类

常危害兰花的螨类害虫有红蜘蛛属、苔螨属、细丝螨属、短丝螨属等。

螨类害虫虽形近小蜘蛛，但并非蜘蛛。它以其锐利的口针，刺吸株叶汁液，释放毒素，破坏株体生理机能平衡，影响株体发育。其中细丝螨、短丝螨多盘踞于株基，缠丝、刺吸刚长出的嫩根和刚分蘖出的嫩芽、花芽的汁液，致使新根、新芽、花芽发育受阻而缓缓枯死。

防治药剂有：海南产1500～2000倍液"杀毕净"；珠海产1500～2000倍液"风雷激"；4000倍液"灭扫利"；1000倍液"氧化乐果乳油"；1000倍液"三氯杀螨醇"；1000～1500倍液"克螨特"等。

注：对盘踞于假鳞茎基部的细丝螨、短丝螨，应采用淋施药剂的方法，方能有杀灭效果。

二、蠕动类害虫

常危害兰花的蠕动类害虫有形如小田螺的蜗牛和体如铅笔杆粗、背为浅褐色、腹为白色、有触角的软体蠕动害虫蛞蝓。它们白天躲在阴暗潮湿处或盆外底部，不易被人们发觉，只有在阴雨天和夜间出动，啃食幼根、幼芽、嫩叶和花朵。它们所爬过之处，均留下透明的黏性分泌物，好比在叶片上画出的地图，因而俗称为地图虫。它们除了啃食植物幼嫩组织外，其分泌物既堵塞叶孔，又诱发病害，传播病毒，不可不防。消灭蠕动类害虫的措施：

①量少的，可于雨天或夜间进行人工捕杀。

②使用广口瓶盛少量啤酒分置四周，诱其入食而醉杀之。

③可在兰场四周和通道及兰架下，撒施石灰粉以杀灭之。

④可在场地撒施商品农药蜜达颗粒剂，以彻底杀灭之。

三、地下害虫

危害兰花的地下害虫主要的有致使兰根结瘤，也致残叶与花的线虫；夜食幼芽、嫩叶的地老虎；蚕食根皮、根尖的蚯蚓；常在盆中筑巢、传播病害的蚂蚁等。

防治上述地下害虫（包括土传害虫）的最根本、最有效的办法，就是对养兰场地和基质进行消毒处理。

培养基质可通过曝晒杀灭，也可选用500倍液20%甲基异柳磷乳油，或200倍液80%溴氧丙烷乳油淋透培养土，并用塑料薄膜盖严，熏蒸3~5天后揭去薄膜，摊散翻动让药剂挥发3~5天后使用。量少的，可用高压锅高温杀灭菌虫。

场地消毒法：大棚地栽的，在平整好场地后，未填培养土之前，包括棚外围2米处，每亩撒施1.5~2.0千克3%呋喃丹（克百威）细颗粒剂。

四、卫生害虫

卫生害虫中的苍蝇、蚊子虽不直接吸食兰花的株、叶、花，但它们四处飞舞、栖息、爬行，又排泄粪便污染叶片，凡有苍蝇粪便污染之处，均罹患病害。因此，只能在加强环境卫生工作的同时，在兰场周围、棚室通道、兰架下，普撒灭蝇颗粒剂，垂挂黏蝇线，喷施"灭害灵"。精品兰室，应安装纱网门窗防护。对于偶有入侵的苍蝇、蚊子，可用电蚊拍消灭。

此外，卫生害虫中的蟑螂，也可从盆孔钻入基质中，蚕食味甜质嫩的兰根尖，钻出盆面后又四处飞舞、栖息、爬行，传播病害。消灭蟑螂的办法是在兰场周围、场内通道、墙壁、兰架下喷施灭害灵。也可用蟑螂笔、蟑螂片诱食杀灭之。

第二节 病害的诊治

一、细菌性病害的诊治

细菌为单细胞的微小生物体。细菌是无所不在、无孔不入的。它可以通过手、工具等接触，随水肥的流动、昆虫的传播等方式扩染、寄生、危害。细菌在寄主体上产生毒素，引起腐烂，使组织死亡，或者堵塞和破坏维管束，形成瘤状。受细菌致残的病斑常呈水渍状，近闻有腐败的恶臭味。

能危害植物的细菌有 200 余种，常危害兰花的主要有欧氏菌属和假单孢属。现简介如下。

1. 细菌性褐腐病

受害叶片呈现水渍状黄色小斑点，逐渐转为栗褐色，腐烂下陷。

2. 细菌性软腐病

细菌性软腐病为致命性病害，为世界性的兰花病害之一。它常在幼叶基部危害，初为水渍状浅黄色小斑点，逐渐转褐色、深褐色，病斑迅速扩大，密连成片、块状而腐烂。

3. 细菌性叶腐病

叶片被感染后，呈现黄色水渍斑，逐渐转为黑色而腐烂。

4. 细菌性褐腐病

受感染的叶片出现柔软的浅褐色小斑点，逐渐转为褐色或黑色的凹陷斑，斑周围具有黄色或浅绿色晕圈。该病斑发展迅速，密连成片，致使全株死亡。

5. 细菌性花腐病

受感染的花出现烂斑，斑周围有水渍状的晕圈。如不及时防治，将会扩展至全株。防治药剂有：

①3000～4000 倍液农用链霉素浇喷；

②600～800 倍液 75% "百菌清" 浇喷；

③600 倍液 20% "猛克菌" 浇喷；

④3000 倍液 90% 新植霉素（克菌先锋）浇喷；

⑤5000 倍液德国产 "好力克" 与 200 倍液医用氯霉素混合液喷施；

⑥1000 倍液高锰酸钾浇喷。

防治注意事项：当春季气温回升时，应普遍施药 1 次；当有细菌性病斑发现时，宜每日全面喷药 1 次，连续 3 次；对新株罹患细菌性软腐病时，应用左手压住母株假鳞茎，右手拔除病株，集中烧毁。病株残基，可选用软质小口小塑料瓶（如装 "双料喉风散"、"藿香正气水" 等小药瓶）或一次性注射器装上述杀灭细菌的粉剂，对准病株残基喷施大量药粉。全盆基质应喷施药剂，未染病株叶宜每日喷施药剂 1 次，连续 3 次。

二、真菌性病害的诊治

据有关资料介绍，迄今危害兰花的真菌有 30 余属，100 多种。本书仅选介其中最常见而又危害较大的 8 种。

（一）致命性真菌病害

所谓的致命性真菌病害是指凡受染植株，几乎必死无疑。如救治及时而得法的，能保全其连体邻株。也就是说，发病快、病程短、死亡率高、救治率低的真菌病害，被称为致命性真菌病害。

1. 枯萎病（萎凋病、烂头病）

兰花的枯萎病发病迅速，极易酿成特大灾害。目前尚无特效药剂，因此将该病比作兰花的 "非典" 病，这并非危言耸听。近几年来，在我国东南部的热带和亚热带地区以及内陆各地均有多起枯萎病的重灾发生。有的兰场染病烂枯率高达 40%，也有个别高达 90%。笔者曾把各地送来的病苗标本和病苗的邻株进行对比观察，分组防治实验，终有初悟。现分述于后，借以抛砖引玉。

（1）病原：病原主要包括尖镰孢、爪哇镰孢霉、立枯丝核菌、猝倒病菌。同时又常有冠腐病菌、心腐病菌、疫霉菌、细菌中的欧氏菌属等病原交叉或重叠浸染。但主要病原为尖镰孢（Fusarium oxysporum），也称"镰刀菌"。

（2）受害性状：受感染植株叶片的中下部似有轻度脱水样失泽失神，但早晚此性状可减轻，翌日又可再次显现失水、失神样。如果轻度脱水状，失泽、失神的株叶在增多，短则2~3天，长则5~7天，最长的半月许，便整株，甚至整簇、整盆兰苗枯亡。如果在发病初期，大量浇水施肥，则发病更快，死苗也更迅速，扩染邻簇也更快。

受感染的假鳞茎基部变褐色、水渍状，其表面长有不少白色或浅褐红色霉状物。纵切鳞茎镜检，发现维管束变褐色，有阻塞状。根的维管束也是如此。根体部分或全部变褐色，假鳞基部发黑，茎表面萎缩状，叶柄与叶片失水状而萎黄，基部比端部色泽深。

（3）发生规律：病菌以菌丝体和菌核在土壤里越冬。它能在土壤中存活多年。因此，土壤是主要的浸染源，病株残体里的病菌，还能通过流水、农具、人畜等广泛传播。已入侵寄生于未发病的植株，更是个直接而迅速传播的病源。

据相关资料记载，尖镰孢菌能在土壤温度23~32℃时，活跃浸染；气温30℃，土壤pH值8.9时，最易扩散浸染。当它们遇到合适寄主时，病菌就会从根、茎的小创口处入侵，进入维管束的导管内，繁殖、扩染。

（4）防治措施：

①因该病菌为土传病害，所以要格外重视土壤的消毒，是杜绝传染病原的根本措施之一。

至于培养基质的消毒，以高温蒸气消毒为最佳。夏秋烈日曝晒多日尚可。药剂消毒应选用800倍液瑞士产"适乐时"或50倍液40%福尔马林，淋透并密封1周后，解除密封，摊晾挥发1周后使用。

②种苗的消毒与培养基质的消毒同等重要。其显效药剂为瑞士产600倍液"适乐时"，浸泡全草30分钟。

③接触病苗的手与用具的消毒。接触病苗的用具、盆、剪刀等，用50倍液40%福尔马林（甲醛）溶液，浸泡30分钟。接触病苗的手，先用清水洗过，再用医用20%新洁尔灭浸洗片刻；或用75%酒精棉球擦拭，干后再擦拭，连续3遍。

④施药防治：

A．当气温20℃以上时，用800倍液"适乐时"浇透1次，1周后基质偏干时，再浇透1次。并在此期间内同时用600倍液"适乐时"或600倍液德国产"银法利"3天喷施1次，连续2次，以力求较彻底地歼灭镰刀菌等多种真菌性病害。

B．由于枯萎病，常有细菌交叉感染。细菌也能致使兰株发生枯萎病（立枯、青枯病）、软腐病、黑斑病、条斑病等。因此当气温20℃以上时应择时浇喷杀灭细菌性病害的药剂，如3000倍液90%"克菌先锋"（新植霉素，即90%链霉素和土霉素混合剂）或3000倍液农用链霉素，喷施宜连续2次。也可把杀真菌、细菌药剂混合浇喷，但应现混现用，不宜久存。

C．施药防治，不可能一劳永逸。因为即使你连续喷施高效药剂，把致命病菌几乎全歼，这也只能维系一个时间段的相对平安。而由于昆虫等媒介的义务传播后，待其繁衍成一定数量后，又使兰株出现病灾。因此，需要定期地施药防治。浇施应每2~3个月1次，喷施应7~10天1次。

⑤染病簇株的抢救：起苗、剔除已现病象植株，集中烧毁。对未现病象植株的创口，即用"适乐时"或德国产"银法利"，原液点涂一次。晾干创口药液后，用洁水冲洗植株。晾晒未现病象的植株经洗净后，把它置于日光下（晨光不用遮阴，强光应略遮叶片；如无日照，可用普通照明用的60瓦电灯泡，离兰株1米许）晒根2小时，每30分钟翻动一次，力求面面受阳。以增强对药剂的吸收力和激活生长力。

先把经晾晒处理的未现病象的病苗邻株浸入600倍液"适乐时"或德国产6000倍液"银法利"溶液30分钟，捞出，用洁水冲洗掉残留药液，晾干后再浸泡于2000倍液90%"克菌先锋"或2000倍液农用链霉素溶液中30分钟，捞出晾干，待植。

选用新盆和经蒸气消毒过的新基质栽植，栽后用新稀释的600倍液"适乐时稀释液当定根水浇之。

对于抢救兰苗，宜置于自然通风处，85%遮阴密度下，28℃以下适温管理，夜间移出室外让其沐浴露水，早晨沐浴晨光1小时。每天喷施1次低浓度叶面肥；每两天喷施1次杀菌剂。

2. 白绢病

植株受感染的最早信号是假鳞茎基部出现黄色至淡褐色流水状斑。病菌主要破坏植株基部，并扩染幼叶和根部。受害的叶片从基部开始逐渐往上萎黄而死亡。

受感染的植株基部出现淡褐色流水状斑之后的次日，斑体便出现褐色腐烂，再过1~2天，腐烂病就出现白色绢状物（腐霉菌的丝），接着，白色绢状物上形成了许多如油菜子大小的颗粒，即菌核。

白绢病以基质的酸碱度pH值5.3以下，发病严重，通常4~5月份开始浸染，6~8月份为发病的高峰期。因此，4月份应检查一下基质的酸碱度，如过于偏酸，应撒施一些芦苇草炭，或浇施500倍液食用碱溶液，以调节酸碱度，可有效地控制病情的发生。

防治的显效药剂为医用氯霉素针剂。

预防喷施、淋施浓度为200~300倍液。

抢救治疗病株的浓度10~50倍液（淋施病株和与病株相邻植株）。

3. 疫病

疫病为疫霉病的简称。它为世界性兰花主要病害之一，是由疫霉菌的浸染寄生所致。该病菌可随水、风、基质、昆虫传播。在高温、多雨、高湿的条件下，发病最为迅速和严重。它的病症可因品种和生态条件的不同而异，全株各个部位均可出现病症。其典型症状如下：

（1）叶缘青腐：多在叶端部、叶缘显现病症，也有在叶片中段和叶基部叶缘出现病症。病灶为不规则条块状，似如手捻搓过的褶皱，色如刚炒熟的青菜样，青绿而湿润。数日后，斑色由青绿转为褐黑色，连同斑体上部组织一同干枯。

（2）烂甲：疫霉菌扩染至叶鞘，使其青腐逐渐转为褐腐，干枯后，鞘尖黑褐色，鞘基墨黑色，中段浅褐色。

（3）黑头：假鳞茎受疫霉菌感染后，茎色由青绿变黄，最后转为褐色而腐烂，并累及叶柄和根系，直至全株死亡，也扩染邻株。

（4）腐心：疫霉菌从新芽株基入侵，或随喷水肥雾流入株心入侵，出现中心叶有轻度脱水状，叶下部有如被手揉搓过的青腐，逐渐转为褐腐。其受害部位与绿色部分的分界处呈青黄色。

对疫病的防治，主要在于基质、盆具、种苗的严格消毒，并在气温25℃以上时，7~10

天，至少半个月喷药防治 1 次。

一旦发现有叶缘青腐的病灶，立即喷药治疗，每日上午 9 时许和下午 4 时许各喷药 1 次，连续喷药 3 日。

一旦发现有黑头、烂甲、腐心等病象的盆兰，应立即起苗，剔除病株（集中烧毁，陈列盆兰场地也应消毒），经消毒后，用新盆、新基质重新栽植。

预防药剂有：500 倍液代森锰锌，500 倍液福美双，600 倍液百菌清，1000 倍液"可杀得 2000"，500 倍液"甲霜灵"，600 倍液 25% 甲霜、霜霉。

治疗药剂有：400~600 倍液"乙磷铝（疫霜灵）"、600 倍液加拿大产 81% "除清"可湿性粉剂，400 倍液 72.2% "普力克"水剂。

（二）常见多发性真菌病害

1. 炭疽病

炭疽病为世界性兰花多发病害之一。在中国南方各地尤为常见，其他地区也有发生。炭疽病的病原菌为盘长孢状刺盘孢、环带刺盘孢。

叶片受炭疽病原菌浸染初期，呈现水渍状浅褐色的小脓包，继而扩展为圆形、椭圆形或数厘米长的不规则条状大斑，斑体微凹陷。斑体中心呈灰褐色或灰白色，常伴有褐色轮纹，斑缘黑褐色。斑外周缘（即病斑与绿叶体的交界处）呈橘红色晕圈。后期病斑转为褐色，并在斑体上着生许多小黑点（即病菌孢子）。因而也被称为黑斑病。

预防药剂有：500 倍液代森锰锌、800 倍液 50% 多菌灵、800 倍液 75% 甲基托布津、800 倍液 75% 百菌清、1000 倍液"可杀得 2000"、400 倍液"爱苗"等。

显效治疗药剂有：1000 倍液德国产 50% "施保功"可湿性粉剂、1000 倍液德国产 25% "咪鲜胺锰盐"（水剂）、600 倍液加拿大产 81% "除清"可湿性粉剂、2000 倍液瑞士产 30% "爱苗"乳油、2000 倍液德国产 50% "翠贝"干悬浮剂。

2. 黑星病

黑星病（图 10-4）属于黑斑病中的一种。它主要危害兰花的新芽株，当叶芽伸长展叶时，便呈现密聚的细小黑点斑，斑体缘与叶绿体分界清楚，不具异色晕圈。由于小黑点的日益增多、密连成片，致使新芽株干枯。

该病尚未见过报道，近年来西部偶有发现。笔者推荐治疗方法，很快控制了病情，再分蘖出新芽，不再受浸染。2007 年春季，西部一兰友邮一标本，经观察后，拔除染病芽鞘，用药剂稀释液浸泡消毒后栽植。病株基不黑腐，半月后母株再分蘖新芽株，发现已长成苗，不

图 10-4 黑星病示意图

见有该病发生。由于该病危害新芽株，可在同一个兰园里普遍发生。对本病，笔者仅见过和救治过一小簇（两株带一病芽）兰的实验，无缘广泛观察分析，仅是初识，本不宜列入介绍，但考虑到有些兰友的兰园曾有该病发生而遭受损失的现象，故此提及，以供参考。

对于该病的预防，春季气温回升，新芽露出基质面的时候施药防治，一旦新芽株出现此病症，救治已晚。

其防治显效药剂有：德国巴斯夫制造的 2000 倍液 50% "翠贝"干悬浮剂、瑞士产 2000 倍液 30% "爱苗"乳油、德国艾格福公司产 1500 倍液 50% "施保功"可湿性粉剂。

全面预防，选用上述药剂喷施 2 次，每 3 日喷 1 次（注意喷及株基）。对于曾有发病过的盆兰，应以淋浇 1 次，加喷施 2 次，方能确保平安。对于染病植株，应剔除病株（集中烧毁）后，放入"翠贝"稀释液中浸泡 30 分钟，取出重植。植后还应浇药 1 次，喷药 2 次，以巩固疗效。

3．锈病

病菌从叶端背缘入侵，呈黄色凸起小点，故又称为沙斑病。锈斑密连成片，很快就遍及全叶，老叶先发病，新叶后发病。由于沙斑病的斑体处于叶背，早期斑色不鲜艳，不易发现，待到从叶面可看到有沙斑时，其小点的病菌孢子已破裂，随风飘落，四处扩散。给防治带来极大困难。一旦感染锈病，就要尽早使用浸泡消毒法，更换基质，消毒盆具、场地，并每日喷药 1 次，连续 3 次。

冬季为该病的高发期，应经常翻检叶背端，测报病情，如发现应及时连续施药 3 次以控制病情。

防治药剂有：1500 倍液"铲锈除粉"、800 倍液"粉菌特"、800 倍液"粉锈星"、200 倍液"硫磺悬浮剂"、2000 倍液瑞士产 30%"爱苗"乳油。

4．叶斑病

叶斑病为世界性兰花病害之一。常见病原有 10 余种之多。由于后期斑色变黑，也称黑斑病。

叶斑病菌浸染叶片（包括假鳞茎）后，多数使局部绿色淡化后转为浅黄色，继而呈现淡褐色斑点，随着斑点的扩大成圆形或不规则大斑，色泽也变成黑褐色，后期斑色转淡，出现黄褐色包点突起（即病菌的孢子盘），斑体凹陷。斑大而多的和假鳞茎也受感染的，可使整株死亡，并扩染它株。

预防药剂有：500 倍液 78%"科博"溶液、500 倍液 80%"代森锰锌"溶液、800 倍液 50%"复方硫菌灵"溶液、700 倍液 75%"百菌清琥铜"溶液、1000 倍液"甲基托布津"溶液。

当气温回升后，应选用上述药剂之一，每 3 天全面喷施 1 次，连续 2～3 次，方能达到真正的预防效果。

治疗药剂有：1000～2000 倍液瑞士产 30%"爱苗"溶液、2000～3000 倍液德国产 50%"翠贝"溶液、800～900 倍液美国产"可杀得 2000"溶液、1500 倍液瑞士产"适乐时"溶液、600～800 倍液加拿大产"除清"溶液。

对于已发现病斑要及时施药救治，宜每日喷 1 次，连续 2～3 次，方能彻底救治。

5．黑胫病

黑胫病是指病灶处于兰株叶柄环间致使叶片断落的一种病象，也包括假鳞茎出现病灶。可致使黑胫病的主要病原有三类。

①茎叶核菌：每年 3～4 月间发病。菌核菌先是从叶基部（叶柄环上下）呈现浅褐色湿性腐烂，可向上延伸，呈红褐色，未变色部分叶色依然青绿，但叶片从叶柄环处断落。

抢救办法：对已显现病灶的，应立即淋施高浓度药剂 1 次，并每隔 3 天向株基喷施 1 次，连续 3 次。药物有 600 倍液美国产"可杀得 2000"溶液、800 倍液"复方硫菌灵"（70% 甲基托布津与 50% 福美双混合）等。

②叶枯病：病原为李属柱盘孢霉。它在叶片各部呈现红褐色小斑点，迅速扩大，使病斑成圆形，故也称为圆斑病。病斑在叶缘的，斑形为半圆形，后期斑缘呈红褐色。斑的正反面

均着生黄褐色的包状凸起物，即病原菌的分生孢子盘。病斑在叶基的，可加速叶片枯落。

防治药剂有：1500 倍液德国产 50%"施保功"可湿性粉剂、3000 倍液德国产 50%"翠贝"干悬浮剂、2000 倍液瑞士产 30%"爱苗"乳油。

③疫病：疫病菌在叶基部浸染的，可致使叶基黑腐而枯落，也累及假鳞茎和根而黑腐。治疗药剂为 400 倍液 80%"乙磷铝"可湿性粉剂或 400 倍液 25% 甲霜、霜霉可湿性粉剂。

6. 根腐病

根腐病的主要病原是立枯丝核菌、镰刀菌，其次是疫霉菌和细菌类中的欧氏菌属等。

立枯丝核菌、镰刀菌多浸染幼苗的嫩根，而疫霉菌和欧氏菌新老根均易受浸染。

根群受浸染后，形成一节褐色腐烂区，引起幼苗死亡，也会扩染到根状茎和假鳞茎，致使叶片发黄、干缩、扭曲而枯落。每当发现有叶片自基部往上发黄时（尤其是新株），便应浇施药剂救治。

浇施显效救治药剂为德国产 600 倍液"银法利"，其次为瑞士产 400~600 倍液"适乐时"。

常用防治药剂有：1000 倍液美国产"可杀得 2000"、1000 倍液 40% 五氯硝基苯与 700 倍液 70% 甲基托布津、400 倍液 80% 乙磷铝与 500 倍液 50% 多菌灵，如果叶片发现有细菌性病斑时，也应同时浇施 2000~3000 倍液农用链霉素。

7. 烧尖病

烧尖病是指病灶集中在叶尖处的一种病害，它为世界性兰花病害之一。

烧尖病的主要病原是葡萄孢属和半知菌亚门茎点霉。通常在气温 28℃ 为始期，气温 30℃ 以上为高峰期，病菌可随风雨、水滴传播，多从叶尖创口和叶孔入侵。叶尖处出现褐色斑点，逐渐增多，密连成片，致使整个叶尖枯焦，其上覆盖有粉状孢子团。

凡是能防治叶斑病的药剂都能杀灭上述病菌。一般没有因根部有问题而出现的生理性焦尖，7~10 天（最少每半个月）定期喷药防治的，不易发生烧尖病。如有少许病斑发现，立即选用多菌灵、甲基托布津、百菌清等，每日喷施 1 次，连续 2~3 次，多可杀灭。

对于已有烧尖病灶存在的叶尖，应及时扩剪两倍（即病灶 1 厘米长，连带剪除绿叶 2 厘米长）集中烧毁。并立即选用多菌灵、甲基托布津、百菌清等，与 2000 倍液农用链霉素混合喷施，每日喷 1 次，连续 2~3 次，便可有效控制。

8. 假黑点病（生理病害）

假黑点病是由于土壤（基质）的溶液浓度过高而产生的一种生理病害。

土壤的好与坏，主要是通过土壤溶液来表现的。也就是说，只有用水把土壤溶解成液体状态，才有可能测定分析。根从土壤中吸收有益成分，也是从土壤中的水分所含有的物质。这土壤中的水分，就是土壤溶液。是溶液就有浓度的高低问题。

伟大的生物学家达尔文戏称：植物如果有脑子的话，一定是在根上，说明植物的根，好像可以思维。通常根在紧贴于土壤，吸收土壤溶液（水分）中有益物质，拒绝吸收有害的物质。当土壤溶液的浓度过高时，这高浓度的强渗透力，高于根的分辨选择力，便不容其选择而硬挤入根体内。由根进来的无用或有害的物质不能由根排出，只能随体液运行至末端（叶尖）而被丢弃。这个叶尖就成了兰株排放废物的垃圾场，废物堆积多了就引起叶尖的局部坏死而成了叶尖枯焦。当叶尖这个垃圾场堆放不下时，只好随处丢弃废物而引起局部坏死，形成黑点，就成了非浸染性的生理病害症——假黑点病（假黑斑病）。当土壤浓度继续升高时，将引起中毒，数片叶片同时枯黄凋落。这种中毒现象，常首先发现于母代植株上。用洁净水及时冲洗，最好起苗洗净重植，可避免扩展。

鉴于此，养兰基质如要混入基肥，量宜少再少。平时施肥间隔时间要长（无土基质 7～10 天 1 次，有土基质 20～30 天 1 次），浓度要低（化肥 1000～2000 倍液，有机肥 100～200 倍液），两次施肥之间，应有一次浇水（有土基质可以施两次肥后，浇透一次水）以避免基质溶液浓度过高而引起生理性病害的假性黑斑病发生。

假性黑斑与病理性黑斑的最大区别是假性黑斑色泽一致，斑面斑背没有细点斑的晕纹可见。

三、病毒病害的诊治

由于昆虫的义务传播，迄今已有不少作物受到病毒病害的浸染，甚至连野生植物也难逃厄运。作为高雅观赏植物的兰花，也毫不例外地遭受病毒病害的浸染。

兰花受病毒病害（VIRVS）浸染后所显现的症状，多为透明状长条形斑，略似中药材的杜仲折断后，用力拉长的丝状体，故俗称为"拉丝病"。由于兰花病毒的英文名音译为拜拉斯，因此常称其为"拜拉斯病"。由于兰花病毒病害，至今尚未发现根治的办法，因而被比做兰花的"艾滋病"或"癌症"。

病毒兰有较强的传染性和遗传性。爱兰养兰者应积极配合有关部门，在努力抵制病毒兰入境的同时，也应自觉地烧毁病毒兰。广州兰花研究会于 1994 年 1 月 15 日以"呼吁广大兰友，抵制拜拉斯病兰"为题，给广大兰友和兰花爱好者的一封公开信中，明确指出拜拉斯病毒的遗传性很强，一旦感染就代代相传（笔者曾发现有不少是隔代相传的）拜拉斯病会不会传染？答案是肯定的。我们曾亲眼见过一个颇有名气的以传统银边墨兰起家的养兰大户，收集了很多下山优良品种，后来不慎购进我国台湾产的病毒兰，导致整大棚兰花植株都染上拜拉斯病。不仅兰苗遭受巨大损失，连场地也遭受污染，这些下山驯化兰，也都感染上病毒。

广州兰花研究会虽及时发出呼吁信，但各地兰协和相关部门，未能紧密配合而形成强有力的抵制病毒兰流入的措施，导致病毒兰在全国各地泛滥成灾，这惨痛的教训，绝不应忘记。

1. 危害兰花的主要病毒原

危害兰花的主要病毒原有国兰花叶病（坏死花叶病）、国兰坏死环斑病、国兰叶萎黄条状坏死病、兰花坏死小斑病、石斛花叶病、万代兰花叶和花条状坏死病、齿舌兰环斑病等。

2. 兰花病毒病害的传染方式

①遗传性传染：已受病毒浸染的兰株，其病毒可随着维管束输送至兰株的各个部位和连体植株。虽经掰拆分离，但它早已潜伏有病毒。掰拆分离出的无显现病毒症的植株，它所分蘖出的新芽株照样会显现病毒症状的。即使个别的，当年分蘖苗不显现病毒症状，翌年或后年的分蘖苗还会显现病毒症状的，这就叫做"隔代遗传"。

由于它具有隔代遗传性，所以它是经治疗后或新株叶发育成熟后，病毒症隐匿了的，尚不能认定它是已治愈，而不夹带病毒。有条件的，应送高级检疫部门检测，方能定论。不然就要观察三代新芽株，均不出现病毒症状，方可暂时消除疑虑。

②昆虫义务传播：各种昆虫或其他动物的叮咬、刺吸带病毒的植株时，带来了带病毒的汁液，再到未染病毒的兰株叶上活动或为害，便顺带传播。

③接触性传播：在起苗、掰拆、修剪、外界力挤压、摩擦、管理、品赏中的误伤、装运、翻选等活动都会引起明显或不明显的误伤。被污染的场地、包装纸、包装箱、兰架、盆钵、基质、工具、手等对病毒兰株的接触（尤其是明显或不明显创口的接触），病毒便随之入侵寄生、繁衍危害。

3. 兰花病毒病害的肉眼识别

检测兰株是否受病毒浸染的根本方法是在实验室里进行病理切片、染色后，用高倍电子显微镜检测。但广大爱兰养兰者，多不具备此检测条件，只能凭肉眼观测，其观察方法是把兰株提到视平线上，对着较强的自然光进行透视。如有花纹斑体比绿叶薄而半透明，且其斑缘似有微微扩散状，斑体周边不整齐，斑体的邻近组织有不甚明显的略失油绿而轻度的褶皱，其斑附近段叶缘又常有向叶背微卷曲，便为典型的病毒病害症状。

对于似流水状的变薄透明斑和环状变薄透明斑，虽其邻近叶缘未见明显萎缩与后卷，或者斑体的邻近绿区，也未见有微褶皱状而略失油绿者，是病毒病害的早期症状，也应视为病毒病害斑。

至于病毒斑与水晶艺斑、线艺斑、初级图画斑、药伤斑、水渍斑、日灼斑、炭疽病斑、介壳虫斑、蓟马斑等色斑的鉴别，已由中国林业出版社 2007 年 1 月出版的拙作《养兰千问》中详述，此处不再赘述。

4. 如何预防病毒病害的浸染

由于兰花病毒苗不仅是从我国台湾省来的种苗有病毒病害，由于近几年台湾省病毒兰的病毒扩染，各地的下山苗、传统兰苗，甚至极个别的野生苗，都有不同程度受到感染，因此应格外重视预防。

①慎重引种：由于兰花的病毒病害不仅会系统性的接触传染，而且还会有遗传性传染。被浸染的兰株，有的可在短时间内显现病毒症状；有的并不即日显现病毒症状；有的新株叶已发育成熟，病毒症状有暂时隐匿，其分蘖的新芽梢可出现病毒症状；有的成熟株，见不到病毒症状，翌年分蘖出的新芽株也不见病毒症状，但到了第三年或第四年所分蘖出的新芽株还会显现病毒症状。这就是潜伏浸染、隔代遗传。这就给鉴别有否病毒浸染带来难以克服的困难。因此，除了坚决不引进，也不接受赠送已有病毒症状的种苗外，就是绝对不能引种来自病毒流行区的种苗以及与病毒苗混种（同处陈列管理）混装、混卖的种苗。绝不能受"物美（花种好）、价廉"所诱惑或花言巧语所打动。

②铲除祸根：如是误买了带病毒的种苗或在自己的养兰场所里，偶然发现有病毒苗，应毫不吝惜地立即将病株连同盆钵及基质清理深埋。其邻近的兰株和场地，都要立即选用抗病毒药剂淋洒消毒，每 2~3 天 1 次，连续 3~5 次。并全面喷施抗病毒剂 3~5 次，以控制病情。

③消毒种苗：不论是外购苗，还是自己疑有病毒感染的种苗，都选用高效抗病毒剂与杀菌剂混合浸泡消毒 30 分钟以上消毒。

④加强管理，提高免疫力。合理调控养兰场所的光照、温度、湿度、水分和通风，合理浇水施肥，以育壮植株，提高其抗逆性。及时防治病虫害，尤其是不能忽视虫害的防治，以杜绝虫害的义务传播。适当施用保护剂。每季喷施 1 次 1500 倍液的医用阿司匹林（乙酰水杨酸），以让它作用于兰株的遗传基因，生成多种与植物抗病有关的蛋白质，以阻止病原物的入侵、扩散，并杀死或抑制其生长而起到保护作用。不用浸盆法供水。因为浸盆法供水，如果兰盆和基质有病原菌、虫害、病毒原，便易随水扩散。所以还是以淋浇或注浇法供水为

妥。

修剪兰叶的剪刀应消毒。不论是否有病菌、病毒的兰苗，如用剪刀修剪叶片，每剪过一盆兰，就应消毒一次。

刀具消毒法是：选用2%的福尔马林溶液浸泡30分钟（要用两个广口瓶或其他较深凹的容器轮换浸泡多把剪刀）。用打火机火焰顶部（因火焰顶部的温度最高）烫灼剪刀双面，各3~5次。

另外，对曾接触过病毒兰苗的手，最好用50倍"板蓝根"煮出液浸泡片刻后，擦干，再用75%酒精棉球擦拭消毒2~3遍。

5. 如何试行治疗病毒兰苗

对兰花病毒病害的防治，笔者于20世纪90年代初，就一直不厌其烦做了多种多样的实验探索。采取了提高兰株的抗病力和多种药剂（商品药剂与中草药）交替浇喷的多种对比实验。发现了所有商品抗病毒剂的治疗效果甚微，只有中草药的煮出液有较 明显的治疗效果。主要以板蓝根为主中草药治疗，经救治后有两代新芽株不现病毒症状的，暂视为治愈，但未经镜检，仍在巩固治疗观察中。

其具体做法是：用5倍于板蓝根重量的水浸透药材后，高压锅煮30分钟后，滤出药渣，再用同量水煮，共3~4次，然后将3~4次药液混合，稀释成100倍液，浇喷并举。半月一浇（可与肥料混合）3日一喷。一般浇施10次，喷100次以上。多数可以收到明显的治疗效果。

第三节　提高病虫害防治效果的举措

由于兰花的形态比较特殊，客观上给菌虫原提供了寄生繁衍的温床；又由于它的生长缓慢，养兰人为了提高效益，关爱有加，常给加温增湿，施用肥药、激素促长，又年年掰拆繁殖，导致抗逆性下降，而随着物种频繁而大量交流，病虫原也随着增多，在地球变暖和化肥、激素的刺激下，各种病虫原高速繁衍，又在多种农药的刺激下，病虫的耐药、抗药种群也随之日益剧增，而养兰人对杜绝病虫原不力和对病虫原的辨识不易，也不容易找到针对性的显效药剂，尚且防治方法也欠妥，就此林林种种造成了"防不胜防，治又治不了"的尴尬局面。对此许多人在不懈地探索良策，笔者把多年探索的初悟列在下面，以供参考。

1. 增强防治意识是灵魂

彻底改变小看病虫害的危害力，丢掉主观臆断、等待观望、幻想无事的侥幸心理。立足于防，讲求科学防治是提高病虫害防治效果的灵魂。

2. 育壮植株是提高防治病害的基础

因为滥种失管或种管失当，即使能成活也多为弱苗。其抗逆性自然就差，吸收、输送药剂的能力也较低，其防治效果也就较低。只有精心种植，合理管理，养旺根群，多施有机肥育壮植株，才有较强的免疫力和吸收、输送药剂以达病所，充分发挥药剂的杀灭作用，以提高防治效果。因此说，育壮植株是提高防治效果的基础。

3. 严把消毒关是提高防治效果的关键

从许多养兰实践中发现，绝大多数危害兰株的病虫原，都是从种苗、基质、盆具、场地和操作之手夹带而来的。这些被夹带而来的病虫原，多数寄生于基质里，也有入侵寄生于株体各部位。它们一旦具备了高温高湿的生长条件，便大肆繁衍、发育，令人措手不及，尽管多次施药，也难以控制灾情。

从有重视严把消毒关与无把消毒关的对比发现，简直是大相径庭。即使是消毒不够恰当或不够彻底，总比无消毒的强好几倍。因此说，严把消毒关，是提高防治效果的关键。

4. 定期施药是提高防治效果的根本

多数药剂都会受到阳光的照射而失去稳定性或分解，也会受到温度、湿度、风力的作用而挥发，因此大部分的药剂的残效期仅是7天。这就是说，施药后的7天之内，药剂有一定杀灭或保护作用。过了7天，便无此作用。于是，要每周施药一次。规模化养兰和专业性较强的养兰家，几乎都会如此定期施药防治病虫害的。只有这样，才能确保兰株相对的安康。

对于近似自然性培育和分散陈列的观赏性养兰以及全封闭精养的，由于生态条件较优越便可每旬或半月一施药。

5. 讲究防治方法是提高防治效果的唯一策略

①适用"保护神"可增强免疫力和阻止病原入侵。这个被誉为"保护神"的东西，就是医用阿司匹林。其功能与用法在本章的第二节已有叙述。

②认真辨识病虫情，对症下药。加强植保知识的学习，经常对比观察病虫情，虚心向行家求教，以逐步增长辨识能力，进而不厌其烦地反复筛选对症主治药剂，力求有的放矢，方能达到事半功倍的效果。

③精确用药，方能有防治效果。准确计算药剂稀释浓度。通常，经销农药的营业员和使用药剂者，都是以药剂的重量乘以说明的稀释倍数，其实是不对的，应是每种药剂的有效成分乘以稀释倍数。注意药剂混合的可行性。各种农药的有效成分，都有其独自的化学结构和化学性质：如与某一其他类药剂混合，将会改变其化学性质，破坏其化学结构，产生另外一种物质，影响其原有的有效成分的发挥，或产生药害。仅有个别农药混用后可增效。不过事实上，也有不少农药是可以混用的。具体应依产品说明书的说明，因为农药不仅仅是酸性农药不能与碱性农药混合，还有很多农药不能与含金属离子的药物混用，杀菌剂不能与生物农药混用等。需要混用时，一看农药说明书，二问农技站农艺师。另外混合前，应用1～2千克水分别稀释后再混合，然后加足水量，以避免高浓度混合而改变药剂性能。

④喷药要全面周到，不留死角。不论是植株的某一个部位，还是养兰环境的某一方位，药剂未能涉及，不仅不能全歼菌虫，而且会在药剂气味的熏蒸作用下，菌虫受到了抗药性的锻炼而形成大量的抗药性、耐药性种群，给今后的防治带来难以克服的困难。因此，喷药要力求全面周到，不留死角。喷药时，宜把喷枪穿入各行（横行和竖行）的叶丛叶背下（即盆面或基质面上），喷嘴朝上喷施，边喷边把喷枪往上提出叶丛面，以翻动相互交搭的兰叶，然后再把喷嘴朝基质面喷施，以全面喷及株基、叶背和盆面基质、盆外壁，最后喷施兰架下，兰场通道和四面墙壁及兰场外围环境2米宽左右。这样，才算真正全面喷及，以求一举歼灭。

⑤久雨放晴或暴风雨之后，要突击施药。因为暴风雨常夹带许多虫害和病菌，它们在空气湿度大、气温高的条件下，高速繁衍为害，应不拘泥于施药周期，突击喷施广谱、高效灭菌杀虫剂。如果待到施药周期，将会增加损失和扑灭难度。

⑥如有菌虫活动，应一追到底，力求全歼。通常7～10天施一次农药，是保护性防治周期，而对于已有菌虫害活动的救治期，则不适用。因为在施药过程中，尽管你如何认真，全面而周到，也难免会有未喷及的死角存在。更主要的是药剂一经喷出，将随着空气流动致使药效浓度逐渐减低。而药剂对菌虫的杀灭，需要有一定浓度的持续时间，方能奏效。对于病

灾发生时，要天天或隔天喷药，连续 2~3 次，才能有较好的治疗效果。这叫做一鼓作气，穷追猛打，不让菌虫有喘息的机会，一举全歼。

⑦在药剂中添加增效剂，可增强杀灭效果。农药增效剂可提高药剂的溶解度、均匀度和黏附力，尚可增强渗透力，以引药剂直达菌虫体，以增强杀灭效果。

商品增效剂为 BBU。如当地买不到，可在每 15 千克药剂稀释液中，加入 50~100 克食用白米醋代替。白米醋不仅有极强的渗透力，而且还含有作物所需要的 17 种氨基酸，可增强作物的抗病力。

⑧病虫情较重的，施药宜浇喷并举。喷药只能涉及基质面以上的株叶表面；浇施药剂稀释液，才能涉及潜伏于假鳞茎基部、叶鞘里和基质面以下的根部和寄生、隐匿于基质里的菌虫。喷药好比敷药外治；浇药让根系吸收，好比口服药是内治。内外夹攻才能有较高的杀灭效果。不过浇药不能常浇。因为浇药不仅多少会对基质有污染（无土基质可于浇药后的翌日浇水冲洗掉，有土基质不便于常浇水），而且会对基质里的有益生物菌有负面影响。所以浇药只能在防治周期，或确定基质里确有较多菌虫寄生时，不得以而为之。

⑨药后给养，不可忽视。不论是喷药，还是浇药，都会给兰株带来一定的损害。如没给兰株适当的调养，不仅会影响兰株的生长发育，而且会降低兰株的抗病虫浸染的能力。因此，在喷药后的翌日或第三天，喷施一次叶面肥；浇施药剂后的翌日或第三日，应浇水冲洗农药残留物后，浇施一次含有益生菌的有机肥，如 800~1000 倍液 "精品兰菌王"、6000 倍液 "喜硕"、3000 倍液 "千旺活力素"、1200 倍液 "植物动力 2003" 等药剂。

附 录

古今赞颂蕙兰诗词选摘

咏 蕙

三国·樊钦

蕙草生山北，托身失所依。
植根阴崖侧，夙夜惧危颓。
寒泉浸我根，凄风常徘徊。
三光照八极①，独不蒙馀晖。
葩叶永凋瘁，凝露不暇晞②。
百卉皆含荣，己独失时姿。
比我英芳发，鹧鸪③鸣已哀。

令狐相公见示新栽蕙兰二草之作兼命同作

唐·刘禹锡

上国庭前草，移来汉水浔。
朱门虽易地，玉树有余荫。
艳彩凝还泛，清香绝复寻。
光华童子佩，柔软美人心。
惜晚含远思，赏幽空独吟。
寄言知音者，一奏风中琴。

和令狐侍御赏蕙兰

唐·杜牧

寻常诗思巧如春，又喜幽亭蕙草新。
本是馨香比君子，绕栏今更为何人。

题杨次公蕙

宋·苏轼

蕙本兰之族，依然臭味④同。
曾为水仙⑤佩，相识楚辞中。
幻色⑥虽非实，真香亦竟空。
云何起微馥，鼻观已先通。

咏 蕙

宋·朱熹

今花得古名，旖旎香更好。
适当欲忘言，尘编讵能老。

---

① 八级，即八方。
② 晞，干燥意。
③ 鹧鸪，即杜鹃。
④ 臭味，气味也。
⑤ 水仙，指湘水之神，即屈原。
⑥ 幻色，指画中之色。

兰　花

宋·杨万里

雪径偷开浅碧花，冰根乱吐小红芽。
生无桃李春风面，名在山林处士家。
政坐国香到朝市，不容霜节老云霞。
江篱圃蕙非吾耦，付与骚人定等差。

蕙兰芳引　赋吴王画兰

宋·吴文英

空翠染云，楚山回、故人南北。秀骨冷
盈盈，清洗九秋涧绿。奉车旧婉，料未许、
千金轻盈。浅笑还不语，蔓草罗裙一幅。
素女情多，阿真娇重，唤起空谷。弄野
色烟姿，宜扫怨娥澹墨。光风入户，媚香倾
国。湘佩寒、幽梦小窗春足。

咏兰·蕙兰芳引

清·陈维崧

数朵微含，一枝乍秀，淡淡如菊，
笑秭李夭桃，只解寻常妆束，
尤言一笑，嫣然空谷。
相采时，无数裙腰都绿。

蕙兰（大一品）

清·许霁楼

士夫气概谪仙才，座上争夸领袖来；
自入江南身价重，千金不易此花魁。

后翠蟾

清·许霁楼

第一香分月窟缘，春风吹作碧田田。
断金只取同心臭，八卦图开判后先。

老上海梅

清·许霁楼

春浦潮回梦有微，十年不字守如冰。
自从君子夸颜色，百晦难为楚客矜。

潘绿梅

清·许霁楼

姑射仙人练玉沙，金丹骨换谢庭花；
河阳终古香连径，步步娇生集翠华。

荡　字

清·许霁楼

一棹西施泛五湖，美人芳草有缘无？
天涯多少王孙感，未必专为献画图。

培 仙

清·许霁楼

天台有路攀登难，一再入山寻芝芟。
白云护岫、泉飞瀑涧，不见紫芝见幽兰。
芳兰九节生丛苇，晓迎光风初转蕙。
翠裳羽衣气欲仙，缘在江南远结缔。
玲珑装饰泛桃衣，流水东来春与赊。
梅妆莲步朱唇拓，刘郎不问孙郎夸。
从此海上群芳会，花信年年浮碧蔼。
神仙洛浦幻春申，留得芳姿隐约凭空绘。

叠 翠

清·许霁楼

重峦深处碧云低，秀毓芳茎伍草萋；
自出山来异凡品，声华应与鼎钟齐。

程 梅

清·许霁楼

医人之俗竹为缘，更得名花姓氏传；
方长守先常不折，孙枝永保自年年。

元 字

清·许霁楼

红裆翠袖步潘妃，空谷芳音赏识稀；
不是灵根珍席上，荣名那夺锦标归。

关 顶

清·许霁楼

记取当年卖酒家，买春更向担头赊；
那知一醉瘤仙后，便是寿阳点额花。

金吞素

清·许霁楼

仙家瑶草悟身前，洗却铅华证凤因。
岂是玉京降芳躅，偏从金吞出风尘。
蓬塘梦醒波中月，蕊管诗留画里春。
淡泊明心见真守，浓妆羞愧点朱唇。

团 荷

清·许霁楼

擎雨摇风一样开，郎官握后见新栽。
不知燕梦微芳体，曾向银塘即月来。

松江大荷

清·吴恩元

读罢离骚幽思生，澧兰沅芷倍关情。
闲拈一管生花笔，宜画宜诗细品评。
半生癖蕙更痴兰，小史编成墨未干。
读到弘农新著述，挑灯不厌几回看。

梅荷标格异寻常，不但圆中较短长。
双捧兜深舌放宕，大家崇奉水仙王。
美人空谷寄遐思，芳讯悠悠感暮迟。
为报国香应入梦，荃荪重茁满阶墀。

翠萼

民国·冯子才

姑射仙人下玉堂，春容点翠照新妆。
东风催促开偏早，湘女多缘入梦乡。

极品

民国·冯子才

富春有隐者，君子心所折。
椒景媚兰场，映庭含碧色。
一枝次第开，朵朵通消息。
淡素移我情，抱真钦名节。
知己有楚臣，与尔同入室。
此是极品人，偏为九峰得。

庆华梅

民国·冯子才

南山顶上草芃芃，只见幽兰叶独苏。
一串珠连抛玉砌，几枝翠缀插泥涂。
丰标不愧隐君子，气概无殊士大夫。
夺得魁名归故里，群芳谱里画彩图。

冠蕙

民国·冯子才

月旦有定评，此花称巨擘。
识者越国人，赤手求难得。
姚江史君来，弗惜重价易。
设在破钵中，叹无露头日。
何怪楚垒臣，借喻心恻恻。
契合两无情，怡怡动颜色。

仙蝶

民国·冯子才

九畹之中花样新，年开一次闹芳春。
风飘影动栩然活，疑是庄生化此身。

江南新极品

民国·冯子才

结契生前臭味调，分排次序向君朝。
休教滕薛来争长，艳说祁郊去夺标。
捧舌何言言在意，含唇若笑笑无聊。
携金搜得名花贵，犹是痴情对二乔。

端梅

民国·冯子才

知音寂寞本荒凉，幸有东山说短长。
琥珀玲珑新点缀，清和佳节斗芬芳。

崔梅（长短句）

民国·冯子才

一串联珠拌在玉树里，
粒粒圆湛，见得心喜，
发光辉不似衣锦归，
故里林下，美人差可拟。

虞山梅

民国·冯子才

铜雀春深有二乔，依栏静看翠衣飘。
姑苏台下留仙种，见得宁馨折一条。

涵碧梅

民国·冯子才

曾记仙胎出暨阳，携来湖上斗名场。
一干贯彻称同气，君子善人聚玉堂。

荣梅

民国·冯子才

同气连枝花正开，暮春谁有好花栽。
名人提得名花句，并与此花声价抬。

登科梅

民国·冯子才

文章骈体艳称时，盖世应夸第一枝。
花下调琴弹旧曲，窗前披卷读笙诗。
清香可与蘅无敌，芳信非同萧艾迟。
齐步斑联鸣盛代，共赏臭味寸心知。

大魁素

民国·冯子才

一生冰雪净聪明，恍似蓝田蕴酿成。
莫道寄身荒草里，不知身价重连城。

仙芝

孟郊

山尽五色石，水无一色泉。
仙酒不醉人，仙芝皆延年。
夜闻明星馆，时韵女梦弦。

蕙兰

李曙初

已树三闾百亩芳①，屡经炎夏叶粗长。
细观斑点唇微赤，坐爱花容影淡黄。
时久便知心质美，夜阑犹觉梦魂香。
平生养就孤高癖，青眼独开看善良。

咏蕙兰

李蕙畴

修长碧叶袅娜姿，淡雅清馨入闺闱。
羞与百花争丽色，含珠脉脉送春归②。

大一品

闽西女诗人·融融

花自翩翩天上来，香魂精魄为谁开？
春裁碧叶凌云势，风展幽枝壮士怀。

---

① 屈原《离骚》有："余既滋兰之九畹兮，又树蕙之百亩。"
② 蕙兰：叶瘦长，暮春开花，故云送春。另外，"蕙兰有一滴露珠在子房基部，谓之兰膏"含珠即指此也。

大一品

澳门诗人·冯刚毅

九花摇曳散幽香，嘉庆年间采富阳。
极尽温柔婀娜美，令人沉醉在仙乡。

老上海梅

冯刚毅

嘉庆初年发现时，瓣圆色绿具丰姿。
平肩变作飞肩后，长叶深蓝状半垂。

绿蜂巧

冯刚毅

欲得薰风助晓妆，绿衣凝玉体颀长。
翻疑巧蝶翩然舞，三百年前出富阳。

仙霞

冯刚毅

春米烂熳灿朝霞，红点鲜明早着花。
一线镶边翻乳白，山中佳品出仙葩。

江南新极品

冯刚毅

民初发现视为珍，山野寻芳历苦辛。
不道江南新极品，赤茎变绿为宜人。

崔梅

冯刚毅

花色娇妍叶色柔，崔梅始见在杭州。
兰花谱上称珍品，秀色堪餐善解忧。

虞山梅

冯刚毅

江苏形胜看虞山，山自清奇水自弯。
寻到幽溪回转处，一身潇洒复修闲。

常元梅

冯刚毅

古拙高盆炼紫砂，绿丛葳蕤漫堪夸。
骚人雅士皆推重，花色端妍朴不华。

温州素

冯刚毅

白舌朦胧沐晓阳，判如钻石闪晶光。
一箭直须冲汉立，陈设偏宜在画堂。

如意素

冯刚毅

绿意娇柔更婉莹，怡人芳洁弄春晴。
愿君百事都随念，不负名花款款情。

题许东生《中国蕙兰名品赏培》

冯刚毅

未堪浮世竞繁华，一箭高开九朵花。
自得小原携去后，移居海国万千家。

江城子·蕙

四川·何茂林

园中蕙剑百千行。出巴山，不寻常。
质朴文静，雅秀笑苍茫。阵阵清香蹒跚
过，蜂蝶绕，舞忙忙。

骤来春雨湿东墙。小棚旁，蕙安祥。经
雨历风，潇洒满琳琅。

痴志报吾栽育意，香更远，漫庭堂。

咏春蕙

四川·杜周华

亭边绿叶映池塘，粼粼清水辉柔光。
鱼穿花影花枝俏，风卷馥气馥郁香。
一弦新月耀四野，三春杜鹃啼双岗。
春色凌空话丝语，心旷神怡赏孤芳。

赞蕙兰

闽西·许东生

初看蕙叶似茅态，实为伟岸豪迈概；
自从移居庭院里，秀姿丛发惹人爱。
蕙具清芬不争春，送春迎夏填芳芬；
平生不奢高享受，尽心尽职献青春。

梅瓣类 *meibanlei*

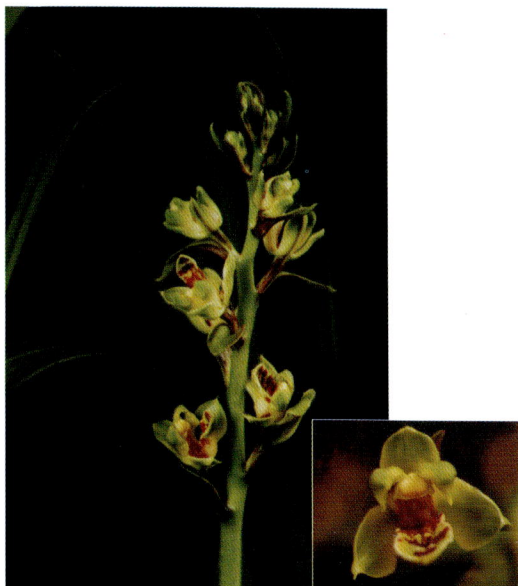

▲**欣雄梅**　2003年4月下山于河南洛阳林野。为赤转绿壳类梅瓣花。本品为斜立弓垂叶态。叶长60～70厘米，叶宽1厘米，叶断面呈广"U"形，质糯。淡绿细长莛，着花7～9朵，排列匀称，细紫中长花柄，撑翠绿花。三萼圆头紧边，细收根；平肩，中萼前倾，肩萼里扣态；分头合背软深兜捧合抱蕊柱；如意舌，也有些花呈龙吞舌态。中宫紧凑，清香馥郁。

浙江　王建设栽培

▲**松强梅**　本品为赤转绿壳类梅瓣花。斜立弓垂叶态。叶幅1厘米，叶长60～70厘米，主脉沟深，叶齿细锐。花莛挺拔，花距较密，绿莛紫红花柄，翠绿色花。三萼短阔，紧边收根，端有白兜，中萼呈勺状前倾，富有含蓄感；半硬捧兜护卫蕊柱端左右侧；大如意。花容端庄秀丽，令人珍爱。

山东　陈松强栽培

◀**常熟新梅**　本品为绿壳类梅瓣花。斜立半弓垂叶态。叶长60～70厘米，宽0.8厘米，叶面较平展，叶齿细锐，质糯色绿。翠绿细莛高挺，莛花9～11朵，花距疏密有致，翠柄长而略斜伸，三萼细脚圆头，唇面缀有红斑。中宫圆结，花容端庄，洋溢着含蓄感。花色翠绿，香气四溢。

浙江　屠天新栽培

1

▲淮安梅　本品为绿壳类大型梅瓣花新品。肩萼近似平肩，长脚大圆头，紧边收根，色深绿，质厚且糯，中萼前倾，肩萼略呈里扣态；分窠软观音兜捧，大如意舌。花容硕大而端庄，色绿香醇。

江苏　陈士友栽培

▲小陈梅　本品于2002年从河南境内山野采得，为赤转绿壳类梅瓣花。它为斜立弧垂叶态。长55~65厘米，宽1.0~1.1厘米，叶质较厚而略硬，色绿而有光泽。细长艳莛高耸挺拔，莛花9~11朵，花距疏朗；花柄细长，紫红色。三萼短阔，勺圆紧边，细收根，肩平；分窠蚕蛾捧，如意舌，舌面缀有密聚而鲜艳红斑。花容端庄，花色秀丽，香气幽远。

浙江　陈亚东栽培

▲延陵梅　本品于1995年于浙江省舟山市定海山野采得，为赤转绿壳类梅瓣花。它为斜立半弓垂叶态，叶长60~70厘米，宽0.8~1.1厘米，质较厚而略硬挺。花莛挺拔高耸，莛花9~11朵，花距疏朗，长花柄鲜洋红色。三萼长阔比例恰到好处，勺状圆头紧边，细收根，肩平；分窠半硬捧，如意舌。花容端庄，花色富丽，香气四溢。

浙江　林申燎选育

▲新昌梅　本品于21世纪初下山，为绿壳类梅瓣花。它斜立弓垂叶态。叶长60~70厘米，叶宽1.0~1.2厘米，质厚糯。色翠绿而有光泽。绿莛高耸挺拔，莛花9~13朵，花距疏朗，肩萼搂抱态；分窠半硬捧，如意舌，舌面红斑块纯鲜丽。花容端庄，花色翠绿，清香四溢。已正式登录（0140号）。

浙江　张文秋　张银佳　梁本红栽培　梁宜正供照

▲沟鸿梅 21世纪初于江苏省宜兴市山野下山。为赤转绿壳类梅瓣花。浅绿泛淡紫晕细长花莛，莛花11～13朵，排列疏密有致，细长花柄紫红色，苞片绿披彩。三萼短脚圆头，紧边收根，里扣态平肩，色绿基红；分窠蚕蛾捧，如意舌，舌面缀红斑，错落有致，花容端庄，花色绚丽，清香萦绕。

浙江 周大伟栽培

▲雨前梅 本品于1988年4月从安徽宁国山野下山，由于根部严重受损，有花不能开放，经18年的精心培育于1996年复花，之后年年开花。现独养已近50苗。为赤转绿壳类梅瓣花。它为斜立弧垂叶态，叶幅0.8～1.0厘米，长30余厘米，断面呈"V"形，质厚硬，间有扭曲叶。绿莛高耸挺拔，莛花8～9朵，花距疏朗，细长花柄淡紫色。三萼质厚糯润，长脚圆头，紧边收根，萼前倾略呈弧盖态，侧萼近平或微落肩，里扣态；分头合背半硬捧，壮草可开分窠捧，龙吞舌。花容端庄，花品秀逸，花香四溢。

江苏 俞前栽培

▲瑞芬梅 2001年4月，浙江省绍兴市漓渚镇的叶华海从湖北省随州购得。由于花形似春兰"瑞梅"气味芬芳，冯仰登先生遂命为名。本品为赤转绿壳类梅瓣花。它为斜立弧垂叶态，叶长35～45厘米，宽1～1.2厘米，质厚色翠。绿莛细长挺拔（本花照为下山照，因长途包装运输而弯曲），花莛格外细圆且长。色淡紫。三萼短脚圆头，紧边收根，中萼上盖状，肩萼平举；半硬蚕蛾捧，龙吞舌。

浙江 叶华海栽培

▲沃洲梅 浙江省新昌县梁旭明于2003年间采于浙江新昌山野，2004年复花。为赤转绿壳类梅瓣花。它三萼阔大，蛋圆形，由于萼端部大紧边而有放角态。萼质厚糯，里扣态，色绿，略泛黄晕。软捧，大圆舌。清香萦绕。

浙江 梁旭明 梁志明栽培 梁宜正供照

▲状元梅 此为新选出的浙江产赤转绿壳类梅瓣花。它为斜立半弓垂叶态，叶长60多厘米，宽0.8厘米，断面呈广"V"形，色翠绿而有光泽。细长花莛绿泛红晕，花柄满泛深红晕，苞片有瓣化。莛花7~8朵。三萼长长珠形，两端收根，中段微挺，端尖微扭而后翻，肩平。分窠蚕蛾捧，如意舌，舌面缀有品字形鲜红斑。

浙江 寿济成栽培

▲秀敏梅 此为新选出的下山绿壳类梅瓣花。三萼短阔，短脚钝圆头，紧边收根肩平，里扣态。半硬捧，三角如意舌，舌面缀红斑错落有致，心部呈白色长珠形。花容端庄，富有含蓄感，花色秀丽，花香四溢。

广东 陈少敏选育

▲神桃 2003年3月下旬，下山新品。为赤壳类变体梅瓣花。本品为斜立弓垂叶态，叶长70厘米，宽0.7厘米，断面呈"V"形，色淡绿有光泽，质厚糯。莛花9~10朵。花莛细长泛紫晕，花柄深红色，花距疏朗，常有对生花。苞片瓣化，三萼格外短阔，中阔两端收细，中挺端略后飘，端尖有深凹，萼缘泛淡红晕，形似桃子形而为名。半硬捧，小圆舌。舌面缀有鲜红斑。艳丽而芳香馥郁，形、香、色、韵俱佳令人陶醉。

浙江 王德仁 傅敏 舒继华栽培

▲林氏梅 本品为新选下山赤壳类蕙兰梅瓣花。此为莛粗柄大，花也大的蕙花。三萼短脚圆头，紧边收根，中萼前倾遮阳态，肩微呈里扣态，基红端绿；分窠蚕蛾捧，三角如意舌，花容端庄，花色绚丽。美中不足的是肩萼较长且收根不够细，唇瓣也较长些，也许复花开品会更好些。

浙江 林申燎选育

▲宜兴蕙梅 此为江苏宜兴产绿壳类梅瓣花。它为斜立弓垂叶态，叶长 60～70 厘米，宽 0.8 厘米，断面呈"V"形，质厚硬，色翠绿。细长花葶高耸挺拔，葶花 9～11 朵，花距疏朗而匀称，花柄细长色绿。三萼长珠形，端钝圆，紧边，收根。中萼前倾上盖状，小落肩。分窠蚕蛾捧，如意舌。花容端庄，花色秀雅，香气四溢。

浙江　葛伟文栽培

▲仙化梅 此为张劲夫于近年从大别山采得，为赤转绿壳类梅瓣花。它为直立半弓垂叶态。叶长 60～70 厘米，宽 1.0～1.2 厘米，断面呈广"V"形，叶质厚糯而有光泽。细长淡绿色花葶高耸，葶花 9～11 朵，长花柄淡红色，苞片红色。三萼长珠形，端圆紧边细收根，中萼上盖状，肩平举而里扣，分窠蚕蛾捧，如意舌。

湖北　张劲夫栽培

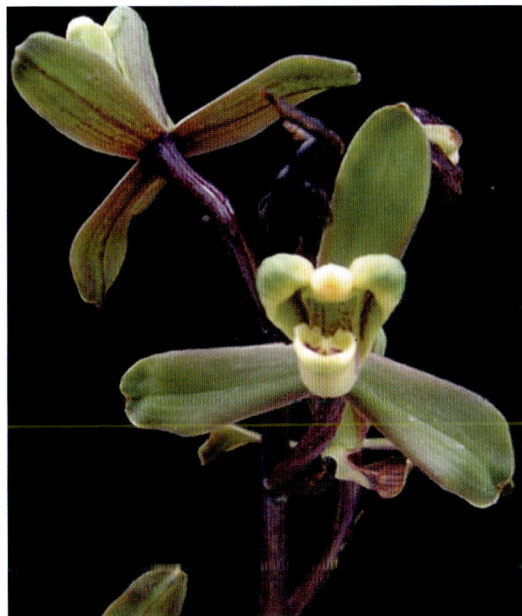

▲华宇梅 此为近几年从湖北境内山野下山之赤转绿贵米梅瓣花。它为斜立弓垂叶态，叶长 60～70 厘米，宽 1.0～1.2 厘米，断面呈广"V"形，质厚色绿，青绿泛红黄晕的中粗花葶高耸，葶花 9～11 朵，花距疏朗，长花柄鲜紫红色与青黄花交相辉映、富丽堂皇。三萼质厚，格外短阔，呈饭勺状，端圆，紧边，细收根，中萼前伸遮阳态，肩萼斜垂，半硬观音捧、五瓣分窠；如意舌面缀深红斑。此为下山花照，复花后定有好开品。花味清香。

浙江　叶华梅栽培

▲紫轮梅 此为近些年于甘肃南部山野下山的赤壳类蕙兰梅瓣花。它深紫色花葶、花柄、覆轮花，瓣背披紫彩，瓣面深绿泛紫晕，独树一帜。三萼长珠形，端圆头，紧边，基有收根，萼体略挺；硬蚕蛾捧，兜状圆舌，舌面缀有紫红斑，花有香气。

贵州　朱敏夫栽培

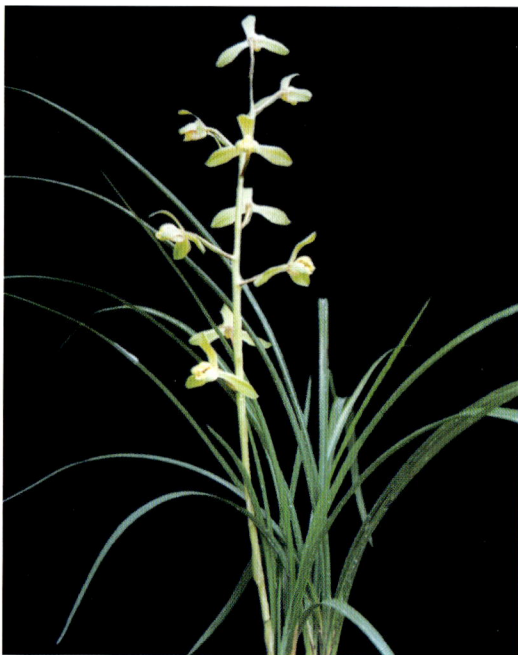

▲ 菰城梅　此为新近几年下山新品，为赤转绿壳类梅瓣花。它为斜立半弓垂叶态，叶长 60～70 厘米，宽 0.8～1.0 厘米，质厚糯，色翠绿有光泽。淡绿细圆花莛高耸挺拔，莛花 9 朵，花距疏朗，细长莛柄淡绿泛淡紫红晕，苞片淡绿色。三萼长珠形，端圆、紧边，细收根，中萼前倾，肩近平而略里扣态，分窠蚕蛾捧，如意舌。本品赤转绿，转得较净。花容端庄，花色秀雅，花香四溢。

浙江　屠天新栽培

▲ 端秀梅　本品产自河南省栾川县林野，2002 年 3 月下山，为赤转绿壳类梅瓣花。它为斜立弓垂叶态，质厚色绿，叶长 50 厘米，宽 1.1 厘米，断面呈 "V" 形。花蕾鲜紫红色，花莛黄绿泛淡粉晕，苞片，花柄淡粉紫色。三萼收根放角，略似荷形；分窠半硬蚕蛾捧质厚糯，小刘海舌微上凹。花容端庄，花色秀雅，花香四溢。曾于 2002 年获浙江省首届兰展金奖。

浙江　卢秀福栽培

▲ 乌蒙梅　本品为贵州产赤壳类蕙兰梅瓣花新品。细长深紫莛柄苞片。三萼短阔，圆头，紧边，收根，中萼前倾，弧曲，肩萼平举后端下斜；浅兜软捧，大圆舌，舌面缀有鲜丽红斑。花容端庄，花色秀丽，花香四溢。

贵州　卢昭阳栽培

▲ 永艳梅　本品由浙江郑普法于 1999 年在江苏无锡第九届中国蕙兰博会上购得，为赤转绿壳类梅瓣花。它叶芽淡绿色，芽端部有红晕，叶长 45 厘米，宽 0.8 厘米，断面呈 "V" 形，为斜立半弓垂叶态。三萼长脚圆头，紧边，端有钝尖凸，细收根；分窠观音捧，如意舌。

浙江　郑普法栽培

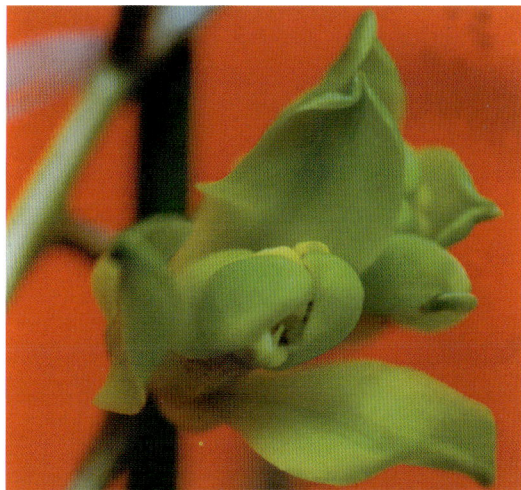

▲一巧梅 本品为近年从湖北境内山野下山赤转绿壳类梅瓣花。它为斜立弓垂叶态，叶长 35～40 厘米，宽 0.8～1.0 厘米，中粗绿泛紫晕，花莛高耸挺拔，长花柄绿泛紫晕。三萼短阔，蛋圆形，端钝圆有尖凸，细收根，萼中段略挺，软蚕蛾捧，龙吞舌。

浙江　冯仰登命名　叶华海栽培

▲欣圆荷梅 本品为赤转绿壳类荷形水仙瓣新品。萼片长阔，呈荷形，分窠蚕蛾捧心，如意舌。在紫红花柄、舌面的映衬下，翠绿色花容显得更加生机活泼。

浙江　王建设栽培

▲飞英梅 此为新近几年下山的赤转绿壳类蕙兰梅瓣花。它为斜立弧垂叶态，叶长 60 厘米，宽 0.8～1.0 厘米，质厚色绿。细圆而高耸的淡绿色花莛着花 11 朵，细长泛紫晕的花柄。三萼长脚圆头，紧边，收根，中萼前倾，侧萼近平而萼端略下垂；分窠半硬观音捧，刘海舌。

浙江　屠天新栽培

▲天字龙睛梅 此为新近下山赤转绿壳类变体梅瓣花。它为斜立半弓垂叶态，叶长 60 厘米，宽 1.0～1.1 厘米。断面呈"U"形，质厚而硬，色深绿少光泽，叶齿粗锐。花莛淡绿色，花柄粉红色，苞片淡绿泛红粉。莛较粗，花柄也较粗。三萼长珠形，端钝圆，紧边，细收根，萼片挺翻；分头合背拳态捧似珠、龙吞舌。花姿别致，风采不凡。

浙江　丁天其栽培

梅瓣类

中国蕙兰名品赏培·图版

7

▲**巧云** 此为近年从浙江山区下山赤转绿壳类变体梅瓣花。它为斜立弓垂叶态,叶长60~70厘米,宽0.8~1.0厘米,断面呈广"V"形,质厚色深绿。淡绿色莛柄,泛淡紫色红晕。苞片淡绿泛淡红晕,莛花13朵。三萼短阔,中段阔而略挺翻态。两端暂收细,端钝圆而有深凹状;分窠剪刀式兜捧略合抱蕊柱,大刘海舌,舌面有恰到好处的红斑点缀。其花姿略似名品"蜂巧"与"朵云",故而为名。

浙江 寿济成栽培

▲**新华梅** 新华梅为近几年从浙江省新昌县境内林野下山绿壳类梅瓣花。为深受兰友赞赏的绿蕙梅瓣新珍品。它为斜立半弓垂叶态。叶长45厘米,宽1厘米左右,叶脚低,叶质厚糯。绿色花莛高耸挺拔,莛花11~13朵,花距较密,花柄细长。三萼短阔,呈饭勺态,端紧边而有里扣尖凸,收根细;中萼上盖态。肩萼平举,里扣态,分窠半硬蚕蛾捧,小龙吞舌。

浙江 丁天其栽培

▲**桐庐梅** 本品系浙江桐庐的吴更喜于2004年11月在桐庐林野采得,为赤转绿壳类梅瓣花。它三萼阔大,呈长卵形,中段阔,两头收根,萼端钝圆,紧边。中萼桃形斜立略前倾,肩萼略垂,端翠绿欲滴,基绿泛淡红晕。分窠半硬捧,如意舌。

浙江 吴更喜栽培

▲**新蜂巧梅** 本品于1998年由安徽兰友在当地林野采得,为赤壳类梅瓣花。它为斜立半弓垂叶态。叶长65厘米,宽1厘米,断面呈广"V"形。叶质厚,叶色深绿。紫褐色花莛高耸,莛花7朵,花柄紫红色。三萼短珠形,端圆,紧边,收根,端部略挺翻;分窠猫耳捧,端尖及缘有雄性化兜,大圆舌,舌面缀斑红艳。花容极似"蜂巧梅"。由江苏朱和兴推荐命名。

江苏 单家欣栽培

▲红蕙梅　本品为近几年甘肃南部山野下山的赤壳类梅瓣花。它三萼短阔长珠形，端圆，紧边，收根，三萼里扣态，萼面披红脉纹泛红晕；分窠观音兜捧，刘海舌。花容端庄。红莛柄，紫红瓣背，粉红花貌，一派红。

甘肃　魏小军栽培

▲袖珍梅　此为近几年下山赤壳类蕙兰梅瓣花。它为直立半弓垂叶态。叶长55厘米，宽0.8～1.0厘米，断面呈广"V"形。花莛出架，7～9朵，花距疏朗。三萼短阔，圆头，紧边，收根，里扣态。蚕蛾捧，如意舌。

浙江　林申燎栽培

▲翠桃献寿　此为赤转绿壳类梅瓣花。它三萼较短阔，中段阔，两端收细，端钝圆，中段略挺，形似桃形；分头合背式硬捧，如意舌，为变体梅瓣花。它细莛高耸，莛花多达16朵，花姿活泼，花色秀丽，清香四溢。

浙江　凌华栽培

▲皇蕙梅　此为2002年从湖北省随州市林野下山，简旭东购得与寿济成合养。为绿壳类蕙兰正格梅瓣花。它三萼短阔，端圆紧边呈勺状，里扣态，基收根；分窠蚕蛾软兜捧，如意舌。舌面缀斑鲜丽。花容端庄，中宫圆结，花色翠绿，花香四溢。

浙江　简旭东　寿济成栽培

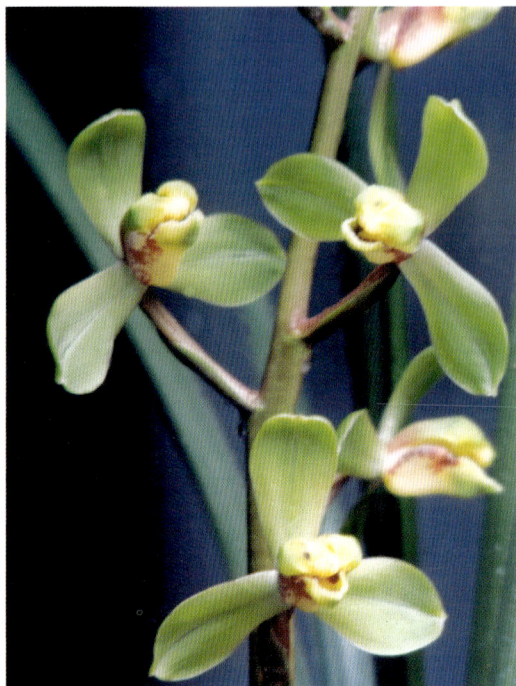

▲ 程梅　程梅为赤壳类梅瓣花传统名品，为"老八种"赤蕙之首，被列为蕙兰四大家之一。清乾隆年间（1736—1795），由江苏常熟程姓医师选出。它为斜立半弓垂叶态，叶长45～55厘米，宽1～1.5厘米，叶质厚、色深绿，叶齿明显，第一片短叶短而圆头呈匙形。花苞赤麻壳，化蕾为蜈蚣钳头形，绿泛紫晕粗而长花莛高耸挺拔。莛花7～9朵，花柄紫色，三萼片短圆，紧边，中萼前倾遮阳状，肩萼平举端略垂，里扣态；分头合背半硬蚕蛾棒，壮苗可分窠棒，龙吞舌，舌面有紫红点。

江苏　单家欣　福建　许奇栽培

▲ 上海梅　上海梅为绿壳类梅瓣花传统名品，被列入"老八种"之一。又称"老上海梅"，或"前上海梅"。清嘉庆元年（1796）由上海李良宾选出。它为斜立弓垂叶态，叶长40～50厘米，宽1厘米左右，断面呈"U"形，叶质中厚，深绿色有光泽。细莛高耸，莛花8～9朵。三萼长脚圆头，紧边，细收根，中萼前倾，肩萼近平举，端略下垂，里扣态；半硬捧，穿腮小如意舌，舌面有艳丽的红点。壮苗可开飞肩花，久不变形。

浙江　周大伟　福建　许东生　许奇栽培

▲ 元字　元字为赤转绿壳类梅瓣花，被列为传统蕙兰"老八种"之一。清道光年间，由苏州浒关艺兰者选出。它为斜立半弓垂叶态。叶长45～50厘米，宽1～1.3厘米，叶色比程梅浅绿，出芽率较低，却易开花。花莛较高，色绿底泛紫晕，莛花9～11朵，苞片有点瓣化，色绿。三萼长脚圆头，紧边，收根，中萼前倾遮阳态，肩萼微垂里扣态，色绿；分窠半硬捧，执圭舌，舌面缀有鲜红斑。花品端庄，花色俏丽。

浙江　葛伟文供照

▲ 老染字　老染字又名"老阮字"。为赤壳类梅瓣花，被列入"老八种"之一。清道光年间，由浙江嘉善县阮姓染坊选出。它为斜立半弓垂叶态。是个短阔叶，株多叶的品种。株叶可达8～11片，长35～40厘米，宽1～1.2厘米。绿泛淡紫红晕细花莛高耸挺拔，花柄淡紫红色，莛花7～12朵，花距较密。三萼较短窄，圆头，紧边，收根，中萼略挺，花肩近平，色黄绿泛淡红晕；分窠大观音捧，大如意舌，舌尖常偏向一侧，俗称"秤钩老染字"。

云南　段思贵栽培

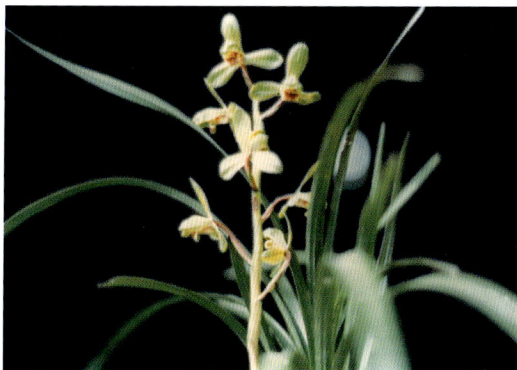

▲ **关顶**　关顶又名万和梅。为赤壳类梅瓣花传统名品，被列入"老八种"之一，日本兰界称其为"别格全盛稀贵品"。清乾隆时，由苏州浒关万和酒店店主选出。它为斜立半弓垂叶态。叶阔而长，叶脉比程梅粗，叶色却未及程梅浓绿，叶质硬，却比程梅更垂些。新芽绿底披挂绿丝纹彩。花苞赤壳，披紫红筋麻，浅紫红色花莛高耸挺拔，着花8-9朵，花距疏朗，花柄细长，紫褐色，苞片短小，披紫红彩。三萼短圆，紧边，细收根，肩近平，豆壳捧，大圆舌，舌面缀有红斑。

江苏　陈士友栽培

▲ **江南新极品**　江南新极品为赤转绿壳类梅瓣花。曾被誉为赤转绿蕙梅中之上品花，被列入蕙兰新八种之一。于1915年由浙江绍兴兰农钱阿禄选出。无锡杨斡卿购买栽培。它为斜立半垂叶态。叶长35~45厘米，宽0.8厘米，质厚色绿而有光泽。花莛细长浑圆，小花柄浅紫色，每莛着花6~11朵。三萼长脚圆头，紧边，收根，花形与老极品相似。分窠半硬兜捧，大龙吞舌。

浙江　富浩舟栽培

▲ **瑾梅**　瑾梅为水银红壳绿花梅瓣。1948年江苏无锡蒋瑾怀先生选出。它为斜立半弓垂叶态。叶长50厘米左右，宽0.8~1.0厘米，断面呈广"V"形，色深绿。绿色花莛细圆挺拔，莛花9~11朵。花柄浅紫色。三萼长脚圆头，质厚，紧边，侧萼近平举，里扣态，中萼前倾遮阳状；蚕蛾捧，圆整光洁，瓣端有"白头"；小圆舌上红点艳丽。花品端秀。

浙江　葛伟文供照

▲ **庆华梅**　庆华梅为绿壳类梅瓣花，1912年由浙江绍兴人车庆选于华兴旅馆。杭州吴恩元以当时值数十银元的老品种换得。以发现人和地之名而为名。它为斜立半弓垂叶态，长40~50厘米，宽0.7~1厘米，叶质厚色翠，断面呈"V"形。花莛浅绿色，细圆高挺，莛花6~9朵。三萼短脚圆头，紧边，质厚；分窠蚕蛾捧，大如意舌，舌面端缀有心脏形红斑。花品端庄。

浙江　葛伟文栽培

▲ **老极品**　老极品原名"极品"。为绿壳类梅瓣花。清光绪辛丑年（1901），由杭州公诚花园冯长金选出。被列为蕙兰新八种之一。它为斜立叶态。叶长40~55厘米，宽1厘米，叶质厚硬，叶基部呈"V"形，中段起渐平展。绿色花葶，挺拔高耸，葶花8~13朵，最多可达18朵。三萼圆头，长脚收根，分窠硬兜捧（偶或开分头合背式捧），大龙吞舌。

　　　　　　　　　　　浙江　葛伟文　福建　许奇栽培

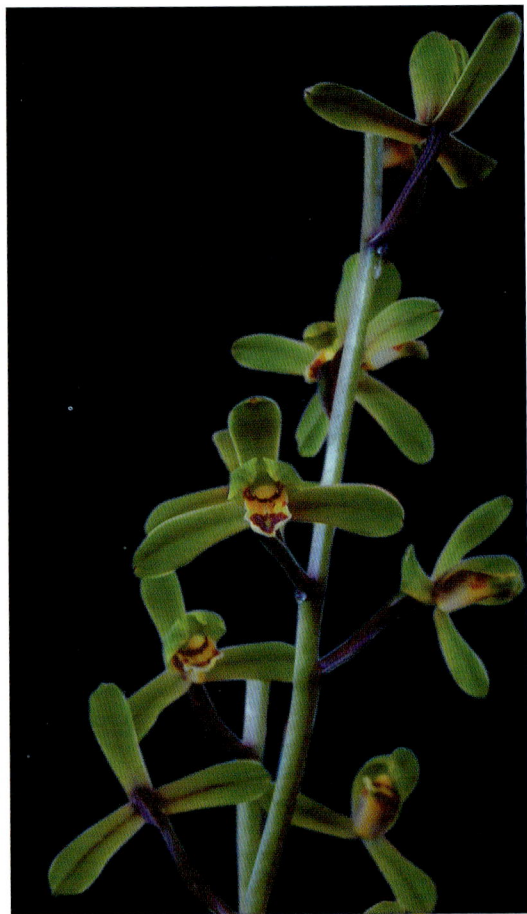

▲ **崔梅**　崔梅为赤转绿壳类梅瓣花。被列入"新八种"之一。抗日战争前，由杭州的崔怡庭选出，龙兴寺和九峰阁栽培。它为斜立半弓垂叶态，叶长40~50厘米，宽1~1.2厘米。能开花的植株，株叶多达9片，叶背中脉突出。叶色绿而有光泽。浅绿色细长花葶，高耸挺拔，葶花8~14朵，花距较密聚，花柄粉紫色。三萼片短脚圆头，紧边，收根。中萼前倾遮阳态，肩萼近平举，里扣态。分窠或分头合背半硬捧，龙吞舌。

　　　　　　　　　　　　　　　江苏　单家欣栽培

▲ **端蕙梅**　端蕙梅为赤转绿壳类梅瓣花。被誉为赤蕙绿花梅瓣之珍品。民国初年，由浙江绍兴棠棣兰农诸长生选出，售予江苏无锡曹氏栽培。它为斜立半弓垂叶态。叶长40-45厘米，宽0.8厘米，叶质厚硬，叶色深绿。绿泛淡紫晕细长花葶，高耸挺拔，葶花6~10朵，花距疏朗；小花柄紫色。三萼片长脚、圆头，紧边，收根，略呈里扣态，微落肩；半硬兜捧，五瓣分窠，大如意舌。

　　　　　　　　　　　　　　　浙江　郑普法栽培

◀ **适圆** 适圆又名"敌圆"。为赤转绿壳类梅瓣花。选育史不详。据日本小原次郎的《兰华谱》载：1933年从中国流入日本，1996年"返销"回到大陆。它叶姿半垂，长35~45厘米，宽1厘米，质厚色翠。绿泛淡紫红晕细莛高耸，莛花7~9朵，由于三萼圆得适当，而名为"适圆"，萼端带有细而短的锋尖，肩近平，半硬兜捧，如意舌。花形与"关顶"相似，但唇瓣不及它的圆大。

江苏 单家欣栽培

▲ **解佩梅** 解佩梅又名"江皋梅"。为赤转绿壳类梅瓣花。民国初年，由上海张氏选出。它为环垂叶态。叶长40~45厘米，宽0.8厘米，断面呈"V"形，叶端尖长，叶色浓绿而格外有光泽。喜光照，易种养。绿色花莛细圆，高耸，小花柄长，紫红色。莛花7~11朵。花初放时，先是侧萼先张开，呈折叠状，以后逐渐绽开全花，显现好品相，一字肩，分窠白玉捧，加上紫红色小花柄而被誉为"红簪碧玉"，唇瓣为大如意舌。花品端庄，繁殖力强，容易开花。

浙江 郑普法栽培

▲ **翠萼** 翠萼为蕙兰传统名品，绿壳类梅瓣花，被列入蕙兰新八种之一。它为斜立半垂叶态。叶长35~45厘米，宽0.8厘米，断面呈"V"形，叶色深绿。细圆花莛高耸挺拔，莛花7~9朵，花距疏朗。三萼短圆，紧边，细收根，中萼前倾，肩萼平举，转茎恰到好处；硬兜捧，五瓣分窠，小如意舌，舌面缀红斑。全花翠绿，富有秀丽感。美中不足的是，在长势欠佳时，会有癃开，需要人工挑开萼片以助之。

浙江 凌华栽培

▲**留春** 留春为赤转绿壳类梅瓣花。20 世纪初，由江苏省宜兴市爱兰者在当地山野上采得。1995 年，吴应祥先生把顾树荣提供的彩照与资料收入其著作《国兰拾粹》一书中。它半垂叶态，叶长 30～40 厘米，宽 0.8～1.0 厘米。新芽绿色，芽端有红晕。绿色细莛高耸挺拔，莛花 8～10 朵。三萼长脚圆头，中萼前倾遮阳状，双侧萼近平举，细收根；软兜捧，圆舌。

江苏 单家欣栽培

▲**朵云** 朵云为绿壳类蕙兰梅瓣中，奇特的波状珍稀名种。民国年间，无锡蒋姓选出。它为斜立半弓垂叶态。叶长 40～45 厘米，宽 0.8～1.0 厘米，叶色淡翠绿，叶齿细密，发苗率高，易开花，但也易患叶腐病。出架花莛黄绿色，花柄略短，莛花 8～9 朵，显得较拥挤些。三萼短圆宽阔，均外翻呈波浪状；花瓣为短圆的猫耳捧，向上翻皱，捧瓣中心处有一近圆形的淡黄色硬点，俗称"乳凸"即为雄性化体。大圆舌略后倾，舌面黄绿苔上缀有鲜丽的红斑。花形别而有格，堪为珍品。

浙江 屠天新栽培

◀**永春梅** 永春梅为赤转绿壳类梅瓣花。清光绪丁亥年(1887)，兰农阿永于浙江富阳砂石山采得，售与吴幼云栽培，由《兰蕙同心录》作者许霁楼先生命名。它为斜立半弓垂叶态。叶长 45-50 厘米，宽 1 厘米，断面呈"V"形，质厚色绿而有光泽。细圆莛高耸挺拔，莛花 9～11 朵，苞片水银红色，花柄浅紫色。花距疏朗。三萼长脚圆头，紧边，细收根。中萼前倾遮阳状，双侧萼近平举里扣态，分窠软蚕蛾捧，执圭舌垂而不卷。花形极似"元字"，花色比"元字"更翠绿。花守好。该品未流往日本，国内流传少，比较珍贵。

江苏 单家欣栽培

线艺类 *xianyilei*

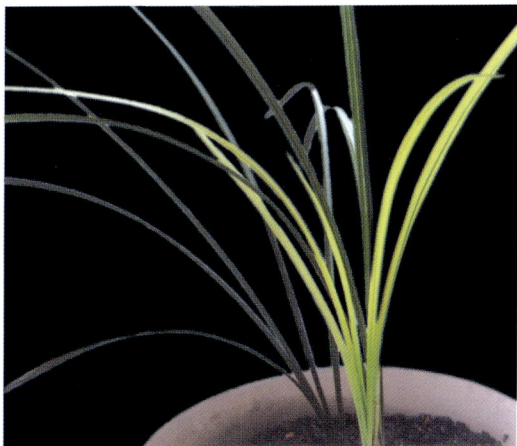

▲ **黄华** 此为近年于湖北保康县林野下山的蕙兰中透线艺佳品。本品从长势看，其叶主脉间似为绿色，叶基也泛大量的绿晕，比较易养，从叶艺角度看，其绿帽与绿边均较浅和细，是美中之不足。

　　　　　　　　　　　　湖北　刘万义供照

▲ **龙虎月光** 此为近年于江西省贵溪市林野下山的赤转绿壳类蕙兰中透线艺花。本品叶、莛、柄、花，形色对比鲜明，素艳结合，交相辉映，十分秀丽，令人珍爱。

　　　　　　　　　　　　江西　范敏栽培

▲ **花华** 此为产自大别山的赤转绿壳类蕙兰线艺花珍品。它的萼片和花瓣大白覆轮艺，尤其是花瓣的白覆轮，占全叶面之 2/3，实为罕见。花姿端庄而不失活泼，花色素雅而不缺艳丽。是形、色、香、韵俱佳的珍品。

　　　　　　　　　　　　湖北　张劲夫栽培

▲ **彩霞** 本品产自浙江新昌县林野，1997 年下山之赤转绿壳类，叶花双艺珍品。它为斜立半弓垂叶态，银色覆轮艺。绿泛淡紫晕细花莛高耸挺拔，莛开 5～7 朵。萼片与花瓣均为阔银白色覆轮艺之上泛粉红沙晕。格外秀丽可爱。

　　　　　　　　　　　　浙江　寿济成选育

▲ 云鹤　此为产自四川会理林野的蕙兰变种送春之白色鹤艺佳品。

四川　张长林栽培

▲ 绿轮蕙花　此为赤转绿壳类线艺花新品。它的苞片、花瓣、萼片缘均镶嵌有宽幅的绿覆轮艺。十分秀雅。

浙江　富浩舟栽培

▲ 白河　此为2003年从云南红河林野下山的蕙兰变种送春线艺兰实生苗。它的叶鞘、叶片均镶嵌有绿帽、绿边的绿覆轮的中透艺。十分雅致。

云南　杨志高　杨波栽培

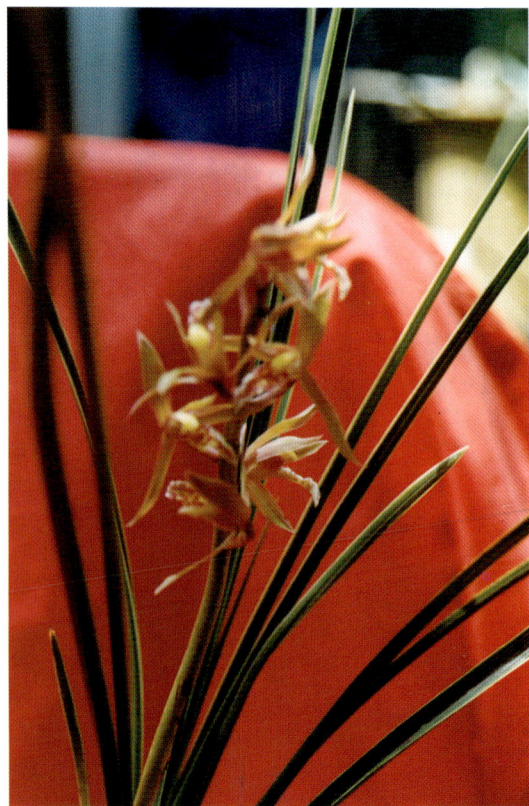

▲ 文秀艺蕙　本品为近年下山的赤转绿壳类线艺兰佳品。它叶为白覆轮艺，而花萼、花瓣缘的白覆轮艺之上泛粉红晕。十分秀丽。

浙江　葛伟文选育

▲**益强艺蕙** 此为新近下山四川产的绿壳类蕙兰线艺佳品。它为中矮种，老株仅是白深爪艺，新株已进化为宽覆轮艺。

四川　苏晓明　张平培育　张长林供照

▲**金壁辉煌** 此为近几年从河南省洛阳市境内山野下山的赤转绿壳类叶花双艺佳品。它叶长45厘米，宽1.6厘米，叶为金黄色覆轮艺。花萼、花瓣均有宽白覆轮艺。十分秀丽。

浙江　葛伟文选育

▲**银虎** 此为产自四川省会理县林野的蕙兰实生苗虎斑艺佳品。

四川　张平　苏晓明栽培　张长林供照

▲**桃花源** 此为新近几年下山赤转绿壳类叶花双艺佳品。它叶为银白色覆轮艺，花为宽银爪红覆轮艺。

浙江　王方成栽培　葛伟文供照

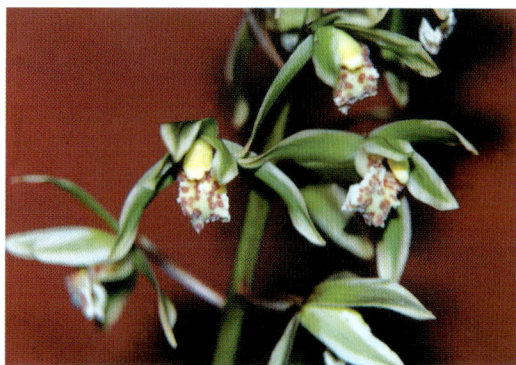

▶**闪晃** 本品选育历史不详。它集银界艺（又名半斑艺）、覆轮艺、缟艺、中缟艺、中透艺等艺连体簇株，银闪闪，金晃晃，呈祥兆瑞，人见人爱。

福建　钟友亮　陈茂强栽培

17

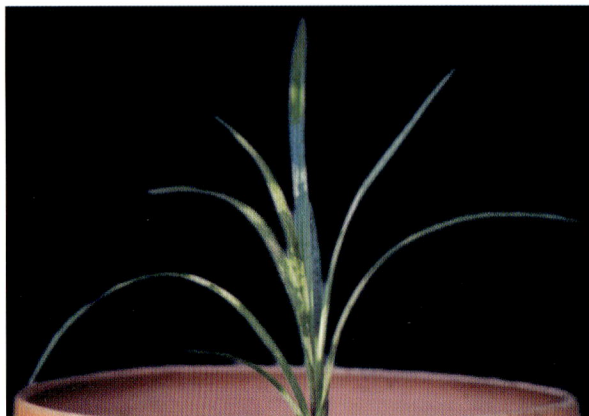

◀ **金虎**　此为近几年从四川省盐源县境内林野下山的蕙兰线艺佳品。它为实生苗，隶属于切虎斑艺。

四川　黄竹　熊伟栽培

▶ **欣喜**　此为蕙兰中透缟艺佳品。

江苏　单家欣栽培

◀ **银春**　此为蜀产蕙兰变种送春，阔银边艺，叶艺一代更比一代强，其花也为银色覆轮艺。

四川　张长林供照

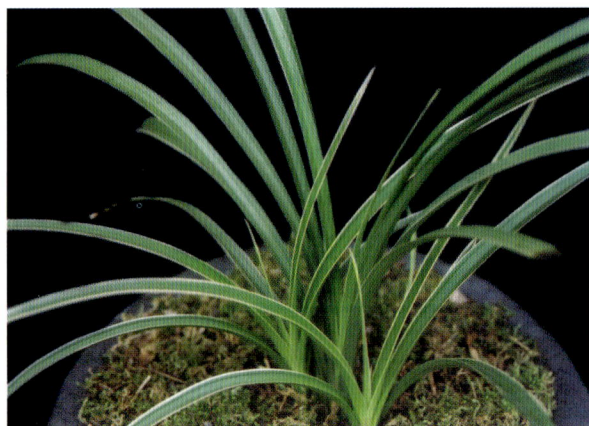

▶ **黄龙银海**　此为近几年自四川平武县林野下山的绿壳类蕙兰线艺佳品。它为黄色大虎斑艺。曾荣获第十七届中国（武汉）兰花博览会银牌奖。

四川　徐厚远选育

◀ **红缟花** 此为近几年从四川平武县林野下山的赤壳类蕙兰，叶花双艺珍品。本品叶为白缟艺，花却是罕见的红缟艺，十分别致。

四川 徐厚远选育

▶ **艺之冠** 此为1998年下山的绿壳类蕙兰叶艺珍品。它为斜立弓垂叶态，幅宽0.8～1.0厘米，长30～40厘米，叶基断面呈"V"形，中段起平展。为绿帽、绿覆轮中透叶艺。色泽对比鲜明，艺性稳定，堪为蕙兰叶艺之冠。

浙江 王建设栽培

◀ **白轮花** 此为蜀产蕙兰变种送春艺花佳品。它的叶片几乎无见叶艺，而其花的萼片花瓣却是阔白覆轮艺。

四川 兰俊栽培 张长林供照

▶ **进金** 此为湖北省保康县境内林野所产蕙兰叶艺佳品。它叶短阔，色深绿，叶艺代代有进化，第二代的黄覆轮艺已明显增免。从株心叶已进化为鹤艺看，它的下代叶艺更为漂亮，估计其花也会有相应的线艺。

湖北 杨女士培育 刘万义供照

▲ **双辉** 此为赤壳类蕙兰叶花双艺佳品。叶为中缟艺,
花却为中透艺。

苏州 胡王伦栽培

▲ **送春之华** 此为蜀产蕙兰变种,送春之白中透叶艺。

四川 孟显荣栽培

▲ **龙凤晶蕙** 此为蕙兰边,爪类,水晶艺。从有的中心
叶的水晶艺已进化为水晶缟艺看,本品的进化潜力颇大。

浙江 凌华栽培

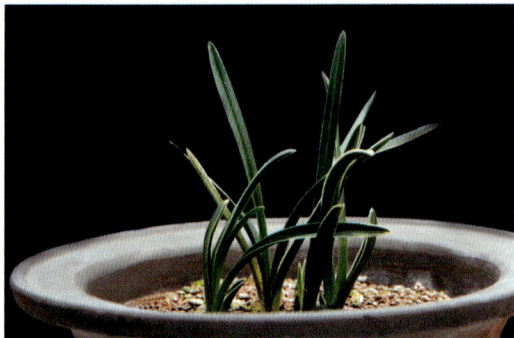

▲ **银童** 此为银色覆轮艺蕙兰矮种。

浙江 凌华栽培

▲ **云芳** 此为云南文山县林野蕙兰叶花双艺佳品。

云南 赵永生 周云芳栽培

奇蝶类 *qidielei*

◀ **中华飞龙**　本品产自河南洛阳林野,于2002年2月下山,为绿壳类奇蝶花珍品。它为斜立半弓垂叶态。叶长60厘米,宽1.2厘米,质厚糯,色黄绿。绿色细花莛高耸挺拔,莛花8~9朵,花柄细长。复色三萼挺翻飞翘,花瓣唇瓣化,合蕊柱异化成众多小唇瓣,合构成上下双层奇蝶花。朵朵形态各异而起绒光。莛上9朵花一起开放,犹如群龙曼舞,十分壮观。

浙江　邱文雄　王建设栽培

▲ **绿牡丹**　本品产自湖北境内林野,于1999年下山,为绿壳类蕙兰奇蝶珍品。本品由于合蕊柱高度分裂异化,而有多萼、多捧,多舌,多碎瓣之奇观。它的多片萼捧组成似菊花状排列,花心部由多唇瓣与分裂增生的合蕊柱、碎小花瓣组成花中花。花形别致,构图新颖,色彩对比鲜明,十分秀丽。2004年曾获浙江黄岩蕙兰展金奖。

江苏　姜洪生栽培

▲ **江南麒麟**　江南麒麟原名千手如来。为赤转绿蕙奇蝶花新品。它萼片,花瓣增多,有的花瓣完全或半唇瓣化。为菊形多瓣奇蝶花。花朵朝天而开,花色金黄。

浙江　凌华栽培

21

▲**东方明珠** 此为浙江产赤壳类树形奇蝶花新品。它的合蕊柱异化拔高，萼片状小花瓣从花柄中段始循上而增生，其顶部分生多瓣奇蝶花。花团锦簇，花色富丽，清香四溢。

江苏　顾振华栽培

▲**板桥奇** 此为江浙产之绿壳类蕙兰奇蝶花新佳品。它为斜立半弓垂叶态。叶长65厘米，宽1.2厘米，断面呈"V"形，质厚色绿。花莛高出叶架，朵朵朝天而开。肩萼片唇瓣化过半，前伸或垂翘，中萼环卷花基外侧；半硬花捧环抱垂翘；唇瓣耸立翻卷。形态别致，着色绚丽。

江苏　单家欣栽培

▲**姜氏祥狮** 本品于2003年下山于湖北省境内林野，为赤转绿壳类奇蝶花。它唇瓣增三合为四个唇瓣，合蕊柱异化分裂成多唇化小花朵。构图新颖，色彩鲜丽。

江苏　姜洪生栽培

▲**绿州奇蝶** 此为贵州产赤绿壳类奇蝶花。它萼片增三合为六，呈菊形排列，花瓣增一，合蕊柱增大，药帽有三，色泽各异，唇瓣大量增生，大小形态各异，好比瑶池盛会。风韵不凡。

贵州　曾家让栽培

▲秀敏奇蝶　本品为新近几年下山的赤转绿壳类蕙兰奇蝶花。它子房拔高，依次增生萼片，其间夹有唇化样的小花瓣，花朵绽开后，合蕊柱拔高，分裂异化成数朵并生的奇蝶花。

广东　陈少敏栽培

▲钟祥麒麟　本品为近几年于湖北钟祥市林野下山的赤转绿壳类蕙兰奇蝶花。它的萼片、花瓣均增生，且有部分唇化。合蕊柱拔高后形成奇蝶花。而有花上花之奇观。

湖北　刘忠平　刘京秋　马涛栽培

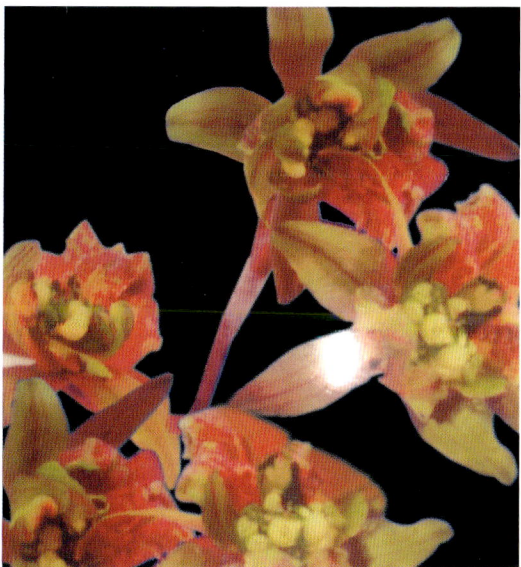

▲编钟牡丹　此为陕西汉中林野所产赤壳类牡丹型奇蝶花珍品。它呈立叶态，中等长阔。萼片增多竹叶形，花瓣增多，荷形，中宫多鼻多舌，排列有序，构图别致，花色绚丽。

湖北　金山栽培

▲天娇牡丹　本品系浙江兰溪市的凌华先生于2002年向湖北兰农购得，为赤转绿壳类蕙兰奇蝶花珍品。它萼片、花瓣增多，呈菊形排列；唇瓣增多，四面蜿蜒伸展，合蕊分裂异化成多个小唇瓣状。花容丰富多姿，花色富丽堂皇。

浙江　凌华栽培

◀**乌蒙奇蝶** 本品为贵州织金县林野所产蕙兰变种送春奇蝶花。本品隶属于树形奇蝶类，它子房拔高，萼片状的小花瓣循上而生，顶上绽开几朵并生的奇蝶花。

贵州　安启昌栽培

◀**蓝彩奇蝶** 本品为 2002 年下山的赤转绿壳类奇蝶花。它花朝天而开，萼片、花瓣下翻，有的已现唇化迹象；合蕊柱分裂异化成 4 个管状体，其上出正常的唇瓣。唇瓣色彩特别，为浅蓝底，镶白边，缀朱红点斑块。故而为名。

浙江　金小森选育　胡坚供照

▶**奇蝶球** 此为陕西产赤壳类蕙兰奇蝶花。本品花序上有初步异化，莛端密生花朵而成复头状花序的球状花。它的肩萼唇瓣化，或花瓣唇瓣化，是里蝶外蝶兼具的奇蝶花。

陕西　郭峰栽培

▲绿奇蝶 此为湖北保康县境林野所产绿壳类蕙兰菊形奇蝶花。它由于合蕊柱分裂异化而有萼片、花瓣增生，并有部分唇化迹象。其蕊柱脚也增生许多小花瓣。花色绿，形似菊花而为名。

湖北 黄佳国栽培

▲大别山奇蝶 此为大别山产绿壳类蕙兰牡丹型奇蝶花。它的合蕊柱分裂异化成许多小花瓣，并唇瓣化、花瓣萼片都有增生，且部分已有不同程度的唇化迹象。

湖北 潘波 张劲夫供照

▲金龙奇蝶 本品为湖北李姓兰友于2004年3月从当地林野采得二苗，售与浙江临海林申燎先生，2006年已养成6株，并复花。它为赤壳类蕙兰奇蝶花。系斜立弓弧垂叶态，高35～40厘米，宽1～1.1厘米，莛花7～9朵，花莛大出架。花距疏朗。花瓣完全唇瓣化，唇瓣增生，全花唇样花瓣有4～5瓣，合蕊柱异化成了一个空管子，花形阔大，着色异常富丽。

浙江 林申燎栽培

▲淡氏奇蝶 此为赤转绿壳类奇蝶花珍品。它合蕊柱已显现异化，柱周增生小花瓣；唇瓣增多，部分萼片、花瓣已显现不同程度的唇化迹象。仍在异化之中，估计，今后将是一个更加奇特的奇蝶花。

浙江 郑普法栽培

水晶矮种类 *shuijingaizhonglei*

▲晶轮花　此为四川省会理县林野所产蕙兰变种送春，水晶覆轮花。从萼片、花瓣缘可看到它的晶白色覆轮艺，边界不整齐，且有浪曲皱卷的迹象，这就是水晶艺体的作用。

四川　孟显荣栽培

▲龙凤送春　此为四川省绵阳市北川县林野所产蕙兰变种送春的水晶艺兰。本品叶端有水晶爪〔嘴〕，叶缘有水晶艺镶边。晶爪属凤型水晶；边缩水晶称龙型水晶，故而名为"龙凤送春"。

四川　王中祥　吴明　母林贤栽培

▲天河　此为四川省会理县林野下山的蕙兰变种送春，水晶大中透叶艺品。

四川　兰俊栽培　张长林供照

▲株上株　此为湖北省利川县境内林野所产蕙兰奇异水晶兰实生苗。它展叶后，在株心部再长植株，如是长了3次以上，实在奇妙！堪为罕见。这样的植株，别说它将来能否开出花上花来，就目下这个形态，就足以令人赏心悦目。

湖北　何跃选育

▲金晶盘龙 本品为蕙兰龙型水晶艺品。叶片在水晶艺体的作用下，席卷翻扭，如龙盘旋飞舞，婀娜多姿。

福建 陈日明供照

▲吴氏晶龙 此为贵州产之蕙兰龙型水晶艺佳品。株叶在水晶边艺的作用下收缩，皱卷，翻扭，风韵绰约。

贵州 吴茂成栽培

▲会理晶龙 此为四川省会理县境内林野所产蕙兰变种送春的中透水晶艺实生苗。

四川 张长林选育

▲八八 此为产于甘肃南部林野的蕙兰水晶矮兰。它代代株高仅是 10 厘米左右。有些叶片，已显现水晶艺体。它株形斜立，如倒"八"字形，故取其形似而为名。

▲俊龙 此为四川省会理县林野所产蕙兰变种送春，大中透水晶艺兰。

四川 兰俊栽培 张长林供照

水晶矮种类

▶ **玩童** 此为蕙兰矮种水晶艺实生苗。本兰苗虽尚未显现水晶艺，但从叶鞘，叶缘的不规则浪卷、皱曲等，便可预测不久将会显现水晶叶艺。

江苏　陈士友栽培

▲ **群龙** 此为四川省会理县产之蕙兰变种送春的龙形实生苗。它片片叶自基部始旋扭如龙，风姿绰约。

四川　张平栽培　张长林供照

▲ **青龙** 此为2006年初下山于四川丛林中的水晶中矮奇叶兰。它的叶端或叶基已显现水晶艺，叶片纵横褶皱，翻卷如龙，别具风采。

四川　张长林供照

◀**红晶蕙** 此为蜀产赤壳类蕙兰水晶叶花双艺佳品。

四川 徐厚远栽培

▶**绿晶塔** 此为滇产之蕙兰水晶艺花佳品。它的合蕊柱异化拔高而有塔状的花上花。花被多处缀有晶珠，瓣缘褶卷，倒钩。造型奇特，风采独存。

云南 段思贵栽培

水仙瓣类 *shuixianbanlei*

▲ **大一品** 大一品为绿壳类大荷花形水仙瓣，被誉为荷形水仙之冠，被列为传统蕙兰"老八种"之首。产自浙江富阳山中，清乾隆晚年或嘉庆初年，由嘉善县胡少海选出。它为斜立半垂叶态。叶长40～55厘米，宽1～1.3厘米，叶色翠绿，新叶富有光泽，叶面平展，叶齿细锐。花葶细圆挺拔，被誉为蕙兰中最具风姿者。葶花8～12朵。中萼前倾，侧萼平伸，花径达7厘米。三萼荷形，分窠大软蚕蛾捧，大如意舌。

浙江 郑普法栽培

▲ **仙绿** 仙绿又称"后上海梅"、"宜兴新梅"。为绿壳类梅形水仙瓣花。民国初年，由江苏宜兴艺兰者选出。因其花形像"上海梅"故被称为"后上海梅"，又以选出地为名而为宜兴梅或宜兴新梅。它为斜立半弓垂叶态。叶长45～55厘米，宽0.9～1.1厘米。叶面较平展。绿色细葶高耸挺拔，葶花9～11朵，绿色小花柄，花距疏朗匀称。三萼长脚圆头，中萼前倾，肩萼平举、里扣态；分窠羊角兜捧，长尖舌下挂不后卷，舌面缀满红点。本品初开时略似上海梅，3～4天后捧上翻，后向下伸长，便是水仙瓣啦！

浙江 屠天新栽培

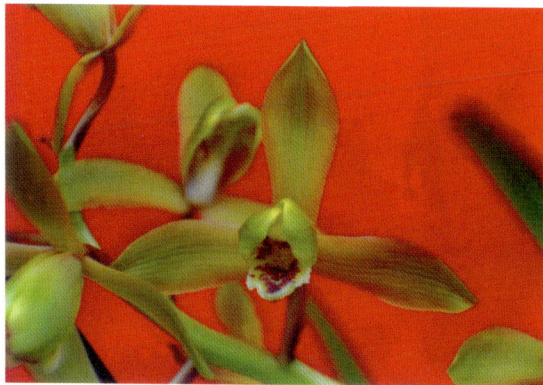

◀ **仙子梅** 本品于近几年从河南林野下山的赤转绿壳类梅形水仙瓣花。由冯仰登先生命名。它为斜立弓垂叶态，长35～38厘米，宽1厘米以上，质厚色绿。三萼阔大，端卵圆形，紧边，收根，中萼前倾，侧萼平举，绿底泛淡红晕缘嵌淡红色脉彩；分窠蚌壳状兜捧，大如意舌，舌面缀有紫红斑彩。

浙江 叶华海栽培

▲ 新昌水仙　新昌水仙为绿壳水仙瓣花。于近几年，从当地林野下山。它翠绿花莛高耸挺拔，莛花9~11朵，花距疏朗，翠绿花柄细而长。三萼长脚圆头，紧边收根，半硬羊角状捧，大圆舌，舌面缀有鲜红大斑块。唇瓣之侧裂片耸起，色红艳。捧基镶嵌有条片状鲜红斑。中萼前倾，侧萼略垂而微挺。

浙江　梁生弟　梁宜正栽培

▲ 流云　流云为赤转绿壳类飘门水仙瓣花。2002年3月下山于湖北随州。它为直立半弓垂叶态。长55厘米，宽0.8厘米，断面呈"V"形，叶色深绿有光泽。翠绿细莛高耸挺拔，莛花11朵，细长小花柄紫色，苞片披挂淡紫彩。三萼短阔，中段挺飘如波浪状；短阔猫耳捧，端挺飘，中心处有大而明显的雄性化片块状体，似流水行云，唇瓣格外阔大而圆，色黄而缀有片块状鲜红斑。花形别致，花色绚丽，清香四溢。

浙江　周鑫　付敏　舒继华　王瑾斌　邱文雄栽培

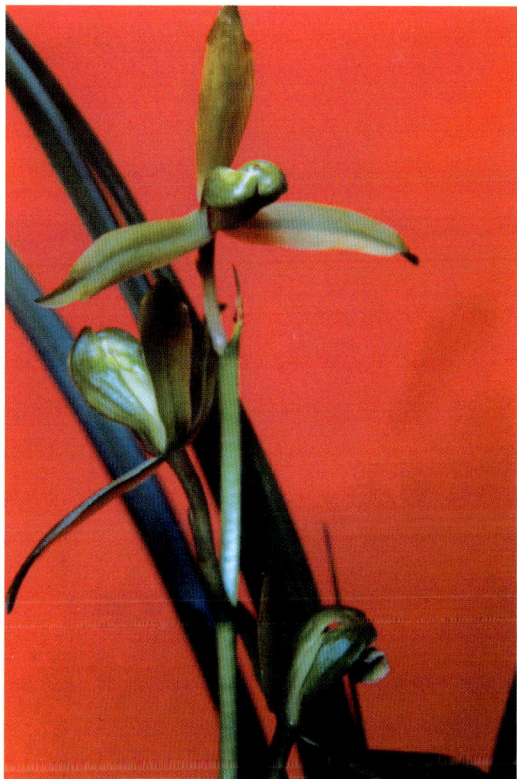

▲ 水晶荷仙　水晶荷仙为赤转绿壳类荷形水仙瓣花。21世纪初，从湖北省随州市洪山林野下山。它为斜立半弓垂叶态，叶有水晶斑缟艺。青黄花莛高耸挺拔，莛花9~11朵，花距疏朗，深紫色花柄细长。三萼片阔大，1：1.75，中段放角，两端收根，紧边，质厚而糯。半硬兜捧，大圆舌，舌面缀斑大而鲜红。花容端庄，花色绚丽，堪为荷形水仙之精品。

湖北　金山栽培

▲ 玉蜻蜓　玉蜻蜓为蕙兰变种送春水仙瓣花。它三萼竹叶形，中段略宽，端尚圆钝；中萼耸立，略挺，端前倾，双侧萼近平举，色深绿而泛淡紫晕；硬羊角兜捧，大圆舌下挂而不后卷。本品虽萼片偏尖，收根不够，但花瓣符合水仙瓣要求，唇瓣也不错，可为水仙瓣花。

四川　刘世渡栽培　张长林供照

▲送春梅仙　它为直立半弓垂叶态。叶长 40～55 厘米，宽 1～1.2 厘米，叶端部长尾急缩尖，叶色深绿，叶基呈广 "V" 形，中部起平展。深绿色花莛出架，莛花 5～9 朵。中萼倒卵形而略挺，肩萼近平举，长珠形，端钝圆紧边，收根；分窠半硬兜捧，大卷舌，舌面缀斑鲜丽，有香气。

云南　王永明栽培

▲金刚　金刚为赤转绿壳类水仙瓣花。它为斜立叶态。叶长 50～60 厘米，宽 1.2 厘米，断面广 "V" 形，质厚硬，色深绿。中萼前倾，梭镖形，紧边，收根，肩萼带形、紧边，略收根，呈 "八" 字形下垂；花瓣如双手握拳前伸，为分窠半硬拳兜捧，大如意舌，舌面缀有密聚的鲜红斑，褶片格外发达隆起，呈倒 "八" 字形；合蕊柱前伸，黄色药帽格外发达，呈倒心脏形。花容各部均离宗别谱，形意似 "八大金刚" 而为名。

浙江　丁天其栽培

▲郑氏水仙　郑氏水仙为赤转绿壳类水仙瓣花。2003 年下山于湖北省来凤林野。它为斜立半弓垂叶态。叶长 40～50 厘米，宽 0.9～1.1 厘米，叶齿细锐。出架莛花 9～11 朵。中萼耸立，呈长珠形，有紧边，收根，肩萼略垂，竹叶形，圆头紧边，但收根少。半硬羊角捧，大铺舌。

浙江　郑普法栽培

▲富氏荷仙　富氏荷仙为赤转绿壳类荷形水仙瓣花新品。三萼阔大，中段放角，两端收根，紧边，中萼前倾，肩萼微垂，质厚，色青绿；分窠半硬蚕蛾捧，刘海舌，舌面端缀有对称紫红斑。

浙江　富浩舟栽培

◀黔东荷仙　本品系于 2004 年自贵州东部林野下山之绿壳类蕙兰，荷形水仙瓣花。它为斜立半垂叶态，长 40～50 厘米，宽 0.6～1.0 厘米，质厚硬，色深绿，花莛挺拔，莛花 9～11 朵，萼较短而端放角，基收根，中萼前倾，肩萼平举似有外飘和蒲扇式捧，端有雄性化深兜，大铺舌下挂后倾而不后卷。舌面缀点鲜丽而有致，捧端面也略洒红点。花容鲜丽，馨香萦绕。

贵州　薛天民　周碧霞栽培

▲秦岭之波 秦岭之波为赤转绿壳类飘门水仙瓣花。三萼带状，端圆紧边，萼体浪状扭曲、挺翻，或前扣；猫耳状花瓣耸立，端挺翻，中心处有黄色雄性化体斑；大卷舌，缀有鲜艳的红点斑。花形别致，情态各异，有香气。

陕西 翟企平栽培

▲秦岭水仙 秦岭水仙为赤转绿壳类水仙瓣花。是近年从秦岭山野下山的新品。它为斜立半弓垂叶态，叶长60~70厘米，宽0.9~1.1厘米，质厚硬，色深绿，绿泛浓紫晕的中粗花葶高耸挺拔，葶花9~13朵，花距较密聚，显得拥挤些。花柄紫色。三萼长珠形，圆头，紧边，收根，中萼耸立，侧萼为广马步肩，萼面有波状脉纹；软磬口捧，分头合背，三角如意舌。

陕西 翟企平栽培

▲孟春仙 孟春仙为近几年从四川会理林野下山之蕙兰变种送春水仙瓣花。三萼长珠形，中萼挺立，侧萼飞翘；分窠蒲扇状兜捧，捧面近中缘有黄色花粉块镶嵌，堪为别致，也是异常罕见之特征，大心脏形舌，缀斑鲜丽。

四川 小孟栽培 张长林供照

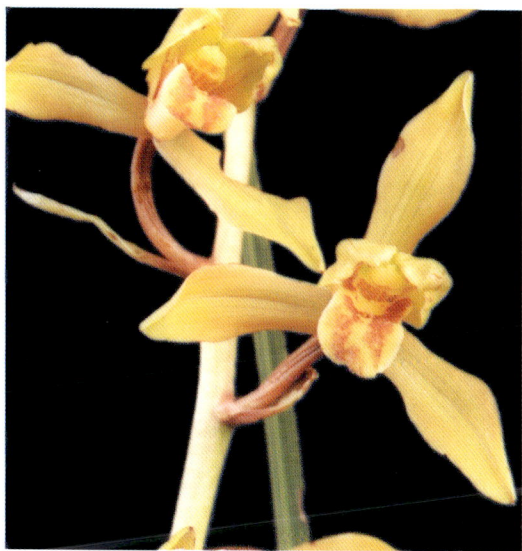

▲建仙 建仙为赤转绿壳类荷形水仙瓣花佳品。2001年3月下山。它为斜立半弓垂叶态。细狭叶，叶齿细密。三萼荷形，中段放角，两端收细，紧边，端钝圆，肩近平，端下倾；分窠观音兜捧，大圆舌。花色乳黄泛红晕。

浙江 王德仁命名 邱文雄 王建设栽培

▲铜仁水仙 铜仁水仙为赤转绿壳类水仙瓣花。三萼短阔，呈荷形，紧边，收根，中萼前倾遮阳态，肩萼平举，色绿缘嵌紫红晕，分窠蚌壳形软浅兜捧，大铺舌。

贵州 薛天民 周碧霞栽培

35

▶ **会理春仙** 会理春仙为近几年于四川会理林野采得蕙兰变种送春水仙瓣花。以产地加种类而为名。三萼带形，圆头，紧边，飞肩萼体常挺翻，为朝天开状。分窠剪刀兜捧，如意舌，有香气。

四川 兰俊摄影
张长林供照

◀ **刚字** 刚字为2000年下山赤转绿壳类水仙瓣花。萼片荷形，中萼直挺，双侧萼小落肩；分窠半硬蚕蛾捧，如意舌，舌面缀有鲜丽红斑。

浙江 项志刚栽培

▲ **玉玲珑** 玉玲珑为赤转绿壳类水仙瓣花。于2001年下山，2003年3月上旬复花。它为斜立弓垂叶态。长45厘米，宽0.8厘米，断面呈"V"形，色深绿，质厚润有光泽。黄白泛淡紫晕细花莛高耸挺拔，花柄鲜紫红色。三萼长珠形，两端收根，中萼前倾，肩萼广马步态；分头合背蚕蛾兜捧，如意舌，舌面红斑鲜丽。花形紧凑，花色嫩绿泛鹅黄，富有玲珑别透之美，故而为名。

浙江 王瑾斌 邱文雄栽培

▲ **报喜鸟** 报喜鸟为绿壳类飘门水仙瓣花。近几年，梁姓兰友从浙江省新昌县小将镇林野采得。取其花形略似翱翔之鸟而为名。中粗绿莛高耸挺拔，莛开7～9朵，花距疏朗，淡绿苞片，花柄较长。三萼带形，圆头紧边，挺翻浪卷；淡绿覆轮之猫耳状捧，端飘，中心处有雄性化体，大圆舌下挂不卷。形态别致，花香四溢。

浙江 梁小龙 梁宜正栽培

▲ 圣云 圣云为近几年从湖北随州下山的赤转绿壳类飘门水仙瓣花。萼片带状圆头，紧边，翻挺浪卷；猫耳状捧端挺飘，中心处有明显的雄性化体；大卷舌缀斑鲜丽。

浙江 富浩舟栽培

▲ 黔秀仙 本品为近几年从贵州林野下山赤转绿壳类水仙瓣花。三萼带状，圆头，紧边，收根，中萼前倾，肩萼平举，质厚色绿，萼面泛有淡赤色沙晕；分窠浅兜捧，刘海舌。

贵州 朱敏夫栽培

▲ 欣云 欣云为绿壳类飘门水仙瓣花，于 2003 年 4 月从湖北省广水市林野下山。它为直立弓垂叶态。叶长 75 厘米，宽 0.9 厘米，叶基断面呈 "V" 形，中段渐平展。花莛、花柄、花朵均翠绿。三萼带状，圆头，紧边，挺翻浪曲；猫耳状捧端挺飘。中萼与双捧均有雄性化黄白块。大卷舌缀鲜红斑。花姿飘飞有序，花色翠绿油亮，香气清纯。

浙江 王建设栽培

▲ 大仙荷 本品为近几年下山的绿壳类荷形水仙瓣花。三萼带形，端放角，紧边，基收根，中萼前倾或呈弧盖形，侧萼略垂呈抱态，分窠半硬剪刀捧，大铺舌缀斑红艳。莛柄与花朵亮绿可爱。

浙江 凌华栽培

水仙瓣类

▲仙荷极品 本品于2001年从湖北钟祥林野下山的赤转绿壳类荷形水仙瓣花。它为斜立弓垂叶态。叶长43厘米，宽1.2厘米，基部断面呈"V"形，中段始平展，质厚糯，色黄绿。三萼阔大，端放角，紧边，基收根，中萼前倾，肩萼平举里扣态。淡绿色，基泛淡红晕。短圆软浅兜捧，大圆舌放宕略后倾，舌面缀斑红艳。花色秀丽。

浙江 周鑫栽培 蔡阳摄影

▲富蕙仙 本品为浙江桐庐吴更喜于2005年从当地林野采得之赤壳类水仙瓣花。三萼较细长，端略放角，紧边，基收根。中萼略前倾，肩萼平举端略垂，端翠绿基泛红晕；分窠浅兜；软捧，如意舌。花容端庄，花色秀丽。花香四溢。

浙江 吴更喜栽培

▲石岭仙 本品系浙江嵊州市长乐镇的过小华于2005年1月采自浙江会稽山脉。为赤转绿壳类荷形水仙瓣花佳品。它为直立半弓垂叶态。叶长60～70厘米，宽0.8厘米，断面呈"V"形，质厚，色深绿。高耸而直立的花莛淡绿色，细长柄与苞片鲜紫红色，莛花7～9朵。三萼荷形，中段放角，两头收根，端紧边。中萼前倾，侧萼平举里扣态，半硬捧，龙吞舌，花守好，花香四溢。

浙江 过小华选育

▲章荷仙 此为安徽产赤转绿壳类蕙兰荷形水仙瓣花。它萼片短阔，中段放角，紧边，两端收根；分窠蒲扇式捧，端有白色浅兜，刘海舌。堪为荷形水仙瓣花。

安徽 章根生栽培

◀保康仙 本品系近几年自湖北省保康县境内林野下山之赤转绿壳类水仙瓣花。三萼狭带状，端钝圆，紧边，基收根，中萼前倾，侧萼近平举，里扣态。分窠半硬兜捧，小刘海舌。

湖北 刘万义供照

▲桐庐水仙　本品系浙江桐庐的吴更喜于 2005 年在当地林野采得，为赤壳类水仙瓣花。它为斜立半弓垂叶态。长 50～60 厘米，宽 0.9～1.1 厘米，基部断面呈 "V" 形，中段起渐平展。浅绿泛红晕的花莛高耸挺拔，苞片和细长花柄均为鲜紫红色。莛花 11～13 朵。三萼长珠形，圆头，紧边，细收根。中萼前倾肩萼平举，里扣态；分窠：软浅兜捧，三角小如意舌，个别花有双舌。花容端庄秀雅，花色绿泛红晕，十分秀丽，清香萦绕。

浙江　吴更喜栽培

▲母林仙　母林仙为蕙兰变种送春之荷形水仙瓣花。它为斜立半弓垂叶态。叶长 60～70 厘米，宽 0.8～1.2 厘米，断面呈广 "V" 形。绿莛出架，莛花 5～9 朵。三萼中段放角，两头收根，中萼前倾，肩萼平举而呈拥抱态，端挺飘；观音捧，如意舌。堪为标准的荷形水仙瓣花。

四川　母林贤　罗四娃栽培

▲绿友仙　此为赤转绿壳类水仙瓣花。它三萼短阔，端钝圆，紧边，收根，略挺飘；分窠浅兜捧，大卷舌。本品虽捧兜浅，较易伸直，但捧基已初现唇化迹象，也许将来是个不错的捧蝶花。

江苏　陈士友栽培

▲送春蜀仙　本品为近年自四川会理县境内林野下山的蕙兰变种送春水仙瓣花。三萼狭带状，端圆钝，紧边，姿翻扭飞翘，色深绿，泛红沙晕。羊角软兜捧，大铺舌，舌面红斑鲜丽。

四川　孟显荣栽培　张长林摄影

奇花类 *qihualei*

▲ **顶天珍珠** 此为赤转绿壳类奇花新珍品。它为罕见的离宗别谱之奇花，奇得一点也不像兰花。初看，颇似叶上果状花。其实是由于该品的合蕊柱因子超常充盈，且格外发达，而导致该品的萼片与唇瓣退化。合蕊柱分裂异化成三个，中心一个，拔高一节，再分裂为三个，处于两侧的分生蕊柱紧挨花瓣（捧）也逐节拔高，而有叶上珍珠之奇妙。

浙江　丁天其栽培

▲ **金彩绣球** 本品为安徽省梅山县境内山野下山的赤转绿壳类蕙兰，花序异化型奇花。这可能为缺乏某种元素或某种元素增多而导致花轴异常缩短，花朵密生成了"球状花"。据兰友电话告知，他仅发现，仅是一个山谷长此类球状花，其山脊上的蕙兰便开正常花。未经亲临考察取样分析，不能断言，在此以质高明。

安徽　王明生选育

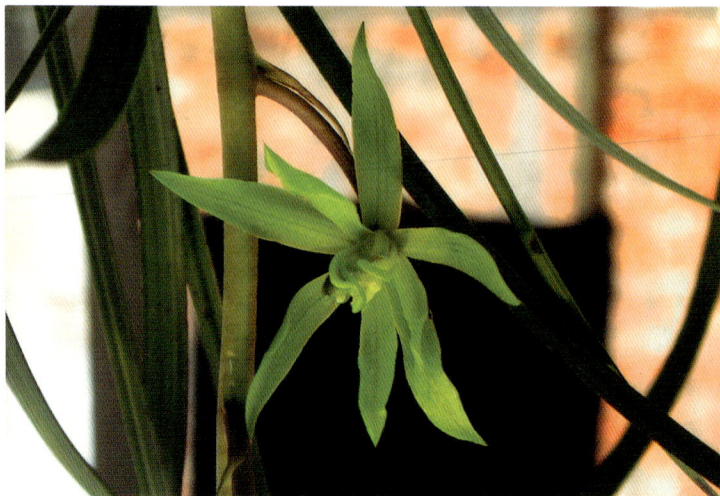

▶ **乐清奇菊** 本品为近几年从湖北境内林野下山赤转绿壳类菊形奇花。它的合蕊柱已分裂异化成许多、形态各异的小花瓣云集于花心部。其唇瓣也已异化成花瓣，另外，花瓣、萼片也已增多，共组成了菊形奇花。

浙江　陈海红栽培

▲六瓣奇蕙　本品系新近几年下山新种，为绿壳类奇花。它的合蕊柱已初现异化分裂，花瓣（舌）已异化成花瓣而有六瓣奇花之称。

浙江　周大伟栽培

▲绿云牡丹　本品系新近几年下山新种，为赤转绿壳类奇花。它的唇瓣异化成花瓣，而与花瓣、萼片组成六瓣形成奇花。其合蕊柱也分裂异化成花菜样。其花形略似墨兰素心奇花"绿云"。

浙江　凌华栽培

▲会理奇蕙　此为四川会理县山野所产赤壳类奇花。它朵朵唇瓣增一，花瓣也已初现唇化迹象，但目下仅是花捧，而不能称为唇化捧。

四川　张长林供照

▲欣玉　本品为新近几年下山的绿壳类蕙兰多瓣奇花。它花瓣增生，唇瓣也异化成花瓣样。花形别致，花色素雅，曾获浙江省首届蕙兰展金奖。

浙江　王建设栽培

41

▲ 徐氏奇蕙　此为四川平武县林野所产赤壳类蕙兰，多萼、多舌奇花。

四川　徐厚远栽培

▲ 文秀奇蕙　此为近几年下山的绿壳类蕙兰奇花。它朵朵朝天而开，由于它的合蕊柱已异化而有多瓣、多萼呈菊花型排列之多瓣奇花。

浙江　葛伟文栽培

▲ 蕙之恋　此为云南省文山县所产赤转绿壳类蕙兰并蒂奇花。它的萼片、花瓣短阔，合蕊柱已初现小异化。其中有一朵唇瓣已增生。有望其下次开花，会更奇些。

云南　周云芳栽培

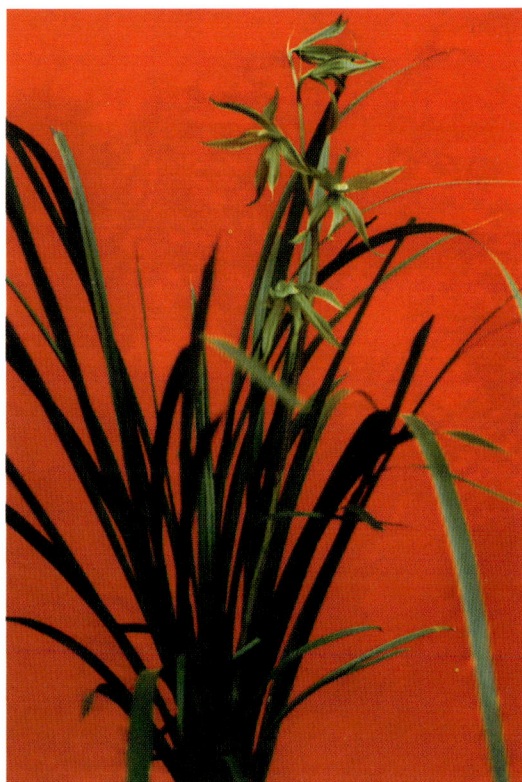

▲ 绿蜘蛛　此为四川沐川县所产蕙兰变种"送春"素心奇花。它的唇瓣已异化成花瓣。

四川　周丹成栽培

▲红素菊　本品为新近几年下山于四川境内林野，为赤壳类红素奇花。它的合蕊柱已分裂异化成多个形态各异的小花瓣；唇瓣也已异化成花瓣，而成了菊形奇花。花色红艳，无杂染。

四川　邓少康供照

▲马洲奇素　此为 2002 年从河南境内山野下山的绿壳蕙兰素心奇花。它合蕊柱异化成木耳状，唇瓣异化成花瓣。

江苏　宋龙福　陈亚东栽培

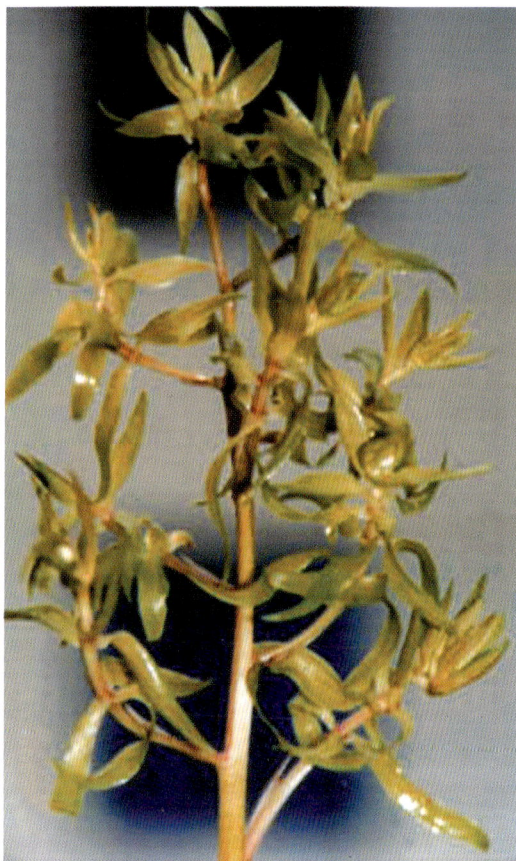

▲送春奇素　此为四川会理县林野所产蕙兰变种"送春"素心奇花。它的合蕊柱有的已异化成许多小花瓣。目前主要是唇瓣异化成花瓣。

四川　兰俊摄影　张长林供照

▲玉树银化　本品为赤转绿壳类蕙兰树形奇化。由于合蕊柱的异化拔高，而在花柄上可分节着生萼片。通常 3～5 节后，便于柄端开一朵或几朵菊形奇花。有的花片尚有不同程度的唇化迹象。由于这种花形略似树杈状而被称为树形奇花。

浙江　葛新星栽培

▲ **龙爪**　此为近几年下山的赤转绿壳类蕙兰菊形奇花。它的合蕊柱已分裂异化成花菜样的碎花瓣，唇瓣已瓣化。属于六瓣菊形奇花。

浙江　凌华栽培

▲ **秦岭奇蕙**　此为秦岭下山赤壳类蕙兰奇花佳品。它合蕊柱已分裂异化成多个小花瓣；萼片、花瓣也同时增多。花形活泼，色彩富丽。

陕西　郭峰栽培

▶ **同胞**　此为四川产绿壳类奇花。它为同一个子房上开出两朵孪生花，萼片只有5个，最下方的一个，为两朵花的共有萼片，说明它为血肉相连的同胞花。风韵不凡，令人遐思。

四川　王芳栽培

▲周氏奇花 此为赤转绿壳类蕙兰多瓣奇花新品。它合蕊柱已分裂异化成众多的小花瓣，花瓣、唇瓣、萼片均增多，是个可能继续异化的奇花。

浙江 周大伟栽培

▲多头奇菊 此为贵州境内林野所产的赤转绿壳类菊形奇花。它的花轴高度缩短而成了头状花序，再由于本品的合蕊柱已异化，而有多舌、多瓣、多萼的奇花。造型新颖，花色艳丽。

贵州 谭成华栽培

▲洪山绿云 本品为近几年从湖北省随州市林野下山的赤转绿壳类蕙兰素心奇花。它花朵色泽纯净，合蕊柱已异化成云朵状，唇瓣也异化成萼片。萼片端均呈圆头状，为本品的又一大亮点。

湖北 刘京秋 马涛 陈显中栽培

▲海渚奇蕙 此为湖北产赤壳类奇花。它合蕊柱分裂异化成花菜样的小花瓣。花瓣、萼片同时增生，呈菊花状排列。唇瓣也异化成花瓣状。

浙江 叶华海栽培

▲圆环素菊　此为赤转绿壳类蕙兰素心奇花。它合蕊柱异化成多态的小花瓣，唇瓣也异化成萼片，萼片、花瓣同时增生，瓣端圆，共二轮环抱态菊形素花。形态别致，寓意深长，花色素雅。

广东　陈少敏栽培

▲雄鹰　本品为贵州产赤转绿壳类蕙兰少瓣奇花。它的花瓣（捧）退化，萼姿呈飞态，中萼合盖合蕊柱，似鹰之头部，全花略似展翅翱翔的雄鹰而为名。这种少得有象形的奇花，尚有较高的风韵。

贵州　谭成君栽培

▲全多奇蕙　此为产自浙江舟山群岛林野赤转绿壳类蕙兰奇花。它合蕊柱分裂成两个，萼捧、舌全增多。排列有序，色泽绚丽。

▲奇宝　此为滇产蕙兰变种"送春"之树形奇花素。它子房拔高，逐节分生萼片，到了一定的高度后，其顶部绽开数朵并生多瓣奇花。花姿活泼，花色翠绿，一尘不染，清香四溢。

云南　王永明栽培

▲紫秆素奇　此为湖北产赤转绿壳类蕙兰素心奇花。合蕊柱分裂异化成小花瓣，成拱抱状，唇瓣异化成萼片状。全花翠绿无间色。

浙江　叶华海栽培

◀ **福美奇** 本品为滇产赤壳类蕙兰奇花。由于它的合蕊柱已分裂异化而有多萼、多捧、多鼻、多唇瓣的奇观。它造型近似向日葵，花色富丽，风采不凡。

云南　李永福栽培

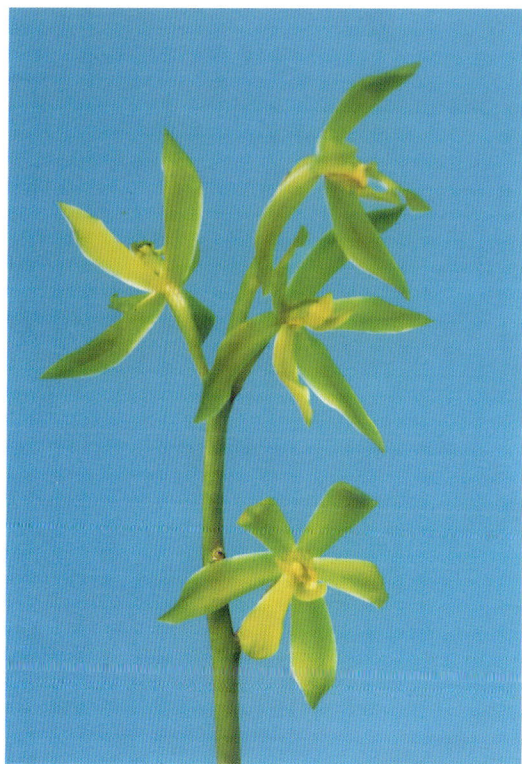

▲ **林氏奇素** 此为绿壳类蕙兰素心奇花。合蕊柱异化成两个，其柱下增生多片小花瓣。唇瓣异化成萼片状。三萼形态相似，三花瓣形态也相似是本品的特点。

浙江　林申燎栽培

▲ **奥运火炬** 本品为赤转绿壳类蕙兰奇花。它花序异化成头状花序。合蕊柱分裂为二，萼捧增多，瓣姿飘忽，唇瓣增多，缀斑鲜红似火。全花犹似点燃之奥运火炬。风韵不凡。

上海　孙德群栽培

肩蝶类 *jiandielei*

▲**五虎蝶** 此为 2003 年冬于湖北境内林野下山的赤壳类蕙兰肩蝶花珍品。它为直立叶态,叶阔而较长,花序出架,花朵朝天而开,形如舷梯,步步登云,寓意深长。它的肩萼片,唇瓣化程度高达 2/3 萼幅。花色绚丽,花香四溢。

浙江　丁天其栽培

▲**文秀肩蝶** 此为绿壳类蕙兰肩蝶花。本品肩萼唇瓣化程度达 1/2 萼幅。萼姿格外活泼,各具情态,恰似群蝶曼舞,情趣非凡。它的唇瓣都向上耸起,颇具特色,但在传统上认为是"转茎"不好。应该是蝶花另当别论。

浙江　葛伟文栽培

▶**内勾肩蝶** 此为陕西产赤转绿壳类肩蝶花。它的肩萼片,斜垂端朝里折勾。肩萼唇化程度高达 2/3 萼幅。缀斑鲜艳。

陕西　郭峰栽培

▲**滇池肩蝶** 此为滇产赤转绿壳类蕙兰肩蝶花。它的肩萼唇瓣化程度高达 2/3，缀斑鲜丽。它的唇瓣呈葫芦形，镶银边，多色相映成趣。

云南 孙智勇栽培

▲**绿林豹蝶** 此为湖北京山县林野所产赤转绿壳类蕙兰肩蝶。肩萼片唇瓣化高达 2/3 萼幅，缀斑鲜丽。

湖北 刘京秋 刘京军 包东平栽培

◀**白裙蝶** 本品于 2003 年下山，在浙江省椒江市购得。原产地不详。为赤转绿壳类蕙兰荷形素肩蝶花。这个彩心肩蝶花之唇化部分无缀彩斑，而为素肩蝶，实属少见，令人珍爱。

浙江 郑普法 季伟栽培

▲ 蜀荷蝶　此为四川产的赤转绿壳类蕙兰肩蝶花。花为荷形花，肩萼片唇瓣化程度高达 2/3 萼幅。

江苏　陈士友栽培

▲ 岭蝶　此为秦岭下山的绿壳类外蝶花。本品仅是肩萼基部有少部分唇化迹象，按传统的分级，只是草蝴而已。但有望继续异化。

陕西　郭峰栽培

▲ 欣蝶　此为赤转绿壳类蕙兰肩蝶花新佳品。花大色鲜丽，肩萼唇化程度高达 3/5 萼幅。美中不足的是肩萼后卷太过。

江苏　单家欣栽培

▲ 三友蝶　此为赤转绿壳类肩蝶花新品。肩萼唇瓣化过半。是个不错的肩蝶花。（这是下山照）复壮后，应该有个好开品。

山东　闫旸德　陈松强　罗平安栽培

▲ **振兴蝶** 此为 2001 年 4 月于湖北省境内林野下山的赤转绿壳类蕙兰肩蝶花佳品。它为斜立半弓垂叶态。叶长 60 厘米，宽 0.6 厘米，质厚色绿，新芽嫩绿色。莲花 5 朵，肩萼唇瓣化过半。香气好。

浙江　谢纪林栽培

▲ **秀敏蝶** 此为赤转绿壳类肩蝶花新品。它的萼基唇瓣化近半幅，有望继续异化。

广东　陈少敏栽培

▲ **沁怡蝶** 此为 2004 年下山于河南境内林野，为赤转绿壳类肩蝶花。肩萼唇瓣化高达 2/3。复壮后，很可能有个好开品。

江苏　陈亚东栽培

▲ **田蝶** 此为湖北产绿壳类蕙兰肩蝶花新品。花色深绿，肩萼唇瓣化过半。为怀念花主王致田先生而把本品命为"田蝶"。

湖北　王致田栽培

▲ **花肩蝶** 此为赤转绿壳类肩蝶花。肩萼唇瓣化已过半，但在唇化体上，很少有白肉化，多数为绿色，只能称花肩萼、有待继续异化。

浙江　郑普法栽培

▲ **玉荷蝶** 此为绿壳类蕙兰肩蝶花稀珍品。它为斜立半弓垂叶态，莛花5～7朵。萼捧荷形，肩萼唇瓣化过半。花姿活泼，色彩对比鲜明，格外秀雅，白花肩蝶甚为罕见，堪为稀珍品。

浙江　凌华栽培

◀ **国香艳蝶** 此为绿壳类蕙兰肩蝶花。它肩萼唇化部分达半。色彩对比鲜明。花香浓郁。

江苏　万云坤

浙江　郑普法栽培

素心花类 *suxinhualei*

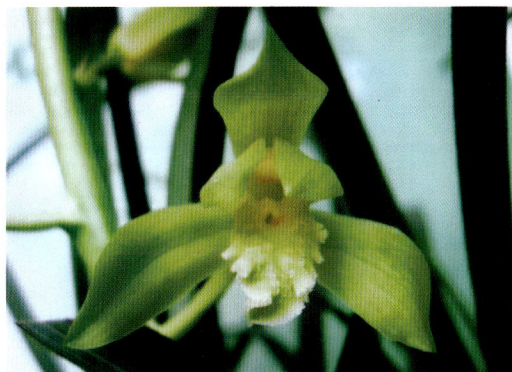

▲**玉荷素** 此为绿壳类蕙兰素心花佳品。它三萼阔大，呈荷形，剪刀式捧，大铺舌。花色翠绿，唇瓣面上有许多白色乳突。

浙江 寿济成 丁天其栽培

▲**蕙泉素** 此为贵州产绿壳类蕙兰素心花稀珍品。本品为橘红色素心花，十分罕见。寄寓吉祥如意。

贵州 朱敏夫栽培

▲**翱翔素** 此为福建产绿壳类蕙兰素心花。以其花姿似鸟翱翔状而为名。

福建 陈日明 肖玉供照

▲**天荷素** 此为绿壳类蕙兰荷形绿苔素。

浙江 丁天其栽培

▶ **翠绿素** 此为湖北宜城县林野所产之绿壳类蕙兰翠绿色素心花。十分罕见，堪为稀珍品。

湖北 温朝明栽培

▲ **十堰蕙素** 此为湖北省十堰市林野所产绿壳类蕙兰素心花。

湖北 王致田栽培

▲ **温州素** 此为柳叶水仙式素荷形花。于民国初年，由浙江温州艺兰者选出。为传统蕙兰素花名品之一。三萼形如柳叶，剪刀捧，白卷舌。花色淡黄绿色。

浙江 范玉如栽培

◀ **紫秆素** 此为湖北省保康县林野所产的赤转绿壳类蕙兰素心花。它花形大，缘镶白边，青黄花色与紫秆紫柄相互映衬，素艳结合，风采不凡。

湖北 刘万义栽培

▲ **天仪荷素** 此为湖北产绿壳类蕙兰素心花。

湖北 王致田栽培

▲ **息峰素** 此为四川产绿壳类蕙兰乳黄素。以产地名为名。

四川 徐厚远栽培

▲**送春绿素** 此为云南省文山县林野所产蕙兰变种送春，绿白色素心花。

云南　周云芳栽培

▲**多花蕙素** 此为四川省平武县林野所产的赤壳类蕙兰多花素。它莛花 40 余朵，堪为罕见。

四川　徐厚远栽培

▲**绿林球素** 此为湖北省京山县林野所产绿壳类蕙兰素心花。它花莛不高，花序异化成近似头状花序，而成为球形素花。

湖北　刘京秋栽培

▲**青绿素** 此为蜀产绿壳类蕙兰青绿色素心花。

四川　徐厚远栽培

▲**碧山素** 本品为近几年从四川东北摩天岭林野下山的绿壳类蕙兰素花佳品。肩萼较短阔，近平举，中萼遮阳状；花瓣短较阔，呈软兜状，白大圆舌，端泛青晕，花形端庄，花色素雅，清香四溢，堪为绿蕙素花之上乘佳品。

四川　徐厚远栽培

▲平肩素　此为绿壳类蕙兰平肩素心花。

江苏　陈士友栽培

▲秦岭蕙素　此为秦岭产绿壳类蕙兰素心花。它萼片短，呈荷形。花色乳白端泛绿晕。风采独具。

陕西　马健全栽培

◀一品黄　此为四川平武林野所产绿壳类蕙兰黄色素心花佳品。它萼捧唇大小配合匀称，肩萼近平展；莛、柄、花一派金黄色，有的叶片边缘泛黄晕。雍容华贵，富丽堂皇。

福建　许东生引种　四川　徐厚远栽培

荷瓣类 *hebanlei*

▲翠勺荷　本品为绿壳类荷瓣花新品。三萼勺形，放角圆、紧边、细收根；剪刀式捧，大卷舌、缀鲜红大块斑。花色翠绿，在鲜红斑舌的映衬下，显得十分绚丽。

福建　陈日明栽培

▲黄盖荷　本品于20世纪末，从陕西秦岭山脉下山。为绿壳类荷瓣花。三萼短阔放角，紧边，收根，搂抱态；分窠罄口式捧，大铺舌后倾略卷。花容端庄，花色富丽。

陕西　郭峰栽培

▲黔东荷　此为近年从贵州东部林野下山的赤壳类蕙兰荷瓣花。它三萼端放角，紧边，基收根，中萼前遮状，肩萼小落肩而里扣，蒲肩式捧，略交搭，大卷舌。花色秀丽。清香萦绕。

贵州　薛天民　杨昭斌　陈龙兴栽培

▲秦岭红荷　本品为近几年从陕西秦岭下山赤壳类荷瓣花。它三萼短阔，放角，紧边，收根，中萼，遮阳状，侧萼平举，萼端下垂里扣态，蒲扇式捧，捧缘有紧边，大铺舌下挂不后卷，舌面全红镶白边。美中不足的是，肩萼放角不够。花容端庄，花色富丽。

陕西　瞿企平栽培

▲文秀荷 本品于近几年在贵州境内山野采得，为赤转绿壳类荷瓣花。它为立叶半弓垂叶态，叶长60厘米，宽1.5厘米。绿泛紫晕花莛高耸，绿苞片，紫花柄。三萼短阔，放角收根，紧边；蒲扇式捧，大圆舌。舌面缀块状大深红斑。花容端庄，花色绚丽。

浙江 葛伟文栽培

▲圣荷 圣荷于2003年下山于湖北省随州，2005年4月复花。为绿壳类荷瓣花。它为立叶半弓垂叶态，脚壳短，叶基断面呈"V"形，中段始渐平展，且中段叶幅宽，叶长40厘米，宽0.9～1.1厘米，叶端钝圆，授露型，叶质厚，色翠绿。三萼倒蛋圆形，端格外阔大，放角状，紧边，收根，中萼前倾，侧萼略里扣，质厚色翠绿，基泛金红晕，格外短阔蒲扇捧，五瓣分窠，特大圆舌，舌面缀斑鲜丽，合蕊柱药帽下，一对红眼珠，尤为别致。

浙江 富浩舟栽培

▲赵荷 此为新近下山的赤转绿壳类荷瓣花。它三萼短阔，端放角，紧边，基收根，中萼前倾遮阳状，肩萼微垂，瓣质厚，色青绿泛金黄晕；分窠蚌壳式捧，大铺舌下挂，舌面红斑鲜丽。此为下山花照，复壮后，也许开品会更佳。

浙江 赵卫国栽培

▲忠岩荷 忠岩荷为赤转绿壳类荷瓣花下山新种。萼中阔，端放角，紧边，基收根，中萼前倾，侧萼小落肩里扣态，质厚色青黄，蒲扇式小捧，大卷舌。本品曾获浙江省蕙兰博览会银奖。

辽宁 高志忠栽培 浙江 鲍运达供照

▲文雄荷　本品于 2002 年 3 月下山于湖北省随州市境内林野，为赤转绿壳类荷瓣花。本品萼片短而阔，端明显放角，紧边，基收根，中萼前倾，侧萼近平举，端略挺。质厚糯，色青绿；分窠短圆捧合盖合蕊柱左右，大铺舌下挂，后倾不卷，舌面缀块状红斑鲜丽。

浙江　邱文雄　王建设栽培

▲富贵荷　富贵荷为赤转绿壳类荷瓣花精品。系近年从陕西秦岭下山。它为直立半弓垂叶态，叶长 45 厘米，宽 1 厘米，断面呈广"V"形，质厚色绿。三萼短阔，端放角，紧边，基收根，中萼前倾遮阳态，侧萼近平举里扣态；蒲扇捧，大铺舌。

陕西　郭峰栽培

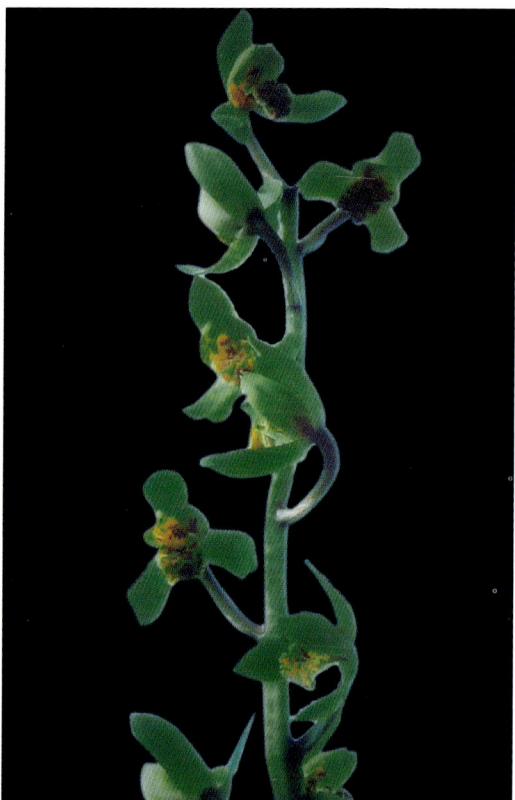

▲辉荷　辉荷系 2004 年下山于湖北境内林野，为赤转绿壳类荷瓣花。它为斜立半弓垂叶态，叶幅 1～1.3 厘米，长 45～55 厘米，断面呈"V"形，叶齿细密，质厚色深绿。三萼中阔，端放角，紧边，基收根，里扣态，色青绿，短圆捧，大铺舌。

浙江　郑普法栽培

▲峰荷　峰荷系 20 世纪 90 年代下山于秦岭山脉，为赤转绿壳类荷瓣花。它为斜立弓垂叶态，叶幅 0.9～1.1 厘米，长 45～50 厘米，断面呈广"V"形，质厚色浓绿。三萼短阔，端放角，紧边，基收根，里扣态，色乳黄泛红晕；分窠蒲扇式捧合抱合蕊柱，大铺舌。

陕西　郭峰栽培

▲郭氏荷　本品系 20 世纪末下山于秦岭山脉，为赤壳类荷瓣花。它三萼阔大，端放角，紧边，基收根，中萼前倾，遮阳态，肩萼小落肩里扣态，色金黄泛红晕；蒲扇式捧分立合蕊柱双侧，大卷舌，缀斑鲜丽，美中不足的是肩端放角不够。

陕西　郭峰栽培

▲舟荷　本品系近几年从湖北林野下山的绿壳类荷瓣花。三萼长勺形，端放角，紧边，基细收根，中萼遮阳态，肩萼平举里扣状，质厚色翠绿；分窠蚌壳捧，大铺舌。

浙江　富浩舟栽培

▲徐荷　本品是 20 世纪初从四川绵阳地区林野下山的赤转绿壳类荷瓣花。它三萼阔大，端放角，紧边，基收根，中萼前倾，肩萼略垂，质厚色淡青绿。分窠蒲扇式捧合盖合蕊柱两侧。大铺舌下挂不卷，舌面缀淡紫红斑别致，构成山水景观的画纹。美中不足的是肩萼放角不足。

四川　徐厚远栽培

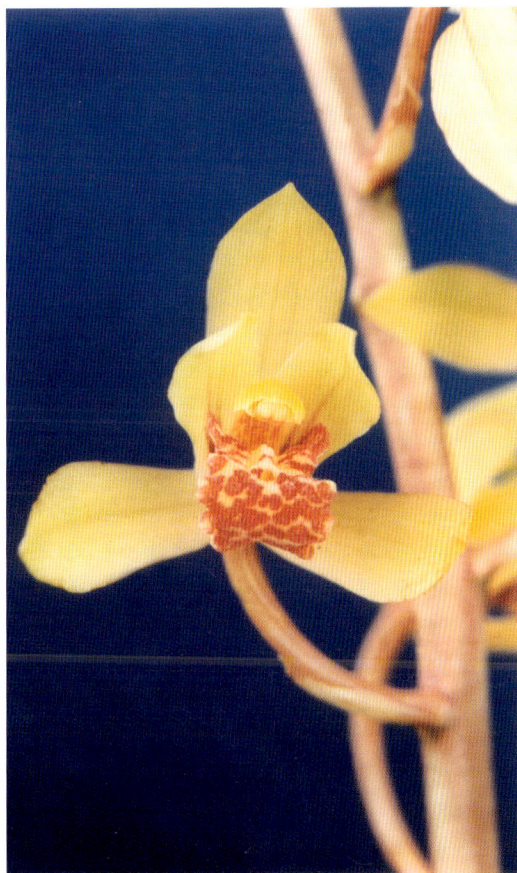

▲金峰荷　本品系 20 世纪末从陕西境内山野下山之赤壳类荷瓣花。三萼短阔，端放角，紧边，收根，中萼耸立略挺，肩萼平举，质厚糯，色金黄；蒲扇式捧耸立蕊柱两侧，大铺舌略后倾。金黄色大花在红舌、红莛柄的映衬下，显得富丽堂皇。

西安　郭峰栽培

▲ **望月荷** 本品为近几年在陕西秦岭下山的绿壳类荷瓣花佳品。三萼阔，端放角，紧边，细收根，中萼遮阳状，蒲扇式捧分立合蕊柱左右，大铺舌，舌面缀斑红艳。

　　　　　　　　　　　　陕西　翟企平栽培

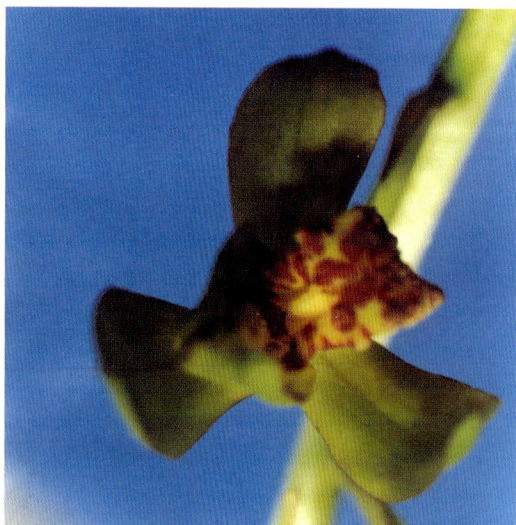

▲ **金君荷** 本品为近几年下山的赤转绿壳类荷瓣花。它叶短阔而厚，叶端有三面刺（即叶端缘与叶背中脉端均有锐利之叶齿）为本品独具的特征。三萼超常短阔，端明显放角，紧边，基收根，中萼遮阳状，肩萼平举里扣态，质厚糯，色淡绿；分窠蒲扇捧合盖合蕊柱，大卷舌，缀斑错落有致且鲜丽。

　　　　　　　　　　　　浙江　潘金辉栽培

▲ **桃江荷** 本品于2001年自湖南常德地区林野下山，为绿壳类荷瓣花。本品三萼格外短阔，端明显放角，紧边，基明显收细均呈里里扣态，萼质厚糯，色深绿；分窠蒲扇式捧合盖合蕊柱左右；大铺舌端后倾，舌面缀斑略似狮面相，风采独具。

　　　　　　　　　　　　湖南　彭均安栽培

▲ **晶桃荷** 此为2001年下山的赤壳类水晶荷瓣花。它为斜立半弓垂叶态。叶长60厘米，宽1.2厘米，断面呈广"V"形，叶质厚，色深绿。三萼短阔，端放角，紧边，基收根，中萼前倾，遮阳状，肩萼近平举，端略垂，色淡绿，嵌有水晶条斑块；分窠短圆捧，大铺舌，舌面缀斑红艳，缘镶白边。

　　　　　　　　　　　　浙江　邱文雄　王建设栽培

▲丁小荷　此为绿壳类荷瓣花传统名品。清咸丰时，由丁姓选出。三萼戟形（瓣头尖，紧边，放角，细收根），一字肩，花色绿中泛黄。金黄色剪刀捧，捧缘有雄性化，因此捧色黄，而俗称"金捧丁小荷"。唇瓣为舒而不卷的"拖舌"，舌端有微缺，略似双岐舌。此捧色与舌是丁小荷最明显的识别特征。另据捧缘有雄性化，又被称为飘门水仙瓣。

福建　陈日明供照

▲郑孝荷　此为赤转绿壳类荷瓣传统名种。郑孝荷，选育历史不详。它叶姿斜立，新芽翠绿色，芽尖有红丝晕，叶长 40～55 厘米，宽 0.8～1.0 厘米，断面呈"V"形，质厚色绿而有光泽。花莛出架，花柄赤红色，苞片披红筋沙。莛花 5～7 朵。三萼较长，端放角，紧边，有锋尖，基收根，中萼遮阳状，肩萼平举里扣态，质厚色绿泛金黄晕；分窠绿色蚌壳捧，大刘海舌，舌前端偶有微缺。它与"丁小荷"的最大区别是：①郑孝荷为蚌壳捧，"丁小荷"为金色剪刀捧；②郑孝荷为大刘海舌，而"丁小荷"是拖舌，舌前端往往也有微缺。

浙江　郑普法栽培

▲瑞金荷　此为江西省瑞金县林野所产之赤转绿壳类蕙兰荷瓣花。三萼长而阔，中段明显放角，两端收根。蒲扇捧，大铺舌。

福建　陈茂强　刘卫明栽培

▲一舟素荷　此为浙江省舟山群岛所产的绿壳类蕙兰荷瓣素心花。它为斜立半弓垂叶态。叶长35～45厘米，宽0.8～1.0厘米，箭状叶端。三萼短阔，端放角，紧边，有里倾样尖锋，基收细；分窠蒲肩捧，三角如意舌，镶白缘。花容端庄，花色翠绿，清香萦绕。

浙江　富浩舟栽培

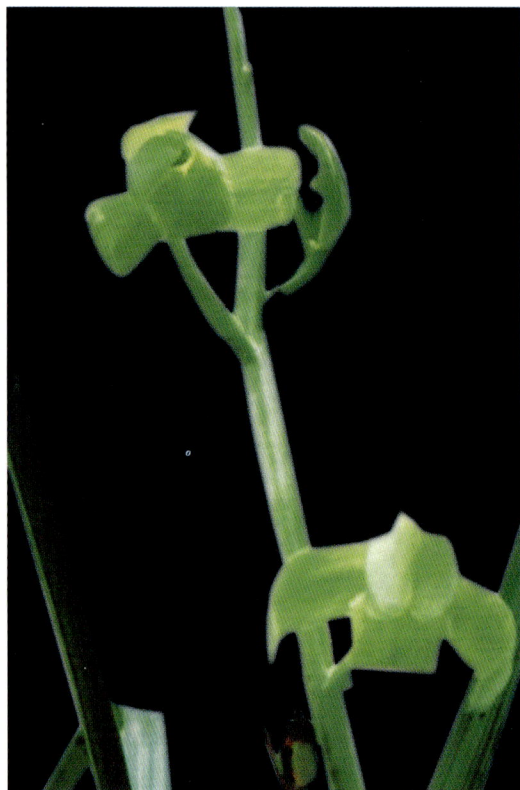

▲绿素荷　本品于近几年自川东与湖北交界的酉州林野下山。为绿壳类素心荷瓣花。三萼短阔里扣态，肩平，萼端放角，紧边，基收根；蚌壳捧，大卷舌。全花翠绿如一，香气浓郁。虽萼端放角不够典型，但仍不失为难得荷瓣净绿素花。

江苏　陈士友栽培

▲翟氏荷　此为近几年从秦岭山脉下山的赤壳类荷瓣花。它为斜立弓垂叶态。叶长60厘米，宽0.8～1.0厘米，断面呈广"V"形，质厚色深绿。三萼短，端放角，紧边，基收根，中萼前倾遮阳态，肩萼平举里扣态，蒲扇捧，大铺舌。

陕西　翟企平栽培

▲绿魁荷　此为赤转绿壳类荷瓣花。三萼较长而格外阔大，中段放角，端钝尖，基细收根，中萼前倾后略上挺，肩萼微垂；蒲扇捧，大铺舌，镶白边。花容端庄硕大、色翠，甚为壮观。

福建　陈日明供照

捧蝶类 *pengdielei*

▲**梁氏叶蝶** 此为绿壳类蕙兰叶蝶艺。唇瓣状的中心叶，还会继续拔高，全叶白肉化，心部缀有大块鲜红斑。此叶蝶是于八月份才展现的，它的花为捧蝶。

浙江　梁宜正栽培

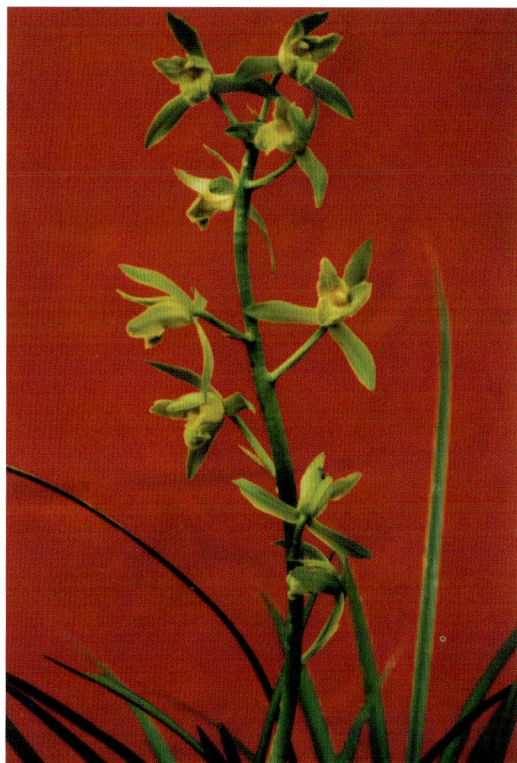

▲**文素蕊蝶** 此为贵州产的绿壳类素心捧蝶花。它为立叶半弓垂叶态，叶长 30～35 厘米，宽 0.8 厘米，莛花 9 朵。它不仅萼片纯为绿色，而且唇瓣与花瓣也无间色。花瓣唇瓣化特征具备，是难得的素蕊蝶。

浙江　葛伟文栽培

◀**昆仑蕊蝶** 此为重庆境内林野所产绿壳类蕙兰捧蝶花佳品。它不仅花瓣完全唇瓣化，而且唇化花瓣短阔不后卷。

重庆　向昆仑栽培

▲晶轮蕊蝶　此为产自云南省蒙自县林野的蕙兰变种"送春"的捧蝶花珍品。它萼片近似鸡爪瓣，花瓣全部白肉化，瓣心缀鲜紫红条片斑。花色绚丽。

福建　许东生命名　云南　李永福栽培

▲翠蕊蝶　此为赤转绿壳类蕙兰捧蝶花。它的捧瓣也和唇瓣一样，有木耳状皱缘也镶有白边，侧裂片，褶片全具。美中不足的是捧面的绿苔尚未褪去，现在仅能称为"花捧"。期待其继续异化。

浙江　郑普法栽培

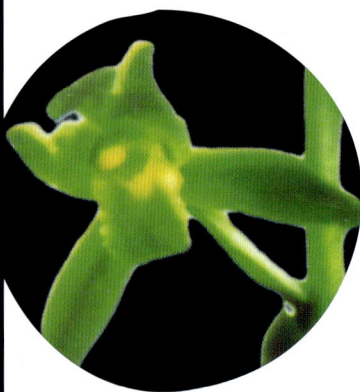

◀王氏素蕊蝶　它为绿壳类蕙兰绿色素心捧蝶花珍品。它萼片较短阔，色深翠绿；唇瓣黄底泛翠绿苔，格外可爱。

浙江　王克建栽培

▲**大叠彩** 本品于 1993 年 3 月在浙江省舟山市定海县里回峰选采的，为赤转绿壳类蕙兰捧蝶花佳品。它唇瓣常后卷，而完全唇瓣化的花瓣短而阔，呈猫耳捧态。花色绚丽，芳香四溢。

浙江 屠天新栽培

▲**建文蝶** 本品于 2001 年 3 月下山于河南洛阳林野，为赤壳类蕙兰捧蝶花佳品。它萼片短阔色翠，花瓣也短阔，不后卷，完全唇瓣化。唇瓣同样是短阔，也不后卷。缀鲜丽红斑。芳香浓郁。

浙江 王建设栽培

▲**卢氏蕊蝶** 本品于 2002 年 3 月下山于河南洛阳，为绿壳类蕙兰捧蝶珍品。它为斜立半弓垂叶态，长 55 厘米，宽 1.2 厘米，株叶 6～7 片，断面呈广"V"形，质糯色黄绿。花莛苞片色翠绿。绿萼细而翻飞，花瓣与唇瓣同形同色，难以分瓣。合蕊细柱小而直立。花姿活泼，花色绚丽，曾于 2002 年 4 月获浙江省首届蕙兰博览会金奖。

浙江 卢秀福 王建设栽培

▲**丽蝶** 此为绿壳类蕙兰捧蝶佳品。它的花瓣完全唇瓣化，缀斑绚丽。

浙江 凌华栽培

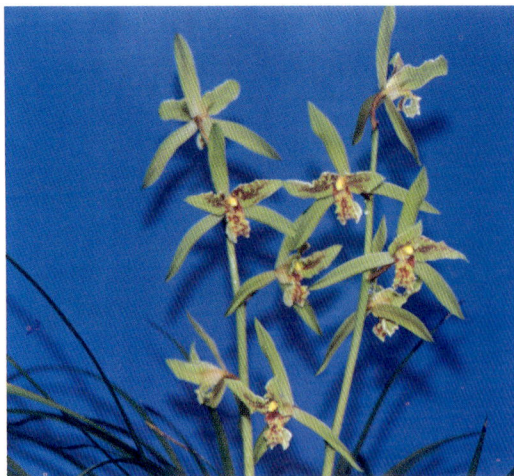

▲ 半捧蝶　此为赤转绿壳类半捧蝶花。它的花瓣仅是上半侧有唇瓣化，但唇化部分仅是镶白缘，其绿苔也尚未褪去。

浙江　葛伟文栽培

▲ 雄蝶　本品于 2001 年 3 月下山，为赤转绿壳类捧花佳品。它叶基企直，中段始弧垂，中阔叶，质糯色深绿。萼片呈荷形，花瓣短阔，完全唇瓣化，黄底白边缀红斑，色彩对比鲜明，雍容富丽。

浙江　王德仁命名　邱文雄　王建设栽培

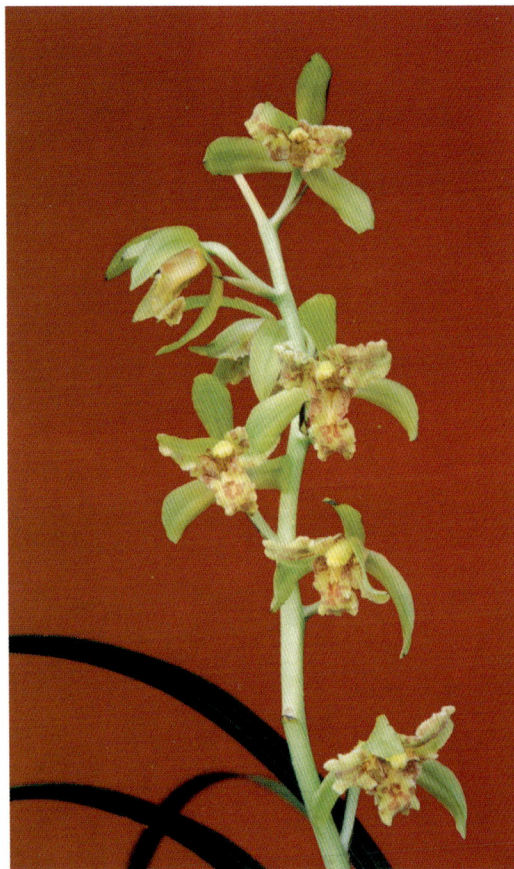

▲ 华蝶　本品为绿壳类蕙兰捧蝶花佳品。它叶脚企立，中段呈弓垂形，质厚色深绿，富有光泽，叶长 50 厘米，宽 1.2 厘米。萼片荷形。花瓣完全唇瓣化，黄底缀红斑，艳丽而香浓。纵观全花有雍容华贵之美感，故名为"华蝶"。

浙江　王德仁　徐荣久　郏伟平　周鑫栽培

▲ 将军蝶　此为绿壳类蕙兰捧蝶花佳品。它的花瓣与唇瓣几乎是同形、同色。是个完全唇瓣化的捧蝶花。

重庆市　向昆仑栽培

▲**明蝶** 此为2004年4月于浙江产兰名山四明山主峰下山的赤转绿壳类捧蝶花。它花瓣短阔，呈猫耳捧状，镶白缘，缀红斑，侧裂片与褶片全具，但绿苔尚未褪去。有待继续异化。

浙江 杨宣苗栽培

▲**渝蝶** 此为赤转绿壳类蕙兰捧蝶花。本品花瓣虽具褶片、侧裂片，也缀有红斑，但未见白肉化，连白缘也不明显，目前仅是花捧，还有待于继续异化。

重庆市 向昆仑栽培

▲**超蝶** 本品为2000年下山的赤转绿壳类蕙兰捧蝶花。它花瓣完全唇瓣化，侧裂片格外发达，与唇瓣基合而把合蕊柱护卫着。风韵不凡。

浙江 项志刚栽培

▲**瑞星** 本品为绿壳类蕙兰捧蝶花。它的花瓣为绿底（绿苔）镶白边，缀斑鲜丽。如果其绿苔能褪去，将会更好看。

江苏 姜洪星栽培

中国蕙兰名品赏培·图版

捧蝶类

69

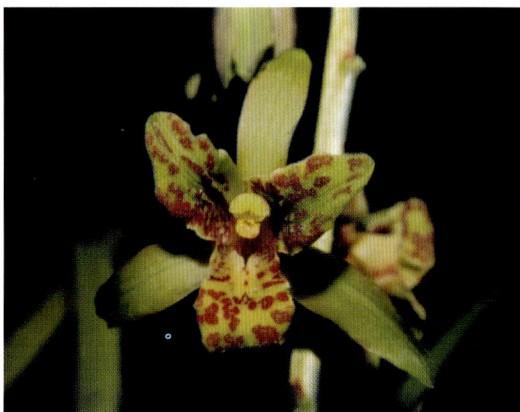

▲**丹心蝶** 此为湖北林野所产赤转绿壳类捧蝶期待品。它的花瓣呈蒲扇形，侧缘已初现唇瓣化。这仅是"草蝴"。从瓣缘上已显现白边和侧片等迹象，有望继续异化。其唇瓣全朱红镶白边，为将来的蝶花增添了一道风采。

湖北 王致田栽培

▲**毕节蝶** 此为贵州省毕节市林野所产赤转绿壳类捧蝶花。它花瓣短阔，略挺，美中不足的是，绿苔尚未褪去，有待于进一步异化。

贵州 张国周栽培

▶**清云蝶** 此为 2000 年 12 月下山的绿壳类捧蝶花。它花瓣短而阔，完全唇瓣化。此为下山花照，复花照肯定还要雅观些。

上海 吴志谦 张纯群栽培
孙德群供照

中国蕙兰名品赏培·图版

捧蝶类

捧蝶类

◀ 舟蝶 此为赤转绿壳类捧蝶花。它花瓣阔而较长，挺飘，形似船形而为名。可惜唇化捧之绿苔尚未褪去，有待继续异化。
浙江 富浩舟栽培

▲ 保康蕊蝶 此为湖北省保康县林野所产绿壳类捧蝶花佳品。萼片细长，端钝色绿，花瓣阔而长，完全唇瓣化。花形硕大，花姿活泼，花色绚丽，清香四溢。
湖北 刘万义供照

▲ 中透蕊蝶 此为2004年2月下山的滇产蕙兰变种"送春"的中透艺花三星蝶珍品。萼片中透艺，花瓣完全唇瓣化，双艺融为一体，实为罕见，风采不凡，堪为珍品。
云南 杨志高 杨波栽培

花艺类 huayilei

▲芙蓉　此为湖北产赤转绿壳类蕙兰花艺品。它萼捧浪曲，色青绿，唇瓣全为芙蓉色。

湖北　黄佳国栽培　刘万义供照

▲红唇白鹤　此为蜀产赤转绿壳类蕙兰花艺佳品。红花柄，雪白花，鲜红唇瓣，全莛花犹如一群红唇白鹤在腾飞，璀璨明净，妩媚秀丽，灿烂动人。本品曾获中国第三届花博会金奖。

四川　徐厚远　福建　许东生栽培

▲黄鹤　此为绿壳类蕙兰花艺品。它那素净的乳黄色萼片，犹如黄鹤展翅翱翔，令人神往。

山东　罗平安栽培

▲东方红　此为浙江产赤壳类蕙兰花艺品。黄色花莛、红苞片、红花柄，萼捧全红底色披红彩条，镶鲜红边，唇瓣鲜红欲滴，花色格外绚丽，令人瞩目。

上海市　孙德群栽培

▲**红晶蕙**　此为蜀产赤壳类蕙兰花艺佳品。鲜红的莛柄，鲜红的花被，晶白唇瓣缀鲜红色斑。素艳相济，显得十分秀丽。

四川　徐厚远栽培

▲**翠小荷**　此为安徽产赤转绿壳类蕙兰花艺佳品。它绿莛，绿苞片，淡紫彩柄，翠绿花被，鲜红色斑舌，把荷形花映衬得秀丽可爱。

安徽　章根生栽培

▲**雪玉丹心**　此为绿壳类蕙兰花艺佳品。它绿色莛柄，白苞片。雪白萼片中段放角收根，白蒲扇式短捧，鲜紫红色唇瓣镶白边，全花三色交相辉映，素中有艳，艳中有素，格外秀雅。

江苏　万云坤　浙江　郑普法栽培

▲**多花蕙兰**　此为蜀产赤转绿壳类多花品。本品莛花达40余朵，前所未闻。它的花序也由总状花序异化成轮生花序，风韵不凡。

四川　徐厚远栽培

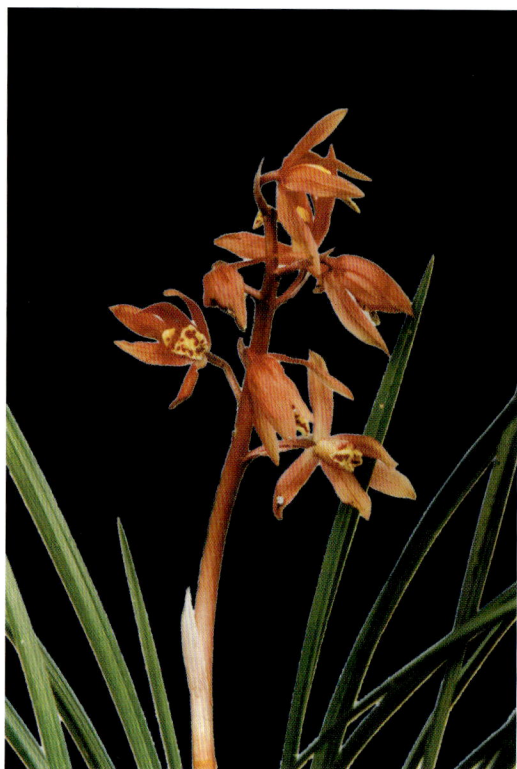

▲ 血红花　此为赤壳类蕙兰花艺品。全莛花血红色，仍属罕见之花色。

江苏　陈士友栽培

▲ 彩云龙　此为蜀产蕙兰变种送春的花艺佳品。它萼捧挺飘翻卷，花姿如龙腾飞，分段着色，泛晕似两片彩虹，十分秀丽。

四川　徐厚远栽培

▶ 腾飞　此为甘肃南部山野所产赤转绿壳类蕙兰花艺品。肩萼片短小而盘卷于子房顶部，中萼弧曲于合蕊柱上，花瓣却厚而长阔，如鸟展翅态，合蕊柱上的药帽似眼珠，唇瓣阔而长，弓伸下挂，端似犀牛角状。花姿别致，令人赏心悦目。

甘肃　魏小军栽培

▲**红玉** 此为赤转绿壳类蕙兰花艺佳品。萼捧翠绿，唇瓣鲜红，犹似万绿丛中一点红，十分秀丽。

上海 张芝泉栽培 孙德群供照

▲**军蕙荷** 此为甘肃南部山野产的赤转绿壳类花艺品。它为荷形花，花被黄泛红晕，舌面缀鲜红块斑。十分鲜活可爱。

甘肃 魏小军栽培

◀**大舌荷** 此为秦岭产赤转绿壳类蕙兰花艺品。荷形乳黄色花，唇瓣格外阔大，色淡红。堪为一大亮点。

陕西 郭峰栽培

▲红轮绿蕙 此为赤壳类蕙兰花艺品。萼捧绿底嵌红覆轮，红唇镶白缘，多色交相辉映，给人一个复色的美感。

山东 田树振栽培

▲粉秀荷 此为蜀产赤转绿壳类蕙兰花艺佳品。它萼捧荷形，大铺舌。乳白花在洋红斑舌和洋红花柄的映衬下，显得格外秀丽可爱。

四川 徐厚远栽培

▲少女 此为蜀产赤转绿壳类蕙兰花艺品。它萼捧近似荷形，色乳白泛绯红晕，犹如少女之粉红脸颊，十分秀丽。

四川 徐厚远栽培

▲翠玲 此为广西荣城林野所产绿壳类蕙兰花艺品。翠绿花，朵朵如倒挂的满泛铜绿之风铃。形态别致，别有风韵。

广西 余永洪栽培

▲ **银翠荷** 此为蜀产赤转绿壳类蕙兰花艺佳品。小巧玲珑的荷形花，色翠绿而泛乳白晕，形成银翠色。似属罕见之兰花色。

四川　徐婉蓉栽培

▲ **九寨姑娘** 本品为蜀产赤壳类蕙兰花艺品。它花姿活泼，花被白底泛粉红色，十分秀丽可爱。

四川　徐厚远栽培

▲ **画眉** 此为蜀产赤蕙花艺品。在如朝霞似的花心部，初现异化的合蕊柱，犹如一只画眉鸟，正对着黄色大唇瓣上的红珠在歌唱，形象俊俏，神采动人。

四川　徐厚远培育　福建　许东生引种

▲ **仙境** 此为赤蕙叶花双艺品。它叶为银色覆轮艺，花为宽银边覆轮艺。平肩阔瓣大花，在"双艺"的衬托下，银光闪烁，神采动人。

浙江　葛伟文栽培

◀ **天仪荷仙** 此为秦岭下山赤蕙花艺品。本品为荷形花，乳黄花色满泛淡红晕，秀丽可爱。

陕西　徐洪岭　徐天和　孙成文栽培

▲玉环　此为秦岭所产绿壳类蕙兰花艺品。它肩萼与花瓣玉白如环而为名。花形硕大，花被洁白如玉，白缀浅红斑唇瓣下挂似葫芦。甚为别致。

陕西　翟企平栽培

▲追　此为湖北产绿壳类蕙兰花艺品。萼片翻反，硬化捧与合蕊柱连肩合背，成为一个颇似飞鸟的头像，唇瓣前伸后反卷。花容犹如飞鸟在追击猎物样……

湖北　吴兴洲栽培　刘万义供照

▲兰仙　此为蜀产蕙兰变种送春的奇态花。像兰花仙子冉冉腾空，花容俊俏，神采动人。

四川　徐厚远栽培

▲佳白丽　此为蜀产赤壳类蕙兰花艺品。萼片短阔，圆头收根，分窠软捧，三角如意舌。花色玉白泛粉红。十分秀丽。

四川　徐厚远栽培

▲黄大仙　此为陇南林野所产赤转绿壳类蕙兰花艺品。它中萼阔大呈桃形，肩萼荷形落肩，分窠软兜捧，大铺舌。端有凹缺，花色乳黄泛红晕，风采不凡。

甘肃　魏小军栽培

◄红舌蕙　此为湖北产赤转绿壳类蕙兰花艺佳品。黄色花被，全鲜红舌，雍容华贵。

浙江　周大伟栽培

▲虹光　此为蜀产赤转绿壳类花艺品。萼片硕长，满泛雨后虹霞之光晕。全深红色大铺舌镶白边。多色交相辉映，灿烂动人。

四川　徐厚远栽培

▲玉妃　此为蜀产绿壳类蕙兰花艺佳品。中萼短阔、镶阔白边前屈遮阳状，肩萼镶白边半弓垂，分窠长圆软捧前伸半抱合蕊柱，大铺舌、缀浅红斑点错落有序，十分秀雅。

四川　徐厚远栽培

▲仙鹤　此为湖北产绿壳类蕙兰花艺品。三萼细长，略呈里扣态，色雪白嵌绿帽，花瓣细短，似剪刀，大铺舌、雪白底缀鲜红斑。花心部金黄色。格外秀雅。

江苏　姜洪星栽培

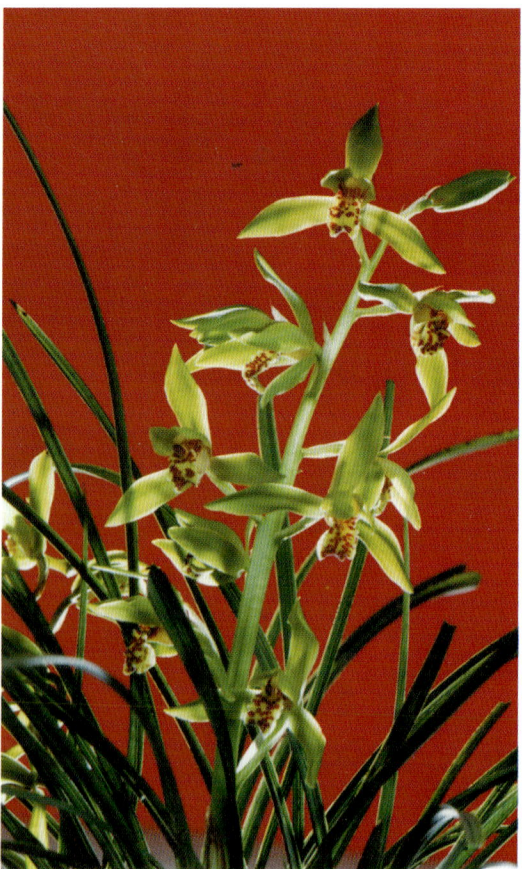

▲小银翠　此为浙江四明山产绿壳类蕙兰叶花双艺佳品。它叶为明显的银白色覆轮艺，萼捧唇均镶有细白覆轮艺。簇株丛花，绿茵茵，银闪闪，风姿高雅、灿烂动人。

浙江　黄奇华栽培